Sprenger-Menzel/Brockhaus

Grundlagen des Controllings

Grundlagen des Controllings

Theorie und Praxis in Verwaltungs-, Wirtschafts- und Dienstleistungsbetrieben

von

Michael Thomas P. Sprenger-Menzel

und

Christian Patrick Brockhaus

KSV Medien

Die Herstellung bei KSV Medien erfolgt weitgehend digital
und in dem Bewusstsein, eine möglichst ressourcenschonende
Produktion zu gewährleisten.

Bibliografische Information der Deutschen Nationalbibliothek
Die Deutsche Nationalbibliothek verzeichnet diese Publikation in der Deutschen Nationalbibliografie; detaillierte bibliografische Daten sind im Internet über http://dnb.dnb.de abrufbar.

7., vollständig überarbeitete Auflage 2024

Satz: SEUME Publishing Services GmbH, Erfurt
Druck: CPI books

ISBN 978-3-8293-1958-4

Inhaltsverzeichnis

Vorwort zur 7. Auflage

Inzwischen erscheint dieses bewährte, einführende Standardlehrwerk des Controllings in seiner siebenten Auflage und in einem Verlag der C.H.BECK-Gruppe, um Studenten und Praktikern, die eine schnelle und eine gut strukturierte Einführung und Hinführung zu allen wichtigen Aspekten des Controllings suchen, einen Zugang zu diesem Fach zu bieten, dessen Bedeutung in Zeiten der Digitalisierung in Betrieben der Privatwirtschaft wie in allen öffentlichen Betrieben sowie *Non-Profit*-Organisationen stetig weiter zunimmt.

Nach einem kurzen wirtschaftshistorischen Überblick werden – angefangen mit dem Berichtswesen (Reporting), der Kennzahlenanalyse für das vor allem operative Controlling für private und für öffentliche Betriebe – auch die Instrumente des Kosten-, Investitions- und Erfolgscontrollings, die wichtigsten Instrumente des strategischen Controllings und interessante Sondergebiete, wie z. B. Prognose- und Szenario-Techniken, Personalcontrolling und kommunales Beteiligungscontrolling, vorgestellt und erläutert.

Geboten wird nicht nur eine Einführung in die Grundlagen des Faches auf wissenschaftlicher und praxisbezogener Basis, sondern auch einige Schwerpunkte und Vertiefungen, welche die besondere Nähe des Faches zum Management bzw. zur Unternehmensführung, aber auch zum internen und externen betrieblichen Rechnungswesen unterstreichen – und damit auch dem Ansatz eines integrierten Managements, wie z. B. dem St. Galler Management-Modell, zur Erleichterung interner und externer Prüfungen *(Audits)* gerecht werden.

Es bleibt bei der Absicht der Verfasser, eine solide Lerngrundlage zur Vor- und Nachbereitung der Präsenzveranstaltungen einer ein- bis zweisemestrigen Einführungsveranstaltung im Fach bzw. – im *Bologna-System* – im Studienmodul „Operatives und Strategisches Controlling" und damit auch die Möglichkeit zur Reflexion des Lehrstoffes und für die Optimierung der Prüfungsvorbereitung für Modulabschlussprüfungen aller Art zu bieten.

Bonn und Köln am Rhein, zum Wintersemester 2024/2025
Die Verfasser

Zu den Verfassern

Regierungsdirektor Hochschuldozent **Christian Patrick Brockhaus**, Diplom-Kfm. (II) Dipl.-Kfm. (I) Dipl.-Verwaltungswirt (FH), lehrt an der Hochschule für Polizei und öffentliche Verwaltung Nordrhein-Westfalen (HSPV NRW), Abteilung Köln, sowie an der Fernuniversität Hagen und am Rheinischen Studieninstitut für kommunale Verwaltung in Köln u. a. kommunales Finanzmanagement, externes und internes Rechnungswesen sowie Controlling.

Regierungsdirektor Hochschuldozent **Dr. Michael Thomas P. Sprenger-Menzel**, M. A. (phil.), Dipl. rer. oec. S.T.B. Dipl. sc. pol. Dipl.-Theol., lehrt an der Abteilung Köln der HSPV NRW Volkswirtschaftslehre, Controlling/Finanzwirtschaftliche Steuerung, Externes Rechnungswesen sowie Governance und an der Universität Bonn sowie an der Hochschule Bonn-Rhein-Sieg, Sankt Augustin, Controlling im Master-Studiengang *„International Media Studies"*.

Erweitertes Abkürzungs- und Symbolverzeichnis

a. a. O.	am angegebenen Orte
AB	Anfangsbestand, z. B. am Jahresanfang oder bei Kontoeröffnung
A_B	Beschäftigungsabweichung *(in der flexiblen Plankostenrechnung)*
Abb.	Abbildung
Abs.	Absatz
AcSB	Accounting Standards Board Canada
ähnl.	ähnlich(e)
AfA	Absetzung für Abnutzung *(steuerrechtlicher Begriff für Abschreibung)*
AG	Aktiengesellschaft
AHK	Anschaffungs- oder Herstellungskosten
AKAD	AKAD Bildungsgesellschaft mbH
AktG	Aktiengesetz
ALV	Arbeitslosenversicherung *(bzw. Beiträge zur ALV)*
ANK	Anschaffungsnebenkosten
AO	Abgabenordnung
A. ö. R./AöR	Anstalt öffentlichen Rechtes
AOK	Allgemeine Ortskrankenkasse
APV	Adjusted Present Value
ARAP	Aktiver Rechnungsabgrenzungsposten *(transitorische Aktiva)*
A_t	Auszahlungen pro Periode *(dynamische Investitionsrechnung)*
Aufl.	Aufl.
Ausst.	Ausstellung
AV	Anlagevermögen
A_V	Verbrauchsabweichung *(in der flexiblen Plankostenrechnung)*
AWW Köln	Arbeitsgemeinschaft Wirtschaftswissenschaft und Wirtschaftspraxis im Controlling und Rechnungswesen der FH Köln im Fachbereich Wirtschaft
BAB	Betriebsabrechnungsbogen *(für die Kostenstellenrechnung/ibLV)*
BCG	*Boston Consulting Group (Unternehmensberatungsgesellschaft)*
Bd.	Band
BeBu	Betriebsbuchhaltung
BEK	Betriebsergebniskonto
BEP	Break-Even-Point *(Gewinnschwelle)*
BGBl.	Bundesgesetzblatt
BuG/BuGA	Betriebs- und Geschäftsausstattung
BilMoG	Bilanzrechtsmodernisierungsgesetz *(zur Anlehnung an IFRS)*

BIP	Bruttoinlandsprodukt *(Messgröße der Volkswirtschaftlichen Gesamtrechnung)*
BME (e. V.)	Bundesverband Materialwirtschaft, Einkauf und Logistik e. V.
BMI	Bundesministerium des Inneren
BSC	Balanced Score Card
BSP	Bruttosozialprodukt *(Messgröße der Volkswirtschaftlichen Gesamtrechnung)*
bspw.	beispielsweise
BWL	Betriebswirtschaftslehre
bzw.	beziehungsweise
C_0	Kapitalwert einer Investitionsmaßnahme
ca.	circa
CAPM	Capital Asset Pricing Model
CBA	Cost-Benefit-Analysis
CBR	Cash-Burn-Rate *(„Geldverbrennungsrate"; Verlust pro Euro Umsatz)*
CCM	Center for Controlling & Management *(an der WHU, Koblenz-Vallendar)*
CDO	Chief Data Officer *(IT-Leiter)*
CEO	Chief Executive Officer *(etwa: Vorstandssprecher, Vorstandsvorsitzender oder Vorsitzender/Sprecher einer Geschäftsführung)*
CFO	Chief Financial Officer *(etwa: Finanzvorstand oder Direktor Finanzen)*
CFP	Cashflow-Profitability
CPM	Critical Path Method *(Methode des Kritischen Weges in der Netzplantechnik)*
CT	Computertomographie *(altgriechisch: τομή und γράφείν)*
D	Depreciation *(Abschreibung)*
DAX (auch Dax)	Deutscher Aktienindex
DB	Deckungsbeitrag *(grundsätzlich: DB = E-K_{fix})*
DCF	Discounted Cash flow *(ein abgezinster bzw. diskontierter Cashflow)*
DFS	Deutsche Flugsicherung GmbH
DIN	Deutsche Industrienorm *(Deutsches Institut für Normung)*
d. h.	das heißt
Dipl.	Diplom *(Urkunde, amtliches Schriftstück, insbesondere über die Verleihung eines akademischen Grades, lat. „Diplomatus"/ Diplomierter, oder die Abkürzung des akademischen Grades selbst)*
Dipl.-Hdl.	Diplom-Handelslehrer
Dipl.-Kfm.	Diplom-Kaufmann

Dipl.-Volksw.	Diplom-Volkswirt
Dipl.-Wirtsch.-Ing. *oder* **Dipl.-Wi.-Ing.**	Diplom-Wirtschafts-Ingenieur *(Abschluss nach Doppelstudium der BWL und eines technischen Faches, z. B. Maschinenbau oder Elektrotechnik)*
dir.	direkt *(z. B. direkte Kosten)*
Diss.	Dissertation
DM	Deutsche Mark
DPR	Deutsche Prüfstelle für Rechnungslegung
DRG	Diagnosis Related Groups
durchschn.	durchschnittlich
E	Erlös/Erlöse
€	Euro *(Währungseinheit)*
EB	Endbestand *(etwa am Bilanzstichtag, z. B. 31.12.2022)*
ebd.	ebenda
EBT	Earnings before taxes
EBIT	Earnings before Interests and Taxes *(Ergebnis der gewöhnlichen bzw. operativen Geschäftstätigkeit)*
EBDIT	EBIT plus Depreciations *(Abschreibungen/AfA)*
EBDITA	Earnings before Depreciations, Interests, Taxes and Amortization
EDV	Elektronische oder elektronisierte Datenverarbeitung
eG	eingetragene Genossenschaft
eig.	eigener
EK	Eigenkapital, aber auch: Einzelkosten *(Pendant: Gemeinkosten)*
em.	emeritierter Professor/„Emeritus" *(ein von seiner Lehrpflicht entbundener Prof.)*
EN	Europäische Norm *(oft i. V. m. DIN angegeben, z. B. DIN-EN-ISO 9000:2000)*
ERP	Enterprise Resource Planning
ESt	Einkommensteuer
EStG	Einkommensteuergesetz
$\mathbf{E_t}$	Einzahlungen pro Periode *(dynamische Investitionsrechnung)*
etc.	et cetera
EU	Europäische Union
EUR	Euro *(Währungseinheit)*
ev.	eventuell
e. V.	eingetragener Verein
EVA	Economic Value Added *(Wertsteigerung eines Geschäftsjahres)*
EW	Erwartungswert
f.	für oder folgende
ff.	(fort-)folgende
FAZ	Frankfurter Allgemeine Zeitung

FiBu	Finanzbuchhaltung
F&E	Forschung und Entwicklung
FEI	Financial Executive Institute
FEK	Fertigungseinzelkosten
FGK	Fertigungsgemeinkosten
FH	Fachhochschule *(Hochschule für angewandte Wissenschaften)*
FIAT	Fabbrica Italiana Automobili (di) Torino
FIFO	first in, first out *(fiktive Verbrauchsreihenfolge)*
finanz.	finanziell/-en
finanzw.	finanzwirtschaftlich
FK	Fremdkapital; auch: *(gesamte)* Fertigungskosten
Ford.	Forderungen
fremd.	fremd(e)
G	Gewinn *(G = Erlös – Kosten)* oder: Gesamtabweichung *(Plankostenrechnung)*
GE	General Electric *(Company)*
GEFIU	Gesellschaft für Finanzwirtschaft in der Unternehmensführung e. V.
gem.	gemäß
ges.	gesamt
ggü.	gegenüber
GK	Gemeinkosten *(Pendant: Einzelkosten)*
GKR	Gemeinschaftskontenrahmen der deutschen Industrie
GKV	Gesetzliche Krankenversicherung
GmbH	Gesellschaft mit beschränkter Haftung
GmbHG	GmbH-Gesetz
GO	Gemeindeordnung
GoB	Grundsätze ordnungsmäßiger Buchführung *(und Bilanzierung)*
GO NRW	Gemeindeordnung für das Land Nordrhein-Westfalen
Grund.	Grundstück(e)
GV	Gesetz- und Verordnungsblatt
GWA	Gemeinkostenwertanalyse *(z. B. nach DIN)*
GWG	Geringwertiges Wirtschaftsgut/Geringwertige Wirtschaftsgüter
G&V	Gewinn-und-Verlust-Rechnung bzw. Gewinn-und-Verlustrechnungskonto
Hbf	Hauptbahnhof
h. c.	honoris causa *(z. B. ein ehrenhalber – honoris causa – vergebener Doktorgrad)*
HGB	Handelsgesetzbuch
HIFO	highest in, first out *(eine fiktive Verbrauchsreihenfolge)*
HR	Human Resources
Hrsg./hrsg.	Herausgeber/herausgegeben (von)

i	Zinssatz *(auch: interner Zinsfuß)*
IAS	International-Accounting-Standard(s)
IASB	International-Accounting-Standards-Board
ibLV	innerbetriebliche Leistungsverrechnung
ICV	Internationaler Controller Verein e. V.
IDW	Institut der Wirtschaftsprüfer in Deutschland e. V.
IFRS	International-Financial–Reporting-Standards
i. H. v.	in Höhe von
IKR	Industriekontenrahmen (vgl. auch GKR)
IM	Innenministerium *(eines Landes oder das Bundesinnenministerium)*
IMC	Institut für Management und Controlling an der WHU – Otto Beisheim School of Management
IMS	Information Security Management System
InEK	Institut für das Entgeltsystem im Krankenhaus (InEK GmbH)
Inc.	Incorporated *(nordamerikanische Rechtsform)*
incl.	inclusive bzw. inklusive
inv./invest.	invested/investiertes *(z. B. investiertes Kapital)*
i. O.	in Ordnung
ISO	International Organization for Standardization *(Verein nach schweizerischem Recht mit Sitz in Genf)*
IT	Informationstechnologie/Information Technology *(früher im Allgemeinen meist „EDV" genannt)*
i. V. m.	in Verbindung mit
K	Kosten
KAG	Kommunalabgabengesetz
K_f oder K_{fix}	Fixkosten *(fixe Kosten)*
k_f	stückfixe Kosten *(Fixkosten pro Stück bzw. K_{fix} geteilt durch die Stückzahl)*
kfr.	kurzfristig
K_{ges}	Gesamtkosten
KGSt	Kommunale Gemeinschaftsstelle für Verwaltungsmanagement *(Sitz in Köln)*
KHBV	Krankenhaus-Buchführungsverordnung
KHG	Krankenhausfinanzierungsgesetz
KldB	Klassifikation der Berufe *(der Bundesagentur für Arbeit)*
KLR	Kosten- und Leistungsrechnung
KMU	kleine und mittelgroße *(mittlere)* Unternehmen *(siehe auch SME)*
KNA	Kosten-Nutzen-Analysen
KO/k. o.	*(to)* knock out *(außer Gefecht setzen)*
KöR	Körperschaft des öffentlichen Rechtes
KomHVO	Kommunalhaushaltsverordnung
KSt	Körperschaftsteuer

k_v	variable Kosten pro Stück bzw. variable Stückkosten
K_v	variable Kosten
KVR	Kostenvergleichsrechnung *(statisches Verfahren/Investitionsrechnung)*
KWA	Kosten-Wirksamkeits-Analyse
£	Pounds Sterling
langfr.	langfristig
lat.	lateinisch
laurea magistrale	*vollakademischer Hochschulabschluss in Italien und der Schweiz (Tessin), entspricht dem deutschen Universitätsdiplom, Magistergrad oder Mastertitel*
LE	Leistungseinheit(-en)
lic.	Lizentiat *(zwischen Diplom-/Magister- und Doktorgrad liegender akademischer Grad; ab dem XIX. Jahrhundert an Universitäten der Schweiz, Süddeutschlands, in Finnland, Frankreich, Liechtenstein, Schweden, Spanien, Portugal und Südamerika auch als Äquivalent eines Diplom- oder Magistergrades vergeben)*
Liefer.	Lieferungen
LIFO	last in, first out *(fiktive Verbrauchsreihenfolge)*
liq.	liquide
LL	Lieferungen und Leistungen
LL.M.	Legum Magister, Lehrer der Rechte *(entspricht etwa dem Mag. iur.; siehe dort)*
LOFO	lowest in, first out *(fiktive Verbrauchsreihenfolge)*
M	Menge
MA	Mitarbeiter
Mag. iur.	Magistra iuris bzw. Magister iuris *(Magistergrad in Rechtswissenschaft)*
Mag./Mag.[a]	Magister/Magistra *(Magistergrad,. an deutschen, österreichischen, polnischen u. skandinavischen Universitäten als Ausweis eines vollen Universitätsstudiums von etwa 5–7 Jahren Studiendauer oder zum Abschluss eines Aufbaustudiums im Anschluss an ein volles Universitätsstudium verliehen, z. B. Mag. rer. publ. (der Verwaltungswissenschaften) für Juristen, Staatswissenschaftler, Volkswirte und Politologen)*
MAW	Mengenabweichung
MBA	Master of Business Administration
MbO	Management by Objectives
MEK	Materialeinzelkosten *(= Fertigungsmaterial, vor allem Rohstoffkosten)*
MGK	Materialgemeinkosten

MIK	Ministerium für Inneres und Kommunales
Min.	Minute
MK	Materialkosten
mult.	*multiplex* (lateinisch für „vielfach“, *Beispiel: „Dr. mult.“*)
m/w	männlich oder weiblich *(oft in Stellenanzeigen)*
m. w. N.	mit weiteren Nachweisen
n	erwartete oder betriebsübliche Nutzungsdauer *(z. B. bei der AfA-Berechnung)*
NEK	Neutrales Ergebniskonto
NKF	Neues Kommunales Finanzmanagement (NRW)
NKFEG	NKF Einführungsgesetz
NOA	Net Operating Assets *(betriebsnotwendiges Vermögen)*
NOPAT	Net Operating Profit after Taxes
NRW	(Bundesland) Nordrhein-Westfalen
NWA	Nutzwertanalyse
oec.	oeconomiae (der Wirtschaftswissenschaft, z. B. lic. oec.)
OKK	Ortskrankenkasse
OLAP	Online-Analytical-Processing *(Datenbankmodelle)*
o. O.	ohne Ortsangabe *(z. B. in Fachbüchern)*
OP	Operating Profit *(Betriebsergebnis ohne kalkulatorische Kosten)* oder Operationssaal *(bspw. „OP-Bereich“)*
o. V.	ohne Verfasser *(Publikation ohne Angabe eines (konkreten) Verfassers)*
p	Zinsfuß
PAW	Preisabweichung
PC	Personal Computer
PDF	portable document format
Persp.	Perspektive
PIMS	Profit-Impact of Market-Strategies *(Marketingstudie zur Gewinnauswirkung von Marktstrategien bzw. zu den Schlüsselfaktoren für den wirtschaftlichen Erfolg einer Unternehmung)*
PKV	Private Krankenversicherung
PKW	Personenkraftwagen
Plank.	Plankosten
PöS	Personalmanagement im öffentlichen Sektor *(Fachzeitschrift)*
PPP	Private-Public-Partnership
PPS	Produktionsplanung und Produktionssteuerung
Prod.	Produktion
PRAP	Passiver Rechnungsabgrenzungsposten *(transitorische Passiva)*
PU	Preisuntergrenze
PublG	Publizitätsgesetz

qm	Quadratmeter
r	Risikounterschied/Risikozinsaufschlag
RAP	Rechnungsabgrenzungsposten *(transitorische Rechnungsabgrenzung)*
RBW	Rentenbarwertfaktor
RHB	Roh-, Hilfs- und Betriebsstoffe
RdErl.	Runderlass *(z. B. eines Finanz- oder eines Innenministeriums)*
REFA	REFA-Verband für Arbeitsgestaltung, Betriebsorganisation und Unternehmensentwicklung e. V. (*1924 als „Reichsfachausschuß für Arbeitszeitermittlung" gegründet)*
rel.	relativ
rer. oec	rerum oeconomicarum (der Wirtschaftswissenschaften)
rer. pol.	rerum politicarum (der (wirtschaftlichen) Staatswissenschaften)
rer. publ.	rerum publicarum (der Verwaltungswissenschaften)
ReWe	Rechnungswesen *(extern oder intern)*
RHB	Roh-, Hilfs- und Betriebsstoffe
ROA	Return on Assets *(Gesamtkapitalrendite)*
ROCE	Return on Capital Employed
ROE	Return on Equity *(Eigenkapitalrentabilität)*
ROI	Return on Investment *(Rentabilität bzw. Rendite)*
RONA	Return on Net Assets *(Kapitalrentabilität)*
ROS	Return on Sales *(Umsatzrentabilität bzw. Umsatzrendite)*
ROSI	Return on Security-Investment
RV	Rentenversicherung *(z. B. Beiträge zur RV)*
S	Satz
S.	Seite
s.	siehe
SAEZ	Schweizerisches Ärzteblatt
SAP	Systemanalyse und Programmentwicklung *(GmbH, heute AG)*
SAP-BW	SAP-Business-Warehouse
SB	Schlussbilanz
SBK	Schlussbilanzkonto
SCM	Supply-Chain-Management
SE	Societas Europa
SEK	Sondereinzelkosten *(der Fertigung oder des Vertriebes)*
SEM	Strategic Enterprise Management *(Software-Element des Herstellers SAP)*
SGE	Strategische Geschäftseinheit *(Produkt-Markt-Kombinationen)*
SME	small and medium sized entities/enterprises *(siehe auch KMU)*
sog.	sogenannt
sonst.	sonstige

Sp.	Spalte *(z .B. in Lexikon-Artikeln)*
St.	Stück
StBG	Steuerberatungsgesellschaft
SWOT	Strengths, Weaknesses, Opportunities and Threats *(Analysis)*
Tab.	Tabelle
T€	Tausend Euro
TH	Technische Hochschule
TEP	Totalendoprothese, z. B. Knie- oder Hüftgelenktotalendoprothese
TEur	Tausend Euro
TU	Technische Universität
Tz.	Textziffer
U	Umsatz (Summe der Verkaufserlöse)
u.	und
u. a.	unter anderem
Uni	Universität
UrhG	Urhebergesetz
US	United States (of America) (Vereinigte Staaten)
US-GAAP	United-States-Generally-Accepted-Accounting-Standards *(allgemein anerkannte Rechnungslegungsgrundsätze der Vereinigten Staaten)*
u. U.	unter Umständen
UV	Umlaufvermögen
v. a.	vor allem
VAG	Versicherungsaufsichtsgesetz
var.	variabel
versp.	verspätet
VDI	Verein Deutscher Ingenieure
VE	Verkaufserlöse *(= Umsatz)*
verb.	verbundener
Verpfl.	Verpflichtungen
Vgl.	Vergleiche
VO	Verordnung
volksw.	volkswirtschaftlich *(nationalökonomisch)*
Volksw.	Volkswirt/Volkswirtschaft
VtGK	Vertriebsgemeinkosten
VwGK	Verwaltungsgemeinkosten
VWL	Volkswirtschaftslehre *(Nationalökonomie)*
WACC	Weighted-Average-Cost of Capital

WBW	Wiederbeschaffungswert, z. B. am Ende einer Nutzungsperiode
WBZW	Wiederbeschaffungswert (aktueller) am Ende eines Nutzungsjahres
WC	Working Capital *(Umlaufvermögen)*
WHU	Wissenschaftliche Hochschule für Unternehmensführung *(Private Hochschule mit Promotionsrecht in Koblenz-Vallendar, im Untertitel „Otto-Beisheim-School of Management", Koblenz)*
WISU	Wirtschafts- und Sozialwissenschaftliches Universitätsstudium *(Zeitschrift)*
WLL	Warenlieferungen und Leistungen
WP	(vereidigter und staatlich bestellter) Wirtschaftsprüfer
WPG	Wirtschaftsprüfungsgesellschaft
WPK	Wirtschaftsprüferkammer
www	World Wide Web
WZB	Wissenschaftszentrum Berlin
Z	Zugang bzw. Zugänge, z. B. bei Beständen wie dem Lagerbestand
z. B.	zum Beispiel
ZBB	Zero-Based-Budgeting
zentr.	zentrale
ZfB	Zeitschrift für Betriebswirtschaft
z. Hd.	zu Händen *(Briefadressat, z. B.: „zu Händen Frau Meier")*
zusätzl.	zusätzlich
ZVEI	Zentralverband Elektrotechnik und Elektronikindustrie e. V.

Tabellenverzeichnis

Abbildungsverzeichnis

Literaturverzeichnis

A. Monographien, Dissertationen, Fachaufsätze in Zeitschriften etc.[1]

Abegglen, Christian/Bleicher, Knut, Das Konzept Integriertes Management. Visionen – Missionen – Programme (plus E-Book inside (ePub, mobi oder PDF)), 10., aktualisierte und erweiterte Aufl. des Standardwerkes, Frankfurt 2021

Adrian, Gerrit/Budde, Wolfgang Dieter/Clemm, Hermann/Deubert, Michael/Grottel, Bernd et alii (Hrsg.), Beck'scher Bilanz-Kommentar. Handels- und Steuerbilanz, §§ 238 bis 339, 342 bis 342a HGB, 14., neu bearbeitete Aufl. des von Dr. Wolfgang Dieter Budde (†), Dr. Hermann Clemm (†), Dr. Max Pankow (†) und Prof. Dr. Manfred Sarx (†) begründeten Kommentars, München 2024

Alter, Roland, Strategisches Controlling: Unterstützung des strategischen Managements, 3., überarbeitete Aufl., München 2019

Aman, Thomas/Ernst, Carsten, Accounting & Controlling: Es wächst zusammen, was zusammengehört. Auswirkungen der externen Rechnungslegung auf das Controlling – am Beispiel der Tätigkeit der Deutschen Prüfstelle für Rechnungslegung (DPR), in: Controller Magazin, Ausgabe 3, Mai/Juni 2014, 39. Jg., S. 42–44

Ankarath, Nandakumar/Mehta, Kalpesh J./Ghosch, T. P./Alkafaji, Yass A., Understanding IFRS. International Financial Reporting Standards, technically reviewed by Ian Hague, Principal, Accounting Standards Board (AcSB), Canada, Hoboken, New Jersey, Chichester and Oxford 2010

Ankarath, Nandakumar/Mirza, Abbas Ali, Understanding IFRS Fundamentals: International Financial Reporting Standards (Wiley Regulatory Reporting series), 2nd edition, Hoboken, New Jersey, Chichester and Oxford 2022

Antony, Robert M., Planning and Control Systems. A Framework for Analysis, (series: Studies in Management Control), Boston, Massachusetts 1965

Bachert, Robert/Eischer, Sandra (Hrsg.), Controlling in der Nonprofit-Organisation, 2., aktualisierte Aufl., Freiburg im Breisgau 2018

Bachmann, Peter, Controlling für die öffentliche Verwaltung. Grundlagen, Verfahrensweisen, Einsatzgebiete, 2. Aufl., Wiesbaden 2009

Baetge, Jörg/Kirsch, Hans-Jürgen/Thiele, Stefan, Bilanzen, 14., überarbeitete Aufl., Düsseldorf 2017

Baetge, Jörg/Kirsch, Hans-Jürgen/Thiele, Stefan, Übungsbuch Bilanzen und Bilanzanalyse. Aufgaben und Fallstudien mit Lösungen, 5., überarbeitete Aufl., Düsseldorf 2017

Bär, Stefan/Pohlmann, Markus, Kurswechsel im Krankenhaus. Auf dem Weg zu einer markt- und profitorientierten Dienstleistungsorganisation?, in: Bode, Ingo/

1 Aufgeführt werden ausschließlich in den Fußnoten bzw. im laufenden Texte des Lehrbuches zitierte Literatur sowie für die Leser hilfreiche Quellen bzw. weiterführende Literatur zum Themengebiet des Controllings, Managements und Rechnungswesens. Soweit es möglich war, wurden zusätzlich Adressen für *PDFs* angegeben, um Quellen herunterladen, persönlich einsehen, speichern und ausdrucken zu können.

Vogd, Werner (Hrsg.): Mutationen des Krankenhauses. Soziologische Diagnosen in organisations- und gesellschaftstheoretischer Perspektive, Wiesbaden 2016, S. 229–250

Ballwieser, Wolfgang/Hachmeister, Dirk, Unternehmensbewertung. Prozess, Methoden und Probleme, 5., überarbeitete Aufl., Stuttgart 2016

Bauer, Ludwig/Kirchmann, Ulrich/Saß, Johannes, Mögliche Auswirkungen der Änderungen durch das Bilanzrechtsmodernisierungsgesetz (BilMoG) auf die kommunale Doppik, in: Die Wirtschaftsprüfung, 62. Jg., Nr. 3 (2009), Seite 143–151

Baum, Heinz-Georg/Coenenberg, Adolf G./Günther, Thomas, Strategisches Controlling, 5., grundlegend neu bearbeitete und erweiterte Aufl., Stuttgart 2013

Bea, Franz Xaver/Helm, Roland/Schweitzer, Marcell, BWL-Lexikon für Studium und Berufspraxis, Stuttgart 2009

Becker, Manfred, Personalentwicklung. Bildung, Förderung und Organisationsentwicklung in Theorie und Praxis, E-Book, 6., überarbeitete und aktualisierte Aufl., Stuttgart 2013

Becker, Wolfgang, Controlling: Konzepte, Methoden und Instrumente, unter Mitarbeit von Lisa Zimmermann, 7., überarbeite Aufl., Bamberg 2012

Becker, Wolfgang/Baltzer, Björn/Ulrich, Patrick, Wertschöpfungsorientiertes Controlling. Konzeption und Umsetzung, Stuttgart 2014

Becker, Wolfgang/Holzmann, Robert, Kosten-, Erlös- und Ergebnisrechnung. Einführung für Bachelor-Studierende, Wiesbaden 2014

Becker, Wolfgang/Holzmann, Robert/Hilmer, Christian, Übungen zur Kosten-, Erlös- und Ergebnisrechnung. Einführung für Bachelor-Studierende, 2., überarbeitete Aufl., Heidelberg 2016

Becker, Wolfgang/Kunz, Christian, Kosten- und Ergebnisrechnungssysteme in der praktischen Anwendung, in: Gleich, Ronald/Michel, Uwe/Stegmüller, Werner/Kämmler-Burrak, Andrea (Hrsg.): Moderne Kosten- und Ergebnissteuerung, Freiburg, Berlin und München 2010, S. 41–60

Becker, Wolfgang/Ulrich, Patrick (Hrsg.), Handbuch Controlling (Reihe: „Springer NachschlageWissen"), Wiesbaden 2016

Behar, Benjamin I./Guth, Clemens/Salfeld, Rainer, Modernes Krankenhausmanagement. Konzepte und Lösungen, 3. Aufl., Berlin 2016

Behringer, Stefan, Unternehmensbewertung der Mittel- und Kleinbetriebe. Betriebswirtschaftliche Verfahrensweisen, 5., neu bearbeitete und erweiterte Aufl., Berlin 2012

Behringer, Stefan, Konzerncontrolling, 2. Aufl., Heidelberg 2014

Behringer, Stefan, Controlling (aus der Reihe „Studienwissen kompakt"), Wiesbaden 2018

Berthel, Jürgen/Becker, Fred G., Personal-Management, Grundzüge für Konzeptionen betrieblicher Personalarbeit, E-Book, 11., vollständig überarbeitete Aufl., Stuttgart 2017

Bezler, Alfred, Kommunale Kostenrechnung, Gebührenkalkulation und Controlling: Meine ersten 100 Tage als Controller, Norderstedt 2014

Bieg, Hartmut, Buchführung. Eine systematische Anleitung mit umfangreichen Übungen und einer ausführlichen Erläuterung der GoB, 7., vollständig überarbeitete Aufl., Herne 2013

Bieg, Hartmut/Kußmaul, Heinz/Waschbusch, Georg, Externes Rechnungswesen, 6., vollständig überarbeitete und aktualisierte Aufl., München 2012

Bilke, Kurt/Heining, Rudolf/Mann, Peter, Lehrbuch Buchführung und Bilanzsteuerrecht, 12., völlig überarbeitete Aufl., Herne 2017

Bilke, Kurt/Heining, Rudolf, Fallsammlung Buchführung, Bilanzen, Berichtigungstechnik, 11., überarbeitete Aufl., Herne 2017

Binder, Cornelia, Schnelleinstieg Controlling: Verständlich und praxisnah auf den Punkt gebracht, Stuttgart 2023

Bischof, Peter, Produktlebenszyklen im Investitionsgüterbereich. Produktplanung unter Berücksichtigung von Widerständen bei der Markteinführung, Band 2 der Reihe „Innovative Unternehmensführung", Göttingen 1976

Blazek, Alfred/Pascher, Dietmar/Ropers, Jens/Zillmer, Detlev R., Management und Controlling von Projekten. Von Kunden und Balanced-Scorecard-Projekten zu Prozesskennzahlen, 2., vollständig neu bearbeitete Aufl., Freiburg im Breisgau 2013

Bliefert, Florian, Effektive Vertriebssteuerung mit Deckungsbeiträgen, in: Controller Magazin, Ausgabe 3, Mai/Juni 2014, 39. Jg., S. 31–36

Bleiber, Reinhard, Crashkurs Controlling: Grundlagen und Instrumente, 2., aktualisierte und überarbeitete Aufl., Stuttgart 2023

Böge, Holger, Konzernrechnungslegung: Das Zusammenspiel zwischen IFRS-Konzernabschluss und HGB-Einzelabschluss, in: ICV-Facharbeitskreis „Controlling und IFRS" (Hrsg.): BilMoG und Controlling, Freiburg, Berlin und München 2009, S. 221–252

Bramburger, Jean/Goldstein, Elmar/Schwiersklis, Michelle, GmbH-Jahresabschluss leicht gemacht (Reihe: Haufe Praxisratgeber) 7., völlig überarbeitete und aktualisierte Auflage, Freiburg im Breisgau 2024

Breitenstein, Jutta, Die kommunale Jahresabschlusspolitik, in: Dürrschmidt Jörg/ Majer, F. Christian/Noak, Torsten (Hrsg.): Jahrbuch des Instituts für Angewandte Forschung 2022. Festschrift für Helmut Hopp, aus der Reihe: Ludwigsburger Schriften Öffentliche Verwaltung und Finanzen, Bd. 5, Stuttgart und München 2022, S. 17–28

Breithecker, Volker, Einführung in die Betriebswirtschaftliche Steuerlehre mit Fallbeispielen, Übungsaufgaben und Lösungen, 17., völlig neu bearbeitete Aufl., München 2016

Britzelmaier, Bernd, Controlling. Grundlagen, Praxis, Handlungsfelder, 2., aktualisierte Aufl., Hallbergmoss 2017

Bröer, Ursula/Mankel, Birte/Odenthal, Franz Willy/Wagner, Nadine, Kosten- und Leistungsrechnung. Wirtschaftlichkeitsrechnung. Studienbuch für den kommunalen und staatlichen Bachelor-Studiengang mit praktischen Übungen und Lösungen, 6., vollständig überarbeitete und erweiterte Aufl., Witten 2021

Brösel, Gerrit, Bilanzanalyse, Unternehmensbewertung auf der Basis von HGB- und IFRS-Abschlüssen, 17., neu bearbeitete Aufl., Berlin 2021

Buchholz, Liane, Strategisches Controlling. Grundlagen – Instrumente – Konzepte, 3., vollständig aktualisierte Aufl., Wiesbaden 2020

Budäus, Dieter/Fritz, Paul-Georg/Quallo, Wolfgang, Benchmarking als Element der Verwaltungsreform im NKF. Initiierung von Benchmarking-Prozessen der Städte Wesel und Dorsten, in: Innovative Verwaltung, 33. Jg., Nr. 9/2011, S. 11–13

Bühner, Rolf/Akitürk, Deniz, Die Mitarbeiter mit einer Scorecard führen, in: Harvard Business Manager (Deutsche Ausgabe), Nr. 22/2000, Heft 4, S. 44–53

Burger, Anton/Ulbrich, Philipp/Ahlemeyer, Niels, Beteiligungscontrolling (Reihe: Lehr- und Handbücher der Betriebswirtschaftslehre), 2., vollständig überarbeitete und aktualisierte Aufl., München 2010

Busse von Colbe, Walther/Witte, Frank, Investitionstheorie und Investitionsrechnung, 5., vollständig überarbeitete Aufl., Berlin 2018

Coenenberg, Adolf G./Fischer, Thomas M./Günter, Thomas/Brühl, Rolf, Kostenrechnung und Kostenanalyse, 9., aktualisierte und überarbeitete Aufl., Stuttgart 2024

Coenenberg, Adolf G./Haller, Axel/Mattner, Gerhard/Schultze, Wolfgang, Einführung in das Rechnungswesen. Grundlagen der Buchführung und Bilanzierung, 8. Aufl., Stuttgart 2021

Coenenberg, Adolf G./Haller, Axel/Schultze, Wolfgang, Jahresabschluss und Jahresabschlussanalyse. Betriebswirtschaftliche, handelsrechtliche, steuerrechtliche und internationale Grundlagen- HGB, IFRS und US-GAAP, DRS, 26. Aufl., Stuttgart 2021

Coenenberg, Adolf G./Salfeld, Rainer/Schultze, Wolfgang, Wertorientierte Unternehmensführung. Vom Strategieentwurf zur Implementierung, 3., überarbeitete Aufl., Stuttgart 2015

Cronauge, Ulrich, Kommunale Unternehmen (aus der Reihe: Finanzwesen der Gemeinden, Bd. 03) (unter Mitarbeit von Stefanie Pieck), 6., völlig neu bearbeitete und wesentlich erweiterte Aufl., Berlin 2016

Czenskowskiy, Torsten/Schünemann, Gerhard/Zdrowomyslaw, Norbert, Grundzüge des Controlling [*sic!*]. Lehrbuch der Controlling-Konzepte und -Instrumente, 3. Aufl., Berlin 2010

Däumler, Klaus-Dieter/Grabe, Jürgen, Betriebliche Finanzwirtschaft, 10., vollständig überarbeitete Aufl., Herne 2013

Däumler, Klaus-Dieter/Grabe, Jürgen, Grundlagen der Investitions- und Wirtschaftlichtlichkeitsrechnung, 13., vollständig überarbeitete Aufl., Herne 2014

Däumler, Klaus-Dieter/Grabe, Jürgen, Kostenrechnung 1. Grundlagen, 11., vollständig überarbeitete Aufl., Herne 2013

Däumler, Klaus-Dieter/Grabe, Jürgen, Kostenrechnung 2. Deckungsbeitragsrechnung,10., vollständig überarbeitete Aufl., Herne und Berlin 2013

Däumler, Klaus-Dieter/Grabe, Jürgen, Kostenrechnung 3. Plankostenrechnung und Kostenmanagement, 9., vollständig überarbeitete Aufl., Herne 2015

Däumler, Klaus-Dieter/Grabe, Jürgen, Anwendung von Investitionsverfahren in der Praxis. Mit Fragen, Aufgaben und Testklausur, Antworten und Lösungen, Checklisten und Tabellen, 5., vollständig überarbeitete Aufl., Herne 2010

Deckert, Carsten/Heinrich, Carl-Heinz, Strategieatlas. Wertsteigerung durch Strategie, in: Deckert Management Consultants GmbH (Hrsg.): Deckert Management Report, Sommer 2008, Düsseldorf 2008, S. 4–6

Deloitte & Touche WPG (Hrsg.), Praxis-Studie zum Thema „Kostenmanagement & Controlling", Düsseldorf 2006

Denk, Robert, Manager und Controller im Team. Vertrauen, Expertenmacht, Initiativ- und Durchsetzungskraft im Controlling (herausgegeben vom Österreichischen Controller-Institut), Wien 2007

Diehm, Jürgen, Controlling in Start-up-Unternehmen: Praxisbuch junge Unternehmen und Existenzgründungen, 2., aktualisierte Aufl., Wiesbaden 2014

Döring, Ulrich/Buchholz, Rainer, Buchhaltung und Abschluss. Mit Aufgaben und Lösungen und Klausurtraining (Reihe: ESVbasics), 16., neu bearbeitete Aufl., München 2021

Dott, Beatrice, Zuwendungscontrolling, in: Journal KGSt, 57. Jg., Nr. 2/Februar 2012, S. 2

Dresbach, Heinz, Kommunale Finanzwirtschaft Nordrhein-Westfalen. Rechtssammlung für das kommunale Finanzmanagement, 51. Aufl., Bergisch Gladbach 2024

Dreyhaupt, Klaus-Fritz/Placke, Frank, Kosten- und Leistungscontrolling auf der Basis von NKF. Eine Arbeitsanleitung zur Effizienzsteigerung in öffentlichen Verwaltungen, Stuttgart 2007

Drukarczyk, Jochen/Ernst, Dietmar (Hrsg.), Branchenorientierte Unternehmensbewertung, 3., überarbeitete und erweiterte Aufl., München 2010

Drukarczyk, Jochen/Schüler, Andreas, Unternehmensbewertung (Reihe: (Vahlens Handbücher der Wirtschafts- und Sozialwissenschaften), 8., Aufl., München 2021

Düngen, Hans-Gerd/Zeiler, Wolfgang, Rechnungswesen in der öffentlichen Verwaltung, 7. Auflage, Braunschweig 2022

Ebert, Günter, Praxis der Unternehmenssteuerung, München 2010

Ehlers, Ulf-Daniel, Bildungscontrolling, individuelles Bildungsmanagement und E-Portfolios, in: Ehlers, Ulf-Daniel/Schenkel, Peter (Hrsg.): Bildungscontrolling im E-Learning. Erfolgreiche Strategien und Erfahrungen jenseits des ROI, E-Book, Berlin, Heidelberg, 2005, S. 154–164

Ehrmann, Harald, Kompakt-Training Balanced Scorecard (aus der Reihe: Kompakt-Training Praktische Betriebswirtschaft, hrsg. von Professor Klaus Olfert), 4., durchgesehene Aufl., Ludwigshafen am Rhein 2007

Eiselmeyer, Klaus/Gänßlen, Siegfried/Günther, Conrad/Kottbauer, Markus/Losbichler, Heimo/Weber, Jürgen, Controlling-Pionier Dr. Dr. h. c. Albrecht Deyhle, in: Controller Magazin, 39. Jg., Ausgabe 3 (Mai/Juni 2014), S. 12–13

Ellerich, Marian, Keine Auswirkungen des BilMoG auf den kommunalen Jahresabschluss? Zugleich ein Plädoyer gegen allzu bunte Blumensträuße, in: Die Wirtschaftsprüfung, 62. Jg., Nr. 1 (2009), S. 1

Endriss, Horst Walter (Hrsg.), Bilanzbuchhalter-Handbuch. Nachschlagebuch für Weiterbildung und Praxis, 11., vollständig überarbeitete Aufl., Herne 2017

Erichsen, Jörgen (Hrsg.), Controlling für Einsteiger, Freiburg, Berlin und München 2010

Etterich, Hans Jürgen, Portfolio-Methode: Wie Unternehmen ihre Führungsstrukturen besser analysieren können, in: WirtschaftsWoche, Heft 25/1984, S. 54–57

Fabian, Frank, EBITDA – Das unbekannte Wesen, in: Hoteling, Ausgabe 07/2006, S. 12–13

Falk, Matthias/Schmidt, Harald, Bilanzrechtsmodernisierungsgesetz. Auswirkungen auf die betriebliche Altersversorgung, Münster in Westfalen 2009

Felsch, Stefan/Frühbauer, Raimund/Krohn, Johannes/Kurtenbach, Stefan/Müller, Jürgen, Betriebswirtschaftslehre der Unternehmung, 34. Aufl., Haan-Gruiten 2023

Fischer, Dirk/Neubeck, Guido, HGB-Jahresabschluss. Erstellung, prüferische Durchsicht und Prüfung 2017/18, 14. Aufl., Bonn 2018

Fischer, Thomas/Möller, Klaus/Schultze, Wolfgang, Controlling, Grundlagen, Instrumente und Entwicklungsperspektiven, 2., überarbeitete Aufl., Stuttgart 2015

Fleßa, Steffen, Grundzüge der Krankenhausbetriebslehre, Band 2, 2., aktualisierte und überarbeitete Aufl., München 2014

Freidank, Carl-Christian, Kostenrechnung. Grundlagen des innerbetrieblichen Rechnungswesens und Konzepte des Kostenmanagements, München 2013

Friedl, Birgit, Controlling, 2., vollständig neubearbeitete Aufl., Stuttgart 2013

Friedl, Birgit, Praxishandbuch Kostenmanagement, 2. Aufl., München und Tübingen 2019

Fritze, Christian/Mutschler, Klaus/Stockel-Veltmann, Christoph, Kommunales Finanzmanagement NRW. Fachbuch mit praktischen Übungen und Lösungen 9. Aufl., Wiesbaden 2023

Fröhlich, Christoph, Konzernrechnungslegung kompakt, 4. Aufl., Wien 2022

Frühauf, Markus, Der Fair Value wird unfair, in: Frankfurter Allgemeine Zeitung (FAZ) vom 7.4.2009, S. 13

Funk, Wilfried/Rossmanith, Jonas (Hrsg.), Internationale Rechnungslegung und internationales Controlling, Herausforderungen – Handlungsfelder – Erfolgspotenziale, 3., erweiterte Aufl., Heidelberg 2017

Fußwinkel, Christoph/Schneider, Wilhelm, Kommunale Jahresabschlussanalyse. Auswirkungen eines doppischen Rechnungswesens auf die Analyse der Vermögens-, Finanz- und Erfolgslage von Kommunen, Bd. 2 der Rheinbacher Hochschulschriften, hrsg. von Amely, Tobias/Demel, Klaus/Schneider, Wilhelm, Saarbrücken 2009

Fußwinkel, Christoph/Schneider, Wilhelm, Kommunale Jahresabschlussanalyse, in: NKF-Netzwerk NRW (Hrsg.): NKF-News, Nr. 6, September 2008, S. 10–12

Gälweiler, Aloys, Strategische Unternehmensführung. Zusammengestellt, bearbeitet und ergänzt von Markus Schwaninger. Mit einem Vorwort von Fredmund Malik, Frankfurt am Main und New York, 3. Aufl. 2005

Gaiser, Bernd, Das Eisbergsyndrom. Der Finanzvorstand muss das Rechenwerk erweitern, in: Frankfurter Allgemeine Zeitung (FAZ) vom 18.06.2007, S. 22

Gerlach, Dieter, Crashkurs Personalcontrolling: Grundlagen, Werkzeuge und Praxisbeispiele (mit „digitalen Extras"), Freiburg im Breisgau 2022

Gladen, Werner, Performance Measurement. Controlling mit Kennzahlen, 6., überbearbeitete Aufl., Wiesbaden 2014

Gleich, Roland/Gänßlen, Siegfried/Losbichler, Helmo (Hrsg.), Challenge Controlling 2015. Trends und Tendenz (Haufe Lexware), Freiburg im Breisgau 2011, S. 133–152

Götze, Uwe, Investitionsrechnung. Modelle und Analysen zur Beurteilung von Investitionsvorhaben. 7. Aufl., Heidelberg 2014

Gourmelon, Andreas (Hrsg.), Forschung für die Praxis – neue Erkenntnisse für ein professionelles Personalmanagement aus der Reihe „PöS. Personalmanagement im öffentlichen Sektor", herausgegeben von Andreas Gourmelon, Heidelberg, München, Landsberg am Lech, Frechen, Hamburg 2013

Gräfer, Horst/Schneider, Georg/Gerenkamp, Thorsten, Bilanzanalyse: Traditionelle Kennzahlenanalyse des Einzeljahresabschlusses. Kapitalmarktorientierte Konzernjahresabschlussanalyse. Mit zahlreichen Abbildungen, Aufgaben und Lösungen, 13., vollständig überarbeitete und erweiterte Aufl., Herne und Berlin 2016

Graßhoff, Jürgen, Controlling gestern, heute, morgen, in: Controller Magazin (Hrsg.), Ausgabe 1/2000, S. 17–24

Graumann, Mathias, Controlling. Begriff, Elemente, Methoden und Schnittstellen, 6., überarbeitete Aufl. (Online-Version inklusive), Herne 2022

Greiner, Oliver, Was der Wettbewerb nicht sieht, in: Frankfurter Allgemeine Zeitung (FAZ) vom 27.10.2008, S. 20

Greiner, Wolfgang/Damm, Oliver, Die Berechnung von Kosten und Nutzen im Gesundheitswesen in: Schöffski, Oliver/Graf von der Schulenburg, Johann-Matthias (Hrsg.), Gesundheitsökonomische Evaluationen, 4., vollständig überarbeitete Aufl., Heidelberg, Dordrecht, London und New York 2012, S. 23–42

Groß, Stefan, Ordnungspolitische Mängel in der Gesundheitspolitik, in: Orientierungen zur Wirtschafts- und Gesellschaftspolitik, Nr. 109, September 2006, S. 39–42 (Herausgeber: Ludwig-Erhard-Stiftung Bonn)

Grunwald-Delitz, Stefan/Schäffer, Utz/Weber, Jürgen, Wie viele Controller gibt es in Deutschland?, in: Controller Magazin, Ausgabe 3, Mai/Juni 2014, 39. Jg., S. 48–52

Günther, Thomas, Unternehmenswertorientiertes Controlling, 2. Aufl., München 2013

Haberstock, Lothar, Kostenrechnung I: Einführung. Einführung – mit Fragen, Aufgaben, Fallstudien und Lösungen (Reihe: ESVbasics), 15., durchgesehene Aufl., Berlin 2022

Haberstock, Lothar, Kostenrechnung II: (Grenz-)Plankostenrechnung mit Fragen, Aufgaben und Lösungen, bearbeitet von Volker Breithecker, 10., neu bearbeitete Aufl., Berlin 2008

Hagenloch, Thorsten, Value Based Management und Discounted Cash Flow-Ansätze. Eine verfahrens- und aufgabenorientierte Einführung (aus der Schriftenreihe des Kompetenzzentrums für Unternehmensentwicklung und -beratung (Kube e. V.)), Norderstedt bei Hamburg 2007

Halfar, Bernd/Moos, Gabriele/Schellberg, Klaus, Controlling in der Sozialwirtschaft: Handbuch, 2., aktualisierte und erweiterte Aufl., Baden-Baden 2020

Harbert, Ludger, Controlling-Begriffe und Controlling-Konzeptionen. Eine kritische Betrachtung des Entwicklungsstandes des Controllings und Möglichkeiten seiner Fortentwicklung (auch: Inauguraldissertation zum Dr. rer. oec., Universität Duisburg 1981), Bochum 1982

Heesen, Bernd, Investitionsrechnung für Praktiker, Fallorientierte Darstellung der Verfahren und Berechnungen, 3. Aufl., Wiesbaden 2016

Heesen, Bernd/Moser, Oliver, Working Capital Management. Bilanzierung Analytik und Einkaufsmanagement, 3. Aufl., Wiesbaden 2017

Heister, Werner, Rechnungswesen in Nonprofit-Organisationen, Stuttgart 2008

Heister, Werner/Tiskens, Julia, Kostenmanagement: Eine Einführung für sozialwirtschaftliche Organisationen (Reihe: Basiswissen Sozialwirtschaft und Sozialmanagement), Wiesbaden 2021

Held, Bärbel/Herzner, Alexander/Sowada, Norman, Planung und Budgetierung im Non-Profit und im Profit Sector. Analyse und Fallbeispiel (Band 3 der wissenschaftlichen Reihe New Public Management, hrsg. von Prof. Dr. Bärbel Held), Stuttgart 2013

Henselmann, Klaus/Kniest, Wolfgang, Unternehmensbewertung: Praxisfälle mit Lösungen, 5., überarbeitete und erweiterte Aufl., Herne 2015

Hesse, Sarah/Leve, Johanna/Goerdeler, Peter/Zapp, Winfried, Benchmarking im Krankenhaus, Controlling auf der Basis von InEK-Kostendaten, Wiesbaden 2013

Homann, Klaus, Kommunales Rechnungswesen. Buchführung, Kostenrechnung und Wirtschaftlichkeitsrechnung, 6., überarbeitete Aufl., Wiesbaden 2005

Holtbrügge, Dirk, Personalmanagement, 7., überarbeitete und erweiterte Aufl., E-Book, Berlin 2018

Horsch, Jürgen, Kostenrechnung. Klassische und neue Methoden in der Unternehmenspraxis, 5., überarbeitete Aufl., Wiesbaden 2023

Horváth, Péter/Gleich, Roland/Seiter, Mischa, Controlling, 15., komplett überarbeitete Aufl., München 2024

Horváth, Péter (Hrsg.), Exzellentes Controlling, exzellente Unternehmensleitung: Best Practice und Trends im Controlling, Stuttgart 2011

Hubert, Boris, Grundlagen des operativen und strategischen Controllings. Konzeptionen, Instrumente und ihre Anwendung, 2. Aufl., Wiesbaden 2021

Hufnagel, Wolfgang/Burgfeld-Schächer, Beate, Einführung in die Buchführung und Bilanzierung. Kompakte Darstellung mit Übungen und Musterklausuren. (Reihe: NWB Studium Betriebswirtschaft), 10., überarbeitete und erweiterte Aufl., Herne und Berlin 2023

Ihrig, Holger/Pflaumer, Peter, Finanzmathematik, Intensivkurs – Lehr- und Übungsbuch, 11., überarbeitete Aufl., München 2009

Irle, Chistof, Rationalität von Make-or-buy-Entscheidungen in der Produktion (Band 42 der Schriften des Center for Controlling and Management (CCM), hrsg. von Universitätsprofessor Dr. Dr. h. c. Jürgen Weber, WHU – Otto-Beisheim-School of Management, Vallendar), Wiesbaden 2011

Isensee, Johannes/Henkel, Angelika, Nachhaltigkeit als neues Ziel: Herausforderung und Lösungsansätze für das Green Controlling, in: Gleich, Roland/Gänßlen, Siegfried/Losbichler, Helmo (Hrsg.): Challenge Controlling 2015. Trends und Tendenz, Freiburg 2011, S. 133–152

Jahrmann, Fritz-Ulrich, Finanzierung. Darstellung, Kontrollfragen, Fälle und Lösungen, 6., vollständig überarbeitete Aufl., Herne 2009

Jandt, Jürgen, Trainingsfälle Kostenrechnung, 2., überarbeitete und erweiterte Aufl., Herne und Berlin 2005

Jossé, Germann, Balanced Scorecard. Ziele und Strategien messbar umsetzen, München 2005

Jung, Hans, Allgemeine Betriebswirtschaftslehre, 13., überarbeitete Aufl., Berlin und Boston 2016

Jung, Hans, Controlling, 4., aktualisierte Aufl., München 2014

Jung, Hans, Arbeitsbuch Controlling. Aufgaben und Testfragen mit Lösungen zur Klausurvorbereitung, 2., aktualisierte Aufl., München 2014

Kalwait, Rainer/Meyer, Ralf/Romeike, Frank/Schellenberger, Oliver/Erben, Roland (Hrsg.), Risikomanagement in der Unternehmensführung. Wertgenerierung durch chancen- und kompetenzorienientiertes Management, Weinheim 2008

Kämmler-Burrak, Andrea, Kosten- und Leistungsrechnung als integriertes Gesamtsystem, in: Gleich, Ronald/Michel, Uwe/Stegmüller, Werner/ Kämmler-Burrak, Andrea (Hrsg.): Moderne Kosten- und Ergebnissteuerung, Freiburg, Berlin und München 2010, S. 19–40

Kaplan, Robert S./Norton, David P., The Balanced Scorecard – Measures that Drive Performance, in: Harvard Business Review 1992 (January–February), S. 77–81

Kaplan, Robert S./Norton, David P., Using the Balanced Scorecard as a Strategic Management System, in: Harvard Business Review 1996 (January–February), S. 75–78

Kaplan, Robert S./Norton, David P., Die strategiefokussierte Organisation. Führen mit der Balanced Scorecard, Stuttgart 2001

Kaplan, Robert S./Norton, David P., Der Weg von immateriellen Werten zum materiellen Erfolg, Stuttgart 2004

Kaplan, Robert S./Norton, David P., Balanced Scorecard: Strategien erfolgreich umsetzen (Reihe: Management Klassiker), Stuttgart 2024

Kilger, Wolfang/Pampel, Jochen R./Vikas, Kurt, Flexible Plankostenrechnung und Deckungsbeitragsbeitragsrechnung, 13. Aufl., Wiesbaden 2012

Klett, Christian/Pivernetz, Michael, Controlling in kleinen und mittleren Unternehmen, 5., vollständig überarbeitete Aufl., Herne 2014

Klümper, Bernd/Möllers, Heribert/Zimmermann, Ewald, Kommunale Kosten- und Wirtschaftlichkeitsrechnung. Fachbuch mit Beispielen und praktischen Übungen und Lösungen, 20., vollständig überarbeitete Aufl., Witten 2019

Klusmann, Steffen, Auch im Himmel regieren die Controller, in: Manager Magazin, Heft 10, Oktober 2015, S. 5

Knop, Carsten, Ungeliebte Standards. Neue Rechnungslegungsstandards für kleine und mittelgroße Unternehmen stoßen auf breite Kritik, in: Frankfurter Allgemeine Zeitung (FAZ) vom 3.8.2010, S. 16

Koch, Joachim, Betriebswirtschaftliches Kosten- und Leistungscontrolling in Krankenhaus und Pflege, 2., überarbeitete Aufl., München und Wien 2010

König, Rolf/Maßbaum, Alexandra/Sureth-Sloane, Caren, Besteuerung und Rechtsformwahl. Personen-, Kapitalgesellschaften und Mischformen im Vergleich, 8., aktualisierte und überarbeitete Aufl., Herne 2021

Krause, Hans-Ulrich/Arora, Dayanand, Controlling-Kennzahlen – Key Performance Indicators. Zweisprachiges Handbuch Deutsch/Englisch. Bilingual Compendium German/English, 3., überarbeitete und erweiterte Aufl., München 2015

Krause, Hans-Ulrich, Controlling-Kennzahlen für ein nachhaltiges Management. Ein umfassendes Kompendium kompakt erklärter Key Performance Indicators, Berlin 2016.

Krommes, Werner, Handbuch Jahresabschlussprüfung. Ziele – Technik – Nachweise – Wegweiser zum sicheren Prüfungsurteil, 4., aktualisierte und erweiterte Aufl., Wiesbaden 2015

Kruschwitz, Lutz/Lorenz, Daniela, Investitionsrechnung, 15., aktualisierte Aufl., München 2019

Kruschwitz, Lutz/Husmann, Sven, Finanzierung und Investition, 7., überarbeitete und erweiterte Aufl., München 2012

Kühn, Hagen/Klinke, Sebastian, Krankenhaus im Wandel. Zeit- und Kostendruck beeinflussen die Kultur des Heilens, in: WZB-Mitteilungen, Nr. 113 (September 2006), S. 6–9

Küpper, Hans-Ulrich, Controlling. Konzeption, Aufgaben und Instrumente, 6., überarbeitete Aufl., Stuttgart 2013

Küting, Karlheinz/Pfitzer, Norbert/Weber, Claus-Peter, Das neue deutsche Bilanzrecht. Handbuch zur Anwendung des Bilanzrechtsmodernisierungsgesetzes (BilMoG), 2., aktualisierte Aufl., Stuttgart 2009

Küting, Karlheinz/Weber, Claus-Peter, Die Bilanzanalyse. Beurteilung von Abschlüssen nach HGB und IFRS, 11., überarbeitete Aufl., Stuttgart 2015

Küting, Karlheinz/Pfitzner, Norbert/Weber, Claus-Peter, Mehr Glauben als Wissen. Kritik an den Rechnungslegungsregeln IFRS dauert an, Besprechungsaufsatz in der Frankfurter Allgemeinen Zeitung vom 5.3.2012, S. 14

Küting, Karlheinz/Pfitzer, Norbert/Weber, Claus-Peter, IFRS oder HGB? Systemvergleich und Beurteilung, 2., aktualisierte und erweiterte Aufl., Stuttgart 2013

Kuhner, Christoph/Maltry, Helmut, Unternehmensbewertung, 2. Aufl., Berlin und Heidelberg 2017

Küpper, Hans-Ulrich/Friedl, Gunther/Hofmann, Christian/Hofmann, Yvette/Pedell, Burkhard, Controlling. Konzeption – Aufgaben – Instrumente, 6., grundlegend überarbeitete Aufl., Stuttgart 2024

Lang, Karl, Bildungscontrolling. Personalentwicklung effizient planen, steuern und kontrollieren, 2., überarbeitete und erweiterte Aufl., Wien 2006

Langenbeck, Jochen/Burgfeld-Schächer, Beate, Übungen zur Kosten- und Leistungsrechnung. Grundlagen, Vollkostenrechnung, Teilkostenrechnung, Plankostenrechnung, Prozesskostenrechnung, Zielkostenrechnung (aus der Reihe NWB Studium Betriebswirtschaft), 3., überarbeitete Aufl., Herne 2017

Langenbeck, Jochen/Burgfeld-Schächer, Beate, Kosten- und Leistungsrechnung (aus der Reihe NWB Studium Betriebswirtschaft), 3., überarbeitete Aufl., Herne 2017

Lebrenz, Christian, Führung in die Kennzahlenfalle. Fachaufsatz (Serie „Der Betriebswirt“) in der Frankfurter Allgemeinen Zeitung (FAZ) vom 6.8.2012, S. 12

Leibfried, Peter/Weber, Ingo/Rummel, Benjamin, Handbuch für den IFRS-Anhang, 3., neu bearbeitete Auflage, Berlin 2015

Lingnau, Volker, Geschichte des Controllings, in: Wirtschaftswissenschaftliches Studium (WiSt), 27. Jg., Heft 6, Juni 1998, S. 274–281

Lingnau, Volker, Geschichte des Controllings, in: Lingenfelder, Michael (Hrsg.): 100 Jahre Betriebswirtschaftslehre in Deutschland 1898–1998, München 1998, S. 73–91

Lender, Alexander/Scholer, Stefan, Wirksam weiterbilden. Praxishilfen für ein Bildungscontrolling im öffentlichen Sektor aus der Reihe „PöS. Personalmanagement im öffentlichen Sektor“, herausgegeben von Andreas Gourmelon, Heidelberg, München, Landsberg, Frechen, Hamburg 2012

Lingnau, Volker/Seewald, Yannik B., Perspektiven eines verhaltensorientierten Controllings für KMU, in: Müller, David: Controlling für kleine und mittlere Unternehmen, 2., überarbeitete und erweiterte Aufl., Berlin/Boston 2017, S. 62–86

Lindner-Lohmann, Doris/Lohmann, Florian/Schirmer, Uwe, Personalmanagement (Reihe: BA KOMPAKT, herausgegegeben von Martin Kornmeier), 4. Aufl., Berlin 2023

Lis, Bettina/Neßler, Christian/Weiss, Maria-Teresa, Corporate Social Responsibility – Ein Fall für die Balanced Scorecard, in: Controller Magazin, Ausgabe 3, Mai/Juni 2014, 39. Jg., S. 68–71

Loderer, Claudio/Jörg, Petra/Pichler, Karl/Roth, Lukas/Wälchli, Urs/Zgraggen, Pius, Handbuch der Bewertung, 5., vollständig überarbeitete Aufl., Zürich 2010

Lohaus, Daniela/Habermann, Wolfgang, Weiterbildung im Mittelstand. Personalentwicklung und Bildungscontrolling in kleinen und mittleren Unternehmen, E-Book, München 2012

Lorson, Peter, BilMoG für Controller, Abstract für die 6. WHU-Controller-Tagung in Vallendar vom 4./5.3.2009

Lüdenbach, Norbert/Christian, Dieter, IFRS Essentials. Regeln, Fälle, Lösungen (aus der Reihe: NWB Studium Betriebswirtschaft), 4., vollständig überarbeitete Aufl., Herne 2017

Macharzina, Klaus/Wolf, Joachim, Unternehmensführung. Das internationale Managementwissen Konzepte – Methoden – Praxis, 10., vollständig überarbeitete und erweiterte Aufl., Wiesbaden 2018

Mäder, Olaf B., Controlling klipp & klar (Reihe „WiWi klipp und klar"), 2., korrigierte und aktualisierte Aufl., Wiesbaden 2021

Magin, Christian, Kommunale Rechnungslegung. Konzeptionelle Überlegungen, Bilanzanalyse, Rating und Insolvenz (mit einem Geleitwort vorn Prof. Dr. Holger Mühlenkamp), Wiesbaden 2011

Marx, Franz Jürgen/Kläne, Sebastian/Korff, Matthias/Schlarrmann, Bernd, Unternehmensbesteuerung, 3., vollständig überarbeitete Aufl. (Online-Version inklusive) , Herne und Berlin 2018

Mayer, Elmar (Hrsg.), Controlling-Konzepte: Perspektiven für die 90er Jahre, 2., verbesserte und erweiterte Aufl., Wiesbaden 1987

Mayer, Thomas, Niemand investiert mehr, in: Welt am Sonntag vom 6.12.2015, S. 48.

Meffert, Heribert/Burmann, Christoph/Kirchgeorg, Manfred, Marketing: Grundlagen marktorientierter Unternehmensführung Konzepte – Instrumente – Praxisbeispiele, 12., überarbeitete und aktualisierte Aufl., Wiesbaden 2015

Meier, Harald, Unternehmensführung, Aufgaben und Techniken betrieblichen Managements. Unternehmenspolitik und Strategische Planung. Unternehmensplanung und Organisation, Human Resources Management, 6., vollständig überarbeitete und erweiterte Aufl., Herne und Berlin 2019

Mensch, Gerhard, Finanz-Controlling. Finanzplanung und -kontrolle. Controlling zur finanziellen Unternehmensführung, 2., überarbeitete und erweiterte Aufl., München 2008

Merker, Richard, Personalcontrolling, in: Fischer, Torsten (Hrsg.): Personalmanagement (ein Band der Schriftenreihe: Moderne Verwaltung in der Lehre, hrsg. von Torsten Fischer, Bernhard Frevel, Rainer Paulic, Wolfgang Pippke & Iris Wiesner), 2., überarbeitete und erweiterte Aufl., Frankfurt am Main 2015, S. 303–334

Meyer, Claus/Theile, Carsten, Bilanzierung nach Handels- und Steuerrecht unter Einschluss der Konzernrechnungslegung und der internationalen Rechnungslegung. Kontrollfragen, Aufgaben, Lernprogramm, 28., vollständig überarbeitete Aufl., Herne 2017

Meyer, Matthias/Weber, Jürgen (Hrsg.), Controlling und begrenzte kognitive Fähigkeiten. Grundlagen und Anwendungen eines verhaltensorientierten Ansatzes, Band 39 der Schriftenreihe „Schriften des Centers für Controlling und Management (CCM)", Wiesbaden 2011

Meynhardt, Timo/Schulze, Eric, Ist die Doppik wirklich das geeignete Rechnungswesen? Kritischer Dialog: Wie überlegen ist die Doppik der Kameralistik?, in: Innovative Verwaltung, 32. Jg., Ausgabe 3/ 2010, S. 27–29

Mindermann, Torsten, Investitionsrechnung. Grundlagen – Rechenverfahren – Entscheidungen, Berlin 2015

Möller, Bernd/Hüfner, Hans-Peter/Keteniß, Holger, Buchführung und Finanzberichte, Grundlagen, Theorie und Anwendung, 5., aktualisierte Aufl., München 2018

Mühlenkamp, Holger, Kosten-Nutzen-Analyse, 2., erweiterte und verbesserte Aufl., München 2007

Müller, Armin, Grundzüge eines ganzheitlichen Controllings, 2., vollständig überarbeitete und erweiterte Aufl., München 2009

Müller, Hans-Erich, Unternehmensführung. Strategien – Konzepte – Praxisbeispiele, München 2013

Müller-Hedrich, Bernd W., Kein Schönwetter-Controlling in stürmischen Zeiten, in: AKAD. Das Hochschulmagazin, Heft 17, Oktober 2009, S. 17

Müller-Hedrich, Bernd W., Controlling in Krisenzeiten, in: WISU (Das Wirtschaftsstudium) Heft 2 (Februar) 2010, S. 193–196

Müller-Marqués Berger, Thomas, Kameralistik, NKF, Grundsätze staatlicher Doppik: What's next? Aktuelles aus dem IPSAS-Board, in: Die Wirtschaftsprüfung, 62. Jg., Nr. 3 (2009), S. 1

Mutschler, Klaus/Stockel-Veltmann, Christoph, Externes Rechnungswesen. Studienbuch für den kommunalen Bachelorstudiengang (mit praktischen Übungen und Lösungen) (Reihe Verwaltung in Studium und Praxis), 7., Aufl., Wiesbaden 2023

Mutschler, Klaus/Stockel-Veltmann, Christoph, Kommunales Finanzmanagement NRW, Studienbuch für den kommunalen Bachelorstudiengang mit praktischen Übungen und Lösungen (Reihe Verwaltung in Studium und Praxis), 8., vollständig überarbeitete Aufl., Wiesbaden 2023

Naegler, Heinz/Garbsch, Marlies, Personalmanagement im Krankenhaus, 5., erweiterte und aktualisierte Aufl., Berlin 2021

Neubauer, Günter/Beivers, Andreas, Privatisierung der Krankenhäuser – Modischer Trend oder ökonomische Notwendigkeit?, in: Orientierungen zur Wirtschafts- und Gesellschaftspolitik, Nr. 109 (September), 2006, S. 48–51 (hrsg. von Ludwig-Erhard-Stiftung, Bonn)

Neumaier, Robert F., Geregelte Unternehmensnachfolge, Empfehlungen für die Betriebsübergabe, 11., aktualisierte Aufl., Stuttgart 2004

Niermann, Jörg/Linnepe, Marcus, Große Analytik für kleine Unternehmen, veröffentlicht in der Reihe: „Der Betriebswirt", in: Frankfurter Allgemeine Zeitung (FAZ) vom 29.1.2018, S. 18

Odenthal, Franz Willy, Planung des Semesterprogramms der VHS, in: Deutsche Verwaltungs-Praxis (DVP), 12/2002, S. 510–512

Odenthal, Franz Willy/Beckermann, Birgit, Einführung in die Öffentliche Betriebswirtschaftslehre. Lehrbuch mit praktischen Übungen und Lösungen (Reihe Verwaltung in Studium und Praxis), 12., vollständig überarbeitete Aufl., Wiesbaden 2023

Odiorne, George Stanley, Strategic Management of Human Resources. A Portfolio Approach, San Francisco, Washington and London 1984

Oechsler, Walter A./Paul, Christopher, Personal und Arbeit. Einführung in das Personalmanagement, 10., grundlegend überarbeitete Aufl., Berlin 2015

Okungbowa, Andrew, SAP ERP Financial Accounting and Controlling: Configuration and Use Management, New York 2015

Olfert, Klaus, Lexikon Finanzierung und Investition, 2., verbesserte und aktualisierte Aufl., Herne 2010

Olfert, Klaus, Kostenrechnung (aus der Reihe: Kompendium der praktischen Betriebswirtschaft, herausgegeben von Professor Klaus Olfert), 18. Aufl., Herne 2018

Olfert, Klaus, Personalwirtschaft (aus der Reihe: Kompendium der praktischen Betriebswirtschaftslehre, herausgegeben von Professor Klaus Olfert), 17., aktualisierte Aufl., Herne 2019

Olfert, Klaus, Investition (aus der Reihe: Kompendium der praktischen Betriebswirtschaft, herausgegeben von Professor Klaus Olfert), 14. Aufl., Herne 2019

Olfert, Klaus, Kompakt-Training Investition (aus der Reihe: Kompakt-Training Praktische Betriebswirtschaft, herausgegeben von Professor Klaus Olfert), 7., aktualisierte Aufl., Herne 2015

Olfert, Klaus, Kompakt-Training Kostenrechnung (aus der Reihe: Kompakt-Training Praktische Betriebswirtschaft, hrsg. von Professor Klaus Olfert), 8., aktualisierte Aufl., Herne 2016

Olfert, Klaus, Kompakt-Training Finanzierung (aus der Reihe: Kompakt-Training Praktische Betriebswirtschaft, herausgegeben von Professor Klaus Olfert), 9., aktualisierte Aufl., Herne 2017

Olfert, Klaus/Pischulti, Helmut, Unternehmensführung (aus der Reihe: Kompakt-Training Praktische Betriebswirtschaft, hrsg. von Professor Klaus Olfert), 7., aktualisierte Aufl., Herne 2017

Oser, Andreas, Durch nichts zu ersetzen, in: Der Gemeinderat, 55. Jg., Nr. 7–8/2012, S. 12–13

Ossadnik, Wolfgang, Controlling, 4., vollständig überarbeitete und erweiterte Aufl., München 2009

Ott, Steven, Investitionsrechnung in der öffentlichen Verwaltung. Die praktische Bewertung von Investitionsvorhaben, Wiesbaden 2011

Ottel, Robert/Losbichler, Heimo, Die Rolle von Controllern in Abhängigkeit des CEOs, in: Controller Magazin, Ausgabe 3, Mai/Juni 2014, 39. Jg., S. 4–7

Pape, Ulrich, Wertorientierte Unternehmensführung und Controlling, 4., überarbeitete Aufl., Berlin 2010

Peemöller, Volker H., Controlling. Grundlagen und Einsatzgebiete, 5. Aufl., Herne und Berlin 2005

Peemöller, Volker H. (Hrsg.), Praxishandbuch der Unternehmensbewertung, 6., vollständig aktualisierte und erweiterte Aufl., Berlin 2015

Peemöller, Volker H./Petersen, Carl/Zwirner, Christian/Zimny, Gregor, Unternehmensbewertung mit Excel (mit CD-ROM), 9. Aufl., Berlin 2019

Pellens, Werner, IFRS-Jubiläum: Fünf Jahre in der Kritik, in: Frankfurter Allgemeine Zeitung (FAZ) vom 22.3.2010, S. 12

Pellens, Bernhard/Fülbier, Rolf Uwe/Gassen, Joachim/Sellhorn, Thorsten, Internationale Rechnungslegung. IFRS 1 bis 17, IAS 1-41, IFRIC-Interpretationen, Standardentwürfe. Mit Beispielen, Aufgaben und Fallstudie, 11., überarbeitete und aktualisierte Aufl., Stuttgart 2021

Philipps, Holger (Hrsg.), Der Anhang im Jahresabschluss der GmbH und der GmbH & Co. KG. Inhalte, Kommentierung, Gestaltung u. Offenlegung, 5, vollständig aktualisierte und erweiterte Aufl., Herne 2018

Pepels, Werner, Handbuch des Marketings, 7., überarbeitete und erweiterte Aufl., München 2016

Peper, Bernd Heinrich, Rechnungswesen und Controlling im kommunalen Konzern. Die Ausgestaltung eines konzernspezifischen Informations- und Steuerungssystems für die kommunale Verwaltung unter Berücksichtigung von PCG, Band 5 der Reihe Banking, Finance & Accounting Research Series (hrsg. von Prof. Stefan Müller und Prof. Jörg Prokop; auch Diss. rer. pol. (Universität Hamburg)), Edewecht 2013

Peters, Ralf, Abbildung der Kosten- und Ergebnisrechnung in einer IT-Landschaft, in: Gleich, Ronald/Michel, Uwe/ Stegmüller, Werner/Kämmler-Burrak, Andrea (Hrsg.): Moderne Kosten- und Ergebnissteuerung, Freiburg, Berlin und München 2010, S. 77–94

Peters, Gerd/Pfaff, Dieter, Controlling. Wichtigste Methoden und Techniken, zweite, überarbeitete Aufl., Zürich 2008

von Petersdorff, Winand, Ein Kapitalist braucht eine Bilanz, in: Frankfurter Allgemeine Sonntagszeitung vom 27.2.2012, S. 46

Pfeifer, Werner/Bischof, Peter, Produktlebenszyklus als Basis der Unternehmensplanung, in: Zeitschrift für Betriebswirtschaft (ZfB), 44. Jg., 1974, S. 635–641

Poggensee, Kay, Investitionsrechnung. Grundlagen – Aufgaben – Lösungen, 3., überarbeitete Aufl., Wiesbaden 2015

Pooten, Holger/Langenbeck, Jochen, Bilanzanalyse (aus der Reihe: Kompakt-Training. Praktische Betriebswirtschaft, hrsg. von Klaus Professor Klaus Olfert), 4., überarbeitete und aktualisierte Aufl., Herne 2016

Pracht, Arnold/Bachert, Robert, Strategisches Controlling: Controlling und Rechnungswesen in Sozialen Unternehmen (Reihe: Grundlagentexte Soziale Berufe), 3. Aufl., Weinheim und München 2022

Preißler, Gerald/Figlin, German, IFRS-Lexikon, München 2009

Preißler, Peter R., Controlling, 15., vollständig überarbeitete und ergänzte Aufl., München und Wien 2020

Preißler, Peter R., Mehr als Kontrolle, in: EconoMag, Wissenschaftsmagazin für Betriebs- und Volkswirtschaftslehre, 2. Jg., Nr. 2/2008, S. 1–5

Preißler, Peter R., Betriebswirtschaftliche Kennzahlen – Formeln, Aussagekraft, Sollwerte, Ermittlungsintervalle, München und Wien 2008

Preißler, Gerald J./Preißler, Peter R., Controlling Basiswissen: Alles was man über Controlling wissen muss! (Reihe: Beck kompakt), 2. Aufl., München 2019

Radinger, Gerhard, Veränderungen im Berichtswesen durch das BilMoG, in: ICV-Facharbeitskreis „Controlling und IFRS“ (Hrsg.): BilMoG und Controlling, Freiburg, Berlin und München 2009, S. 195–210

Rahn, Horst-Joachim, Unternehmensführung (aus der Reihe: Kompendium der praktischen Betriebswirtschaft, herausgegeben von Professor Klaus Olfert), 9., aktualisierte Aufl., Ludwigshafen am Rhein 2015

Rahn, Horst-Joachim, Lexikon der Betriebswirtschaft, 10., unveränderte Aufl., Ludwigshafen am Rhein 2023

Rappaport, Alfred, Selecting Strategies that Create Shareholder Values, in Harvard-Business Review, Vol. 59 (May/June1981), S. 139–149

Rappaport, Alfred, Creating Shareholder Value. A Guide for Managers and Investors. The New Standard for Business Performance, New York 1986

Rappaport, Alfred, Shareholder Value. Ein Handbuch für Manager und Investoren, aus dem Amerikanischen übersetzt von Wolfgang Klien, 2., vollständig überarbeitete und aktualisierte Aufl., Stuttgart 1999

Rau, Thomas, Betriebswirtschaftslehre für Städte und Gemeinden. Strategie, Personal, Organisation, 2., vollständige überarbeitete und erweiterte Aufl., München 2007

Reichard, Christoph, Betriebswirtschaftslehre der öffentlichen Verwaltung, 2., völlig neu bearbeitete und erweiterte Aufl., Berlin 1987, Reprint 2010

Reichard, Christoph/Röber, Manfred, Ausbildung, Rekrutierung und Personalentwicklung, in: Veit, Sylvia/Reichard, Christoph/Wewer, Göttrick (Hrsg.): Handbuch zur Verwaltungsreform, 5., vollständig überarbeitete Aufl., Wiesbaden 2019, S. 396–405

Rickards, Robert C., Budgetplanung kompakt, München und Wien 2008

Rickards, Robert C., Kostensteuerung kompakt, München und Wien 2008

Rickards, Robert C., Leistungssteuerung kompakt, München und Wien 2009

Schäffer, Utz/Weber, Jürgen, Der Controller wird zum Strategen. Fachaufsatz zur Serie „Der Betriebswirt", in: Frankfurter Allgemeine Zeitung (FAZ) vom 23.1.2012, S. 12

Schäffer, Utz/Weber, Jürgen, Controller und Personalmanager hätten sich was zu sagen, in: Frankfurter Allgemeine Zeitung (FAZ) vom 3.8.2015, S. 14

Schäffer, Utz/Weber, Jürgen, Der Controller verliert die Kontrolle (FAZ-Reihe: Der Betriebswirt), in: Frankfurter Allgemeine Zeitung (FAZ) vom 26.3.2018, S. 16

Scheffner, Jörg/Pham Duc, Kim-Mai, Umfassende Beratung: Neue Herausforderungen für das Controlling, in: Krings, Ulrich (Hrsg.): Erfolgsfaktor Controlling. Der Controller als Inhouse-Consultant, 2. Aufl., Wiesbaden 2015, S. 149–164

Scheld, Guido A., Controlling im Mittelstand, Band 1: Grundlagen und Informationsmanagement, 6., überarbeitete Aufl., Berlin 2017

Scheld, Guido A., Controlling im Mittelstand, Band 2: Strategisches Unternehmenscontrolling, 6., neu bearbeitete Aufl., Berlin 2017

Scheld, Guido A., Controlling im Mittelstand, Band 3: Operatives Unternehmenscontrolling, 6., neu bearbeitete Aufl., Berlin 2017

Scheld, Guido A., Kostenrechnung im Industrieunternehmen, Band 1: Istkostenrechnung, 6., neu bearbeitete Aufl., Berlin 2017

Scheld, Guido A., Kostenrechnung im Industrieunternehmen, Band 2: Teilkostenrechnung, 5., neu bearbeitete Aufl., Berlin 2018

Schild, Ulrich, Lebenszyklusrechnung und lebenszyklusbezogenes Zielkostenmanagement: Stellung im internen Rechnungswesen, Rechnungsausgestaltung und modellgestützte Optimierung der intertemporalen Kostenstruktur, Wiesbaden 2005

Schierenbeck, Henner/Wöhle, Claudia B., Grundzüge der Betriebswirtschaftslehre, 19., aktualisierte Aufl. München und Wien 2016

Schmahl, Christian/Dumrul, Sabine/Tyssen, Matthias/Schentler, Peter, Bewertung des Wertbeitrags von Innovationsaktivitäten bei der Deutschen Telekom, in: Gleich, Roland/Schmank, Christof (Hrsg.), Innovations-Controlling, in: Gleich, Roland/Klein, Andreas (Hrsg.), Der Controlling-Berater, Bd. 13, Freiburg, Berlin und München 2011, S. 107–128

Schmidt, Walter, Auf dem Weg zum Controlling 4.0, Haufe Finance Office Professional Online, Freiburg 2017 *(https://products.haufe.de/?forceDesktop#link?productid=PI11525&docid=H-I1-0462046)*

Schmolke, Siegfried/Deitermann, Manfred, Industrielles Rechnungswesen (IKR) , 52. Aufl., Darmstadt 2023

Schneider, Wolfgang, Bewertung von Sicherheitsanforderungen. Die IT-Sicherheit in der Bilanz, Bremen 2008

Schönenberger, Martin, Strategisches Management im Krankenhaus, in: Schweizerische Ärztezeitung (SAEZ)/Bulletin des médecins suisse/Bolletino dei medici svizzeri, No. 9, 2005, S. 562–573

Schümann, Florian/Tisson, Horst, Call Center Controlling, Wiesbaden 2006

Schüring, Stefan, Investitionsmanagement und -controlling in deutschen Krankenhäusern: Eine empirische Untersuchung gestalterischer Elemente im situativen Kontext, in: von Eiff, Willfried/Prinz, Aloys/Senninger, Norbert/Steinmeyer, Hans-Dietrich (Hrsg.): Münsteraner Schriften zu Medizinökonomie, Gesundheitsmanagement und Medizinrecht, Band 8, Berlin 2014, S. 63–76

Schulte, Christof, Personal-Controlling mit Kennzahlen. Aussagefähige Instrumente für eine aktive Steuerung im Personalwesen, 4., vollständig überarbeitete und erweiterte Aufl., E-Book, München 2020

Schultz, Volker, Controlling. Das Basiswissen für die Praxis, 2., vollständig überarbeitete Aufl., München 2015

Schuster, Falko, Neues Kommunales Finanzmanagement und Rechnungswesen. Basiswissen NKF und NKR, München 2008

Schuster, Falko, Kommunale Kosten- und Leistungsrechnung. Controlling-orientierte Einführung mit Bezügen zum NKF bzw. NKR, 3., überarbeitete und aktualisierte Aufl., München 2011

Schwalb, Susanne, Der Controller als empathischer Kommunikator: Harte Fakten weich kommunizieren, in: Krings, Ulrich (Hrsg.), Erfolgsfaktor Controlling Der Controller als Inhouse-Consultant, 2. Aufl., Wiesbaden 2015, S. 11–22

Seibt, Dietrich, Controlling von Kosten und Nutzen betrieblicher Bildungsmaßnahmen, in: Ehlers, Ulf-Daniel/Schenkel, Peter (Hrsg.): Bildungscontrolling im E-Learning. Erfolgreiche Strategien und Erfahrungen jenseits des ROI, E-Book, Berlin, Heidelberg, 2005, S. 35–54

Sibbel, Rainer/Bliesener, Monique, Medizin-Controlling zwischen Wunsch und Klinikalltag in: Controlling & Management Review, Zeitschrift für Controlling und Management, Band 59, Sonderheft 3 vom November 2015, S. 70–75

Simon, Michael, Die ökonomischen und strukturellen Veränderungen des Krankenhausbereichs seit den 1970er Jahren, in: Bode, Ingo/Vogd, Werner (Hrsg.): Mutationen des Krankenhauses. Soziologische Diagnosen in organisations- und gesellschaftstheoretischer Perspektive, Wiesbaden 2016

Sommerfeld, Isabell, Controlling als Erfolgsfaktor für die kommunale Haushaltsführung, Bachelor-Thesis zur Erlangung des Grades Bachelor of Arts in Public Administration, eingereicht an der Fachhochschule für Verwaltung und Dienstleistung des Landes Schleswig-Holstein, Altenholz 2014

Spengler, Wolfram, Auswirkungen des BilMoG auf das Zusammenspiel von Controlling und Accounting, in: ICV-Facharbeitskreis „Controlling und IFRS“ (Hrsg.): BilMoG und Controlling, Freiburg, Berlin und München 2009, S. 213–222

Spremann, Klaus, Finance, 4., grundlegend überarbeitete Aufl., München 2010

Spremann, Klaus/Ernst, Dietmar, Unternehmensbewertung. Grundlagen und Praxis, 2., überarbeitete Aufl., München 2012

Sprenger-Menzel, Michael Thomas P./Henßler, Burkhard, Volkswirtschaftslehre und Wirtschaftspolitik. Grundlagen der Nationalökonomie und Wirtschaftspolitik in Bachelor- und Masterstudiengängen, 9., aktualisierte und vollständig überarbeitete Aufl., Wiesbaden 2023

Steger, Johann, Kosten- und Leistungsrechnung, 5., überarbeitete und aktualisierte Aufl., München 2010

Steger, Johann, Kennzahlen und Kennzahlensysteme. Mit einem durchgängigen Fallbeispiel und Lösungen, 3., überarbeitete und aktualisierte Aufl., Herne 2017

Straub, Silvia/Sperling, Martin, Controlling und Businessplan. Konkrete Entscheidungshilfen für Krankenhaus und Gesundheitsunternehmen, 2., aktualisierte und erweiterte Aufl., Berlin 2016

Tauberger, André, Controlling für die öffentliche Verwaltung, München und Wien 2008

Tegtmeier, André, Praxisleitfaden Kommunales Beteiligungsmanagement (unter Mitarbeit von Annett Hübner, Grit Peterson und Robert Uhlemann), Wiesbaden 2021

Tillman, George, A CIO's View of the Balanced Scorecard. Defining the data and the timing of reporting is the hardest task, says a scorecard veteran, in: Strategy & Business, Issue (No.) 34, Spring 2004, p. 16–21

Treier, Michael, Personalcontrolling für den öffentlichen Sektor. Ein Kompass für wertschöpfungsorientierte Personalarbeit, Band 9 der Reihe „PöS. Personalmanagement im öffentlichen Sektor“, herausgegeben von Andreas Gourmelon, Heidelberg, München, Landsberg, Frechen, Hamburg 2013

Unterreiner, Viktoria, Das Empire State Building wird umgekrempelt. Das höchste Gebäude New Yorks wird für 20 Millionen Dollar saniert. Das Ziel: Moderne Büros und 40 Prozent weniger Energiekosten, in: Welt am Sonntag vom 17.10.2010, S. 89

Varnholt, Norbert/Lebefromm, Uwe/Hoberg, Peter, Kostenrechnung und operatives Controlling. Betriebswirtschaftliche Grundlagen und Anwendung mit SAP-ERP, München 2009

Vaudt, Susanne, Bildungscontrolling, in: Griese, Christiane/Marburger, Helga (Hrsg.): Bildungsmanagement. Ein Lehrbuch, E-Book, München 2011, S. 139–156

Vollmuth, Hilmar J., Controllinginstrumente, 6., durchgesehene Aufl., Freiburg im Breisgau 2017

Wall, Frederike/Schröder, Regina W. (Hrsg.), Controlling zwischen Shareholder Value und Stakeholder Value. Neu Anforderungen, Konzepte und Instrumente, München und Wien 2009

Weber, Jürgen/Bültel, Dirk, Controllingentwicklung in Deutschland. Eine Erfolgsstory, in: Controller Magazin (Hrsg.): Ausgabe 3/1992, S. 161–164

Weber, Jürgen/Schäffer, Utz, Einführung in das Controlling, 17., überarbeitete und aktualisierte Aufl., Stuttgart 2022

Weber, Jürgen/Schäffer, Utz/Binder, Christoph, Einführung in das Controlling. Übungen und Fallstudien mit Lösungen, 5., überarbeitete und aktualisierte Aufl., Stuttgart 2022

Weber, Jürgen/Schäffer, Utz, Introduction to Controlling, Stuttgart 2008

Weber, Jürgen/Schäffer, Utz/Binder, Christoph, Einführung in das Controlling, Übungen und Fallstudien mit Lösungen, unter Mitarbeit von Kai Böhme, 3., überarbeitete und erweiterte Aufl., Stuttgart 2016

Wedell, Harald/Dilling, Achim A., Grundlagen des Rechnungswesens. Lehrbuch und Online-Training mit über 50 Aufgaben. Buchführung und Jahresabschluss. Kosten- und Leistungsrechnung, 16., überarbeitete Aufl., Herne und Berlin 2018

Welge, Martin K./Al-Laham, Andreas/Eulerich, Marc, Strategisches Management. Grundlagen – Prozesse – Implementierung, 8., überarbeitete und erweiterte Aufl., Wiesbaden 2024

Wickel-Kirsch, Silke/Gerlach, Dieter, „Reifegrad" des Personalcontrollings, in: Deutsche Gesellschaft für Personalführung e. V. Düsseldorf (Hrsg.): Personalcontrolling – Konzept – Kennzahlen – Unternehmensbeispiele, Bielefeld 2013, S. 289–294

Wieland, Florian/Kornacker, Julia, Status quo der Kosten- und Ergebnisrechnung in der Praxis, in: Gleich, Ronald/Michel, Uwe/Stegmüller, Werner/ Kämmler-Burak, Andrea (Hrsg.): Moderne Kosten- und Ergebnissteuerung, Freiburg, Berlin und München 2010, S. 61–76

Wildemann, Horst, In der Produktklinik sinken die Kosten (Beitrag zur Serie „Der Betriebswirt"), in: Frankfurter Allgemeine Zeitung (FAZ) vom 12.11.2012, S. 12

Wildemann, Horst, Agilität – das Gegenteil von Planerfüllung (Beitrag zur Serie „Der Betriebswirt"), in: Frankfurter Allgemeine Zeitung vom 9.10.2017, S. 16

Wöhe, Günter/Döring, Ulrich/Brösel, Gerrit, Einführung in die Allgemeine Betriebswirtschaftslehre, 28., überarbeitete und aktualisierte Aufl., München 2023

Wöltje, Jörg, ABC des Finanz- und Rechnungswesens, Freiburg im Breisgau 2010

Wöltje, Jörg, Fit für die Prüfung: Finanzbuchführung, Stuttgart 2014

Wöltje, Jörg, Fit für die Prüfung: Finanzierung, Stuttgart 2014

Wöltje, Jörg, Bilanzen lesen, verstehen und gestalten, 15., überarbeitete Aufl., Freiburg, München und Stuttgart 2023

Wördenweber, Martin, Operatives Controlling mit Kennzahlen, Band 1: Planung, Datenaufbereitung, gesamtbetriebliche Kennzahlen, Kontrolle (Reihe: ESVbasics), 3., völlig neu bearbeitete Aufl., Büren 2021

Wördenweber, Martin, Operatives Controlling mit Kennzahlen, Band 2: Kennzahlenanalyse der betrieblichen Funktionsbereiche – Grundlagen, Methoden, Techniken (Reihe: ESVbasics), 3., völlig neu bearbeitete Aufl., Büren 2022

von Wysocki, Klaus/Wohlgemuth, Michael/Brösel, Gerrit, Konzernrechnungslegung, 5., vollständig neu bearbeitete Aufl. (erschienen in der Reihe WISU-Texte), Konstanz, München und Stuttgart (UVK/UTB) 2014

Wulf, Inge/Pollmann, René, Bilanztraining – Jahres- und Konzernabschluss, Lage- und Nachhaltigkeitsbericht, Grundzüge der IFRS, 16., überarbeitete und aktualisierte Aufl., Freiburg 2023

Wunderer, Rolf/Schlagenhaufer, Peter, Personalcontrolling. Führen, Instrumente, Praxisbeispiele, 3. Aufl., Stuttgart 1999

Zschenderlein, Oliver, Kompakt-Training Buchführung 1 – Grundlagen (aus der Reihe: Kompakt-Training Praktische Betriebswirtschaft, hrsg. von Professor Klaus Olfert), 10., aktualisierte. Aufl., Herne 2020

Zschenderlein, Oliver, Kompakt-Training Buchführung 2 – Vertiefung (aus der Reihe: Kompakt-Training Praktische Betriebswirtschaft, hrsg. von Professor Klaus Olfert), 5., aktualisierte. Aufl., Herne 2022

Ziegenbein, Klaus, Kompakt-Training Controlling (aus der Reihe: Kompakt-Training Praktische Betriebswirtschaft, hrsg. von Professor Klaus Olfert), 3., überarbeitete Aufl., Herne 2006

Ziegenbein, Klaus, Controlling, 10., überarbeitete und aktualisierte Aufl., Herne 2012

Zimmermann, Ewald, Kommunales Controlling, 2. Aufl., Wuppertal 2003

Zimmermann, Jochen/Tidemann, Sebastian A., Die Entwicklung der Rechnungslegung in Deutschland, in: WISU (Das Wirtschaftsstudium) Heft 1 (Januar) 2015, S. 58–63

Zimmermann, Jochen/Kilian, Jan-Philipp/Tidemann, Sebastian A., Bilanzierungskonzepte und die Rolle von Covenants, in: Controlling. Zeitschrift für erfolgsorientierte Unternehmenssteuerung, 27. Jg. 215, Nr. 1, S. 13–18

Zurek, Rudolf Albert, Grundlagen der Unternehmensrechnung, Frankfurt am Main 2017

Zydrowomyslaw, Norbert (Hrsg.), Personalcontrolling. Der Mensch im Mittelpunkt. Erfahrungsberichte, Funktionen und Instrumente, Gernspach 2007

B. Sonstige Quellen: Internetartikel/allgemein zugängliche PDFs

Backhaus, Sarah, Die 4 wichtigsten Fakten zu Green Controlling, in: Finance Magazin vom 2.11.2020 *(https://www.finance-magazin.de/finanzabteilung/controlling/die-4-wichtigsten-fakten-zu-green-controlling-2068-281/)*

Bundesagentur für Arbeit (Hrsg.), Beschäftigte nach Berufen (KldB 2010) (Quartalszahlen), Stichtag 30.9.2020, Nürnberg 2021 *(https://statistik.arbeitsagentur.de/Statistikdaten/Detail/202009/iiia6/beschaeftigung-sozbe-bo-heft/bo-heft-d-0-202-009-xlsx.xlsx?__blob=publicationFile&v=1)*

Bundesministerium des Innern (Hrsg.), Organisationshandbuch, Stichwort: Analysetechniken (Grußleitner-Analyse), Punkt 6.3.4., Berlin o. J. *(https://www.orghandbuch.de/Webs/OHB/DE/OrganisationshandbuchNEU/4_MethodenUndTechniken/Methoden_A_bis_Z/SWOT_Analyse/swot_analyse_node.html)*

Bühner, Rolf/Akitürk, Deniz, Qualitätstechniken im Personalmanagement. Verbesserung der Mitarbeiterführung, in: Schiering, Wolfgang (Hrsg.): Newsletter Flexible Unternehmen vom 12.4.2001 *(http://www.schiering.org/arhilfen/qualit/personalmanagement.htm)*

Caesar Academy (Hrsg.), Was ist Controlling? Einfach erklärt. Ein Videolehrfilm bei YouTube, Berlin 2022 *(https://www.youtube.com/watch?v=SjgdfDOrZXo)*

Deloitte GmbH Wirtschaftsprüfungsgesellschaft (Hrsg.), IAS 7, in: IAS Plus, München 2024 *(https://www.iasplus.com/de/standards/ias/ias7)*

Gemeinde Rheurdt (Hrsg.), Öffentlich-rechtliche Vereinbarung über die Wahrnehmung der Aufgaben der Finanzbuchhaltung im Bereich der Zahlungsabwicklung und Forderungsvollstreckung der Gemeinden Kerken und Rheurdt (Buchhaltungen Kerken/Rheurdt) durch die Gemeinde Issum (Finanzbuchhaltung Issum), Rheurdt 2016 *(https://www.rheurdt.de/www/Sitzungsdienst.nsf/HTML/732F7D25A4015CB0C1257F1D00368A3D/$FILE/%C3%96öffentlich-rechtliche%20Vereinbarung%20Issum%20Kerken%20Rheurdt%20ab%2001.01.2016%20Stand%2016.12.2015_1.pdf)*

Grußleitner, Michael/Hartmann, Robert, Produktlebenszyklus, in: Betriebswirtschaft-lernen.net, herausgegeben von Arne Stamer, Sundhagen 2024 *(http://www.betriebswirtschaft-lernen.net/erklaerung/produktlebenszyklus)*

Glück, Oliver, Gleitender Durchschnitt, in: Welt der BWL. Betriebswirtschaft in der Praxis, herausgegeben von Janedu UG, Regensburg 2024 *(http://www.welt-der-bwl.de/Gleitender-Durchschnitt)*

Innenministerium des Landes Nordrhein-Westfalen (Hrsg.), NKF-Kennzahlenset NRW (NKF-Kennzahlen). Runderlass 34 – 48.04.05/01 – 2323/08 des Innenministeriums Nordrhein-Westfalen vom 1.10.2008 *(https://gpanrw.de/sites/default/files/media/1354118591_runderlass_des_im_vom_01_10_20082008.pdf)*

Internationaler Controller Verein e. V. (ICV) (Hrsg.), Wir präsentieren: Der Controller Verein. Die Gründungsgeschichte, Wörthsee 2024 *(https://www.icv-controlling.com/de/verein/gruendung.html)*

Kottbauer, Markus, Software-Kompendium. Das Nachschlagwerk für Controller. Trends, Anbieter, Produkte und Praxisbeispiele, Vollbeilage im Controller Magazin, Mai 2014, Ausgabe 2014/ 2015, 5. Aufl., Freiburg 2014, herausgegeben v. VCW Verlag für ControllingWissen AG, Wörthsee-Elterschlag 2014 *(https://www.haufe.de/download/controller-magazin-software-kompendium-2014-controller-magazin-232796.pdf)*

Kovaleva, Valentina Danilovna/Rusetskiy, Mikhail/Okorokova, Olga Alekseevna/Frantsisko, Olga Yurievna/Antoshkina, Anna Vladimirovna, Historical and Cultural Aspects of Controlling, in: Journal of History Culture and Arts Research, Volume 3, No. 7, Karabuk University, Karabük, Türkei 2018 *(http://kutaksam.karabuk.edu.tr/index.php/ilk/article/view/1742/1184)*

Liebig, André, Flexible Plankostenrechnung, in: Informationen zu Kostenrechnung und Kalkulation, Zwönitz 2024 *(https://www.kostenrechnung-info.de/flexible_plankosten-rechnung.html)*

Ministerium für Inneres und Kommunales des Landes (MIK) Nordrhein-Westfalen (Hrsg.), Neues Kommunales Finanzmanagement. Handbuch zum NKF-Kennzahlenset NRW, Düsseldorf o. J. *(https://gpanrw.de/sites/default/files/media/159670-6383-nkf-kennzahlenhandbuch.pdf)*

Reiß, Christian, Fluktuationsraten berechnen, in: Personaler Online, Oberhausen 2021 *(http://www.personaler-online.de/typo3/fluktuation/fluktuationsrate.html)*

Rheinische Post/RP-online (Hrsg.), Streusalzmangel erwischt den Winterdienst kalt, Düsseldorf 2016 *(http://www.rp-online.de/nrw/staedte/hilden/streusalzmangel-erwischt-den-winterdienst-kalt-aid-1.918599)*

Statista GmbH (Hrsg.), Anteil von Personal- und Sachkosten in deutschen Krankenhäusern in den Jahren 2007 bis 2017, Hamburg 2018 *(http://de.statista.com/statistik/daten/studie/153482/umfrage/verteilung-der-krankenhauskosten/)*

Statista GmbH (Hrsg.), Entwicklung des Wohnungsmietindex für Deutschland von Dezember 2019 bis Dezember 2023, Hamburg 2024 *(https://de.statista.com/statistik/daten/studie/609521/umfrage/monatlicher-mietindex-fuer-deutschland/)*

Stiller, Gudrun, Cash Burn Rate, in: Wirtschaftslexikon24.com, Ausgabe 2024, Hamburg 2024 *(http://www.wirtschaftslexikon24.com/d/cash-burn-rate/cash-burn-rate.htm)*

Stiller, Gudrun, Du Pont Kennzahlensystem, in: Wirtschaftslexikon24.com, Ausgabe 2024, Hamburg 2024 *(http://www.wirtschaftslexikon24.com/d/du-pont-Kennzahlensystem/du-pont-kennzahlensystem.htm)*

Südwestrundfunk (Hrsg.), Öffentlich-rechtlicher Rundfunk. Die ARD, Baden-Baden 2018 *(http://www.ard.de/home/intern/fakten/abc-der-ard/oeffentlich-rechtlicher Rundfunk/458368/index.html)*

Universität Duisburg-Essen (Hrsg.), Controlling Lehrstühle in Deutschland, Duisburg 2019 *(https://www.whu.edu/fakultaet-forschung/management-group/institut-fuer-management-und-controlling/students/links/chairs/)*

Weber, Jürgen, Balanced Scorecard, in: Gabler Wirtschaftslexikon, herausgegeben von Springer Fachmedien Wiesbaden GmbH, Wiesbaden 2024 *(https://wirtschaftslexikon.gabler.de/definition/balanced-scorecard-28000)*

Weimann, Joachim, Denkfehler, die uns Geld kosten (35). Gestern vergessen, in: Frankfurter Allgemeine Zeitung (FAZ) vom 13.10.2012 *(http://www.faz.net/aktuell/finanzen/meine-finanzen/denkfehler-die-uns-geld-kosten/denkfehler-die-uns-geld-kosten-35-gestern-vergessen-11925042.html)*

Windscheid, Leon, Unser falscher Umgang mit Kosten. Darf noch ein bisschen mehr Geld aus dem Fenster geworfen werden? In: Manager Magazin vom 3.4.2017, Düsseldorf 2017 *(http://www.manager-magazin.de/unternehmen/karriere/leon-windscheid-buch-auszug-das-geheimnis-der-psyche-a-1141091.html)*

Wirtschaftsprüferkammer KöR (WPK) (Hrsg.), Studienführer Wirtschaftsprüfung, Sommersemester 2024, Düsseldorf 2024 *(https://www.wpk.de/fileadmin/documents/Nachwuchs/Examen/WPK-Studienfuehrer_Wirtschaftspruefung.pdf)*

Verzeichnis der Anhänge

1. Historische und begriffliche Grundlagen des Controllings

1.1 Historische Entwicklung zum modernen Controlling

1.1.1 Von den Königshöfen zur „Königsdisziplin" des Rechnungswesens

Auch wenn sich erste Anfänge und Ansätze bzw. Wurzeln des Controllings schon im Altertum, z. B. im Rahmen des Pyramidenbaus und – noch deutlicher – während der Römerzeit erkennen und nachweisen[1] lassen, so lässt sich Controlling in einem moderneren, betriebswirtschaftlichen Sinne, vor allem in dem Sinne **einer Unterstützung der Führungskräfte** in Wirtschaft oder Verwaltung, zunächst an den Königs- und Fürstenhöfen des späten Mittelalters finden. So gab es – mindestens seit dem **XV. Jahrhundert** in Frankreich und England – (erste) Controllingaufgaben in der staatlichen Verwaltung, deren Träger am englischen Königshof **„Countrollour"** genannt wurden. Ein *Countrollour* war mit der Überprüfung von Aufzeichnungen über den Geld- und Güterverkehr betraut.

Im damaligen Königreich Frankreich war das Führen der **„Contrerôle"**, der Gegenrolle[2], ein offizielles Hofamt **(„Contreroulleur")**, welches sich seit dem XV. Jahrhundert auch über andere Länder ausgebreitet hat.

Im **XVIII. Jahrhundert (1778)** schuf der amerikanische Kongress die gesetzliche Grundlage für den Einsatz eines Controllers im Staatsdienst, den ***„Comptroller, Auditor and Treasurer"***[3]. Ab Ende des **XIX. Jahrhunderts**, etwa ab **1875**, begannen z. B. die großen Eisenbahngesellschaften in den Vereinigten Staaten von Amerika[4] mit der Einrichtung von Controllerstellen, die vorwiegend finanzwirtschaftlich bzw. rechnungswesensorientiert waren;[5] **1892** folgt mit der **General Electric Company** (GE) das erste Industrieunternehmen. Später wurden die Controller – in der Regel im Range eines (wirklichen) **„Vice President"** – mit in die Unternehmensführung integriert. Die **Entwicklung des Controllings in den Vereinigten Staaten von Amerika** wurde während der nächsten Jahrzehnte durch folgende Veränderungen, die in ähnlicher Weise durchaus auch für europäische Unternehmen gelten, geprägt:

1. Die entstandenen Großunternehmen, die oft multinational operierten, sahen sich aufgrund der Wachstumsprozesse mit **Kommunikations- und Koordinationsproblemen** konfrontiert.

---

1 Vgl. hierzu – ausführlicher – auch *Lingnau, Volker* (1998): Geschichte des Controllings, in: Wirtschaftswissenschaftliches Studium (WiSt), 27. Jg., Heft 6, Juni 1998, S. 274–281.

2 *Contra rolatus* (Gegenrolle) war eine zweite, zu Kontrollzwecken vorgenommene Aufzeichnung über Einzahlungen und Auszahlungen.

3 Vgl. *Jung, Hans*: Controlling, 4., aktualisierte Aufl., München 2014, S. 3.

4 Vgl. *Bachert, Robert/Eischer, Sandra* (Hrsg.): Controlling in der Nonprofit-Organisation, 2., aktualisierte Aufl., Freiburg im Breisgau 2018, S. 16.

5 Zur Vielfalt und Herleitung der Controllingbegriffe und Controllingkonzeptionen immer noch unübertroffen gründlich und ausführlich: *Harbert, Ludger*: Controlling-Begriffe und Controlling-Konzeptionen. Eine kritische Betrachtung des Entwicklungsstandes des Controllings und Möglichkeiten seiner Fortentwicklung (auch: Inauguraldissertation zum Dr. rer. oec., Universität Duisburg), Bochum 1982.

2. Die **gestiegene Fixkostenintensität** schränkte die unternehmerische Flexibilität immer mehr ein.
3. Es standen völlig **neue betriebswirtschaftliche Führungsinstrumente** zur Verfügung.
4. **Volkswirtschaftliche** und **internationale Turbulenzen** sowie **Unsicherheiten** verstärkten den Bedarf an effizienteren Planungs- und Steuerungsinstrumenten.

Seit den 1930er Jahren widmeten sich wissenschaftliche Lehre (Etablierung als Studienfach an Hochschulen in Nordamerika und Europa) und betriebliche Praxis verstärkt dieser Problematik. Schon **1931** erfolgte die Gründung des **„Controllers' Institute of America"** als berufsständischer Dachverband der Controller, der 1962 in **„Financial Executive Institute"** (FEI) umbenannt wurde. **1944** wurde die **„Controllership Foundation"** als (betriebswirtschaftliches) Forschungsinstitut gegründet, das heute **„Financial Executive Research Foundation"** heißt. Allmählich begann das **Controlling**, sich zu einer Art **Königsdisziplin der strategischen und operativen Unternehmensführung** zu entwickeln.

1.1.2 Zur Entwicklung des Controllings in Deutschland

Wegen der internationalen Isolierung Deutschlands und Österreichs nach dem Zweiten Weltkrieg, der vorherrschenden verrichtungsorientierten Linienstruktur deutscher Unternehmen und aufgrund des rasanten Wirtschaftswachstums nach **1948** („Wirtschaftswunder") und der damit einhergehenden andauernden Gewinnsteigerungen mit einer daraus folgenden geringen Bereitschaft und zunächst fehlenden Veranlassung, vorhandene Strukturen zu ändern, hat man hierzulande erst **ab Mitte bis Ende der 1950er Jahre** begonnen, sich mit Controlling auseinanderzusetzen. Ab **Mitte der 1960er Jahre** lösten Tochtergesellschaften US-amerikanischer Großunternehmen eine erste „Divisionierungswelle" der deutschen Industrie einschließlich der Einführung von Controllerstellen aus. **Seit dem Ende der 1960er Jahre** kam es zu einem rasanten Aufschwung in der Entwicklung des Controllings in der Wissenschaft und Forschung sowie der Lehre. **Seit den 1970er Jahren** wurden Lehrstühle für Controlling gegründet, zuerst wohl an den Universitäten zu Augsburg und Duisburg (heute: Duisburg-Essen), später auch an vielen Hochschulen/Fachhochschulen. An deutschen Universitäten und Hochschulen gibt es 2024 über 160 Lehrstühle bzw. Professuren,[6] an denen das Fach Controlling (oft in Verbindung mit dem Fach „Wirtschaftsprüfung" oder anderen verwandten betriebswirtschaftlichen Disziplinen) gelehrt wird. Im Jahre **1969** wurde die *Gesellschaft für Finanzwirtschaft in der Unternehmensführung e. V. (GEFIU)*, Frankfurt am Main, mit einem eigenen Arbeitskreis Controlling gegründet. Im Jahre **1971** wurde die **Controller-Akademie** (von Dr. Dr. h. c. A. Deyhle, einer

6 Vgl. z. B. die ausführliche Übersicht „Studienführer Wirtschaftsprüfung" der WPK; Wirtschaftsprüferkammer KöR (Hrsg.): Studienführer Wirtschaftsprüfung. Sommersemester 2024, Düsseldorf 2024 (https://www.wpk.de/fileadmin/documents/Nachwuchs/Examen/WPK-Studienfuehrer-Wirtschaftspruefung.pdf).

der Pioniere des Controllings in Deutschland[7]) in Gauting bei München (heute: **Controller Akademie AG**) ins Leben gerufen und an der Fachhochschule Köln eine **„Arbeitsgemeinschaft Wirtschaftswissenschaft und Wirtschaftspraxis im Controlling und Rechnungswesen der FH Köln im Fachbereich Wirtschaft (AWW Köln)“.**[8] Im Jahre 1975 wurde der *„Controller-Verein e. V.“* in München gegründet.[9] Die Insolvenzwellen der 1980er und 1990er Jahre förderten bei kleineren und mittleren Unternehmen (KMU) und auch bei den eher defensiv agierenden Branchen die Einsicht, Controlling oder wenigstens einzelne Controllinginstrumente einzuführen. Die **seit Mitte der 1990er Jahre** erkennbar **zunehmende Internationalisierung der Märkte** und die daraus folgende Internationalisierung der Unternehmen zog auch die Erweiterung des nationalen Controllings um eine multinationale Komponente nach sich.

Solo Ottimi-Findtheverybest S.E. – Hamburg-London-Köln-München-Rom-Salzburg
Hochschulabsolventen mit Studienschwerpunkt Rechnungswesen/Controlling,
betriebswirtschaftliche Steuerlehre/Steuerrecht als Trainees in der Automobilindustrie

Unser Auftraggeber im süddeutschen Raum sucht für den Managementnachwuchs im externen und internen Rechnungswesen, insbesondere für spätere Führungspositionen im Konzern-Controlling, Hochschulabsolventen (Universität, TU/TH, Hochschulen und Duale Hochschulen) mit Master- oder Diplomabschluss bzw. vergleichbaren europäischen Abschlüssen (Dipl., Master, Lic., Laurea Magistrale) etc. Im Rahmen eines Trainings on the Job, aber auch durch Mitarbeit in Sonderprojekten, sollen Sie sich für eine spätere leitende Tätigkeit in Deutschland oder einer unserer weltweit verbreiteten Tochtergesellschaften, z. B. in Nord- und Südamerika, Afrika und Asien, qualifizieren.

Bewerbungen, bitte nur mit vollständigen Unterlagen, dem Vor-Diplom bzw. Bachelordiplom und Diplom- bzw. Masterurkunde etc. und vollständigem Lebenslauf, an die von uns beauftragte Personal- und Unternehmensberatung Solo Ottimi-Findtheverybest SE, Büro München, z. Hd. Herrn Dipl.-Kfm. Dipl.-Wirtsch.-Ing. Karl O. Müller, LL.M. (Bitte vorab ausschließlich in einer einzigen PDF-Datei an www.solott-fthbHRM.eu.)

Abb. 1: Typische Stellenanzeige für eine Einstiegsposition im Controlling

Zunehmend **seit Beginn des III. Jahrtausends** machen die immer weiter zunehmende Globalisierung und die mit ihr verbundene Komplexitätssteigerung, Dynamik und netzwerkartige Verflechtung eine immer intensivere informatorische Unterstützung durch ein betriebswirtschaftliches Controlling unverzichtbar.[10] Immer häufiger sahen

7 Der Volks- und Betriebswirt Dr. Dr. h. c. Albrecht Deyhle ist quasi der *„Geburtshelfer einer neuen Berufsgruppe“*, der Berufsgruppe der Controller in Deutschland; zum Lebenswerk und den Verdiensten Dr. Dr. h. c. Deyhles (*1934 in Tübingen) vgl. *Eiselmayer, Klaus/Gänßlen, Siegfried/Günther, Conrad/Kottbauer, Markus/Losbichler, Heimo/Weber, Jürgen*: Controlling-Pionier Dr. Dr. h. c. Albrecht Deyhle ist 80, in: Controller Magazin, 39. Jg., Ausgabe 3 (Mai/Juni 2014), S. 12–13.

8 Vgl. *Mayer, Elmar* (Hrsg.): Controlling-Konzepte: Perspektiven für die 90er Jahre, 2., verbesserte und erweiterte Aufl., Wiesbaden 1987, S. 8.

9 Vgl. **Internationaler Controller Verein e. V. (ICV) (Hrsg.)**: Wir präsentieren: Der Controller Verein. Die Gründungsgeschichte (https://www.icv-controlling.com/de/verein/gruendung.html).

10 Vgl. *Schümann, Florian/Tisson, Horst*: Call Center Controlling, Wiesbaden 2006, S. 43.

sich auch Vorstände und Geschäftsführungen bzw. die Inhaber deutschsprachiger Unternehmen in Deutschland, Österreich und der Schweiz genötigt, nach einem typischerweise als eine Art betriebswirtschaftlichen „Alleskönner" betrachteten Controller zu suchen, wie man es schon aus der Lektüre vieler Stellenanzeigen für dringend gesuchte Betriebswirte oder Wirtschaftsingenieure, die nach wenigen ersten Berufsjahren in Stellenanzeigen für junge Controller gesucht werden, ersehen kann.

Solo Ottimi-Findtheverybest SE – Hamburg – London Köln – München – Rom – Salzburg

Abteilungsleitung Controlling (m/w)
Die Position „Abteilungsleiter Controlling" ist der Bereichsleitung Finanz- und Rechnungswesen direkt unterstellt und trägt Führungsverantwortung für ca. 29 Mitarbeiter in der Abteilung.

Unser Auftraggeber/Ihr zukünftiger Arbeitgeber
Ein 173 Jahre altes gediegenes, renommiertes und traditionsbewusstes niederösterreichisches Unternehmen sucht einen tatkräftigen, ideenreichen und ambitionierten Leiter (m/w) im Bereich Controlling

Stellenbeschreibung/Ihre Tätigkeiten
Erstellung neuer Business-Pläne
Abwicklung des Planungs- und Forecast-Prozesses
Laufendes Reporting (Berichtswesen, Abweichungsanalysen etc.)
Analyse & Aufbereitung von Ad-hoc-Anfragen des Vorstandes
Optimierung des Beteiligungscontrollings
Erarbeitung von Einsparungspotentialen in der Produktion

Profil
Betriebswirtschaftlicher Abschluss (Uni, FH) oder ein anderes, wirtschaftsnahes Studium, wie z. B. Wirtschaftsingenieurwesen, Verwaltungsbetriebswirte, Wirtschaftsinformatiker und Wirtschaftsmathematiker auf Master-/Diplom- oder vergleichbarem Level (z. B. lic. oec., Dipl.-Kfm., Dipl.-Volksw., Dipl.-Wirtsch.-Ing., Laurea Magistrale, Dipl.-Hdl. etc.).
Mehrjährige einschlägige Berufserfahrung im Controlling (ca. 5–7 Jahre oder mehr) und SAP-BW-Kenntnisse.
Präzise und einsatzbereite Arbeitsweise mit der Bereitschaft zu Überstunden.
Strukturierte und lösungsorientierte Vorgehensweise, Teamfähigkeit und Erfahrung in der Personalführung.

Unsere Offerte:
Für diese Position bietet unser Kunde ein Bruttojahresgehalt von mindestens € 57.000,–.
Je nach Qualifikation bzw. Erfahrung besteht die Bereitschaft zu Überbezahlung. Bitte vorab als PDF-Datei an Frau Mag. iur. Anna Klein (www.solott-fthbHRM.eu).

Abb. 2: Typische Stellenanzeige für eine Aufstiegsposition im Controlling

Gegenwärtig nimmt das Controlling in Deutschland (und ähnlich in Österreich und der Schweiz) – und zwar vor allem in Großunternehmen – eine zunehmend wichtige Position ein, während gleichzeitig eine fortschreitende Ausdehnung des Controllings auch auf sog. „kleinere und mittlere Unternehmen" **(KMU)** und den gesamten Öffentlichen Dienst sowie die Krankenhäuser mit ihrer deutlich zunehmenden betriebswirtschaftlichen Professionalisierung festzustellen ist.[11] Die auch personelle Entwicklung im Bereich des Controllings lässt sich gut anhand der Beschäftigtenzahlen darstellen: Noch im Jahr 2014 schrieb das renommierte *ControllerMagazin* für die Jahre 2018–2027, dass wohl etwa 115.000 Menschen als Controller arbeiten (werden).[12] Die Zahlen der Statistik der Bundesagentur für Arbeit (Stand: 30.9.2020) weist allein 92.537 sozialversicherungspflichtig Beschäftigte in der Berufsuntergruppe „Berufe im Controlling" aus, von denen ca. 53,6 % männlichen, 46,45 % weiblichen Geschlechts sind. Nimmt man die Berufsuntergruppe „Berufe in Kostenrechnung und Kalkulation" (21.372 Personen) sowie „Führung-Rechnungswesen, Controlling, Revision" (25.184 Personen) hinzu, so kommt man bereits im Jahre 2020 über 19.000 Personen, die im Controlling und in umgebenden Arbeitsfeldern sozialversicherungspflichtig beschäftigt sind.[13] Die Entwicklung stellt sich also sogar noch expansiver dar als noch 2014 gedacht.

Neben die quantitative Ausbreitung des Controllings treten aktuell auch qualitative Erweiterungen – dies gerade unter dem Aspekt einer am Gemeinwohl orientierten Konzeptionierung öffentlicher Verwaltungen – hinzu.

Zu nennen ist hierbei v. a. die untere Ebene staatlicher Verwaltung, also jene der Gemeinden und Städte, welche sich durch eigene Umweltämter auch und gerade unter ökologischen Aspekten des Ziels der Gemeinwohlförderung annehmen. Weitergehend ist auch an politische Willensbildungsprozesse im kommunalen Kontext zu denken, welche durch entsprechende Ausschuss- und Rats- bzw. Kreistags- bzw. Landschaftsversammlungs- oder auch Zweckverbandsversammlungsarbeit ihren institutionellen, teils auch rechtlichen Rahmen erhalten und neben dem im Gemeinderecht verankerten Gedanken der Wirtschaftlichkeit (vgl. z. B. § 75 GO NRW[14]) jenen der Nachhaltigkeit bzw. der Ökologie auch in ökonomische Handlungszusammenhänge einfließen lassen. Aber auch in der Privatwirtschaft spielen ökologische Zusammenhänge eine größer werdende Rolle, so dass sich der Begriff des „*Green* Controlling" etabliert hat.[15] Hierbei werden Aspekte der Nachhaltigkeit (mit dem Blick

11 Vgl. zum Controlling in Krankenhäusern z. B. *Koch, Joachim*: Betriebswirtschaftliches Kosten- und Leistungscontrolling in Krankenhaus und Pflege, 2., überarbeitete Aufl., München, Wien 2010 sowie *Hesse, Sarah/Leve, Johanna/Goerdeler, Peter/Zapp, Winfried*: Benchmarking im Krankenhaus, Controlling auf der Basis von InEK-Kostendaten, Wiesbaden 2013.

12 Vgl. auch *Grunwald-Delitz, Stefan/Schäffer, Utz/Weber, Jürgen*: Wie viele Controller gibt es in Deutschland?, in: Controller Magazin, 39. Jg., Mai/Juni 2014, Ausgabe 3, S. 48–52, S. 49.

13 Vgl. Bundesagentur für Arbeit (Hrsg.): Beschäftigte nach Berufen (KldB 2010) (Quartalszahlen), Stichtag 30.9.2020, Nürnberg 2021 (https://statistik.arbeitsagentur.de/Statistikdaten/Detail/202009/iiia6/beschaeftigung-sozbe-bo-heft/bo-heft-d-0-202009-xlsx.xlsx?__blob=publicationFile&v=1 [Abruf 3.5.2021]).

14 Gemeindeordnung für das Land Nordrhein-Westfalen (GO NRW) vom 14.7.1994 (GV. NW. 1994 S. 666), zuletzt geändert durch Art. 1 des Gesetzes vom 13.4.2022 (GV. NRW. S. 490).

15 Vgl. zu diesem neueren Ansatz des Controllings z. B.: *Scheffner, Jörg/Pham Duc, Kim-Mai*: Umfassende Beratung: Neue Herausforderungen für das Controlling, in: Krings, Ulrich (Hrsg.): Erfolgsfaktor Controlling. Der Controller als Inhouse-Consultant, 2. Aufl., Wiesbaden 2015, S. 149–164.

auf ökonomische, ökologische und soziale Ziele) bei der Planung und Steuerung beachtet.[16]

1.1.3 Controlling in Non-Profit- und ähnlichen Organisationen

Gerade **auch für Non-Profit-Organisationen** ist **Controlling nützlich**, weil Controlling für mehr interne Transparenz sorgt, Kosten senken hilft, das Überleben auch in Zeiten sinkender Mittelzuschüsse sichert und sogar die Ausrichtung auf den eigentlichen Bedarf des „Kunden“ verbessert.

Zu den **regionalen, nationalen und internationalen Non-Profit-Organisationen** gehören z. B. folgende:

- öffentliche Verwaltungen (zu nennen sind Gebietskörperschaften, z. B. Bund, Bundesländer, Kommunalverwaltungen auf Gemeinde- bzw. Stadtebene oder auch als Gemeindeverbände wie z. B. Kreise, Landschaftsverbände, die Städteregion Aachen, Zweckverbände),
- Körperschaften des öffentlichen Rechtes mit Selbstverwaltung (Ortskrankenkassen (AOK, OKK) oder Hochschulen),
- Wirtschaftsverbände (Kammern und Interessenverbände),
- Marktverbände (Genossenschaften),
- Vereine, z. B. Sozialhilfevereine und Lohnsteuerhilfsvereine,
- gesellschaftliche, politische und religiöse Institutionen (z. B. evangelische Landeskirchen oder Parteien),
- Orden und Ordensstiftungen,
- Krankhäuser, Altenheime, Hospize, Rotes Kreuz.

Bei den *Non-Profit*-Organisationen sind die Sachziele durch hohe Ansprüche an die Leistungs- und Lebensqualität und an den Leistungsumfang bestimmt und diese betriebswirtschaftlichen Zielen – wie Wirtschaftlichkeit, Produktivität, Optimierung der Liquidität und Maximierung der Rentabilität – untergeordnet, z. B. bei der Hilfe für Bedürftige durch Orden oder die *Caritas*. Oft können die erbrachten Leistungen auch gar nicht gemessen oder nur annähernd evaluiert werden, z. B. die Herstellung von Sicherheit durch die (freiwillige) Feuerwehr und die Polizei oder die tätige Nächstenliebe bei der Kranken- und Obdachlosenfürsorge. Generell lässt sich sagen, dass im Bereich der **Non-Profit-Organisationen** die **Sachziele** die **Formalziele** dominieren. Würde eine Verwaltung z. B. Sozialhilfe unter dem Aspekt der Formalziele der Sparsamkeit und Sicherstellung der Liquidität betrachten, wäre es am sinnvollsten, auf die Auszahlung von Sozialtransferleistungen zu verzichten.

Da bei *Non-Profit*-Organisationen der Wettbewerb (am Markt) weitgehend oder in der Regel sogar gänzlich ausfällt, bedarf eine wirtschaftliche Leistungserbringung

16 Vgl. *Backhaus, Sarah*: Die 4 wichtigsten Fakten zu Green Controlling, in: Finance Magazin vom 2.11.2020 (https://www.finance-magazin.de/finanzabteilung/controlling/die-4-wichtigsten-fakten-zu-green-controlling-2068281/).

speziellerer Leistungen bei der Planung, Steuerung und Kontrolle als die privat- bzw. erwerbswirtschaftlich geführter Unternehmen, denn die wirtschaftliche Situation der *Non-Profit*-Organisationen kann fast nur durch Kosteneinsparungen verbessert werden.

Auf Grund ihrer Tradition hatten viele **Leistungserbringer**, wie z. B. Krankenhäuser oder **Rundfunkanstalten**, die jahrelang von „sicheren" Einnahmen lebten, kaum ein betriebswirtschaftliches Instrumentarium aufgebaut, zumal da viele Jahrzehnte lang (fast) sämtliche Kosten ohne Weiteres von den Leistungsträgern (Krankenkassen und Selbstzahlern oder Gebührenzahlern) übernommen wurden.

Erst seit jüngerer Zeit stehen Ärzte und Klinika, aber auch andere Betriebe vor der Situation, dass sie für ihre Leistungen keine adäquate, oft nicht einmal mehr eine kostendeckende Vergütung erhalten und sich nach betriebswirtschaftlichen Instrumenten und Methoden, wie z. B. der Kosten- und Leistungsrechnung (KLR) und des Controllings, umschauen.

Mit dieser z. B. für die Krankenhäuser völlig neuen Situation stellte sich für die Klinikleitungen zunehmend die Frage, was eine bestimmte Operation tatsächlich exakt kostet bzw. ob die tatsächlichen Kosten durch die pauschale Versicherungsleistung gedeckt wird bzw. – falls die Kosten für diese und andere ambulante, stationäre und operative Leistungen auf Dauer nicht durch entsprechende Einnahmen gedeckt werden – sogar die langfristige Existenz eines Klinikums gefährdet sein könnte.[17]

Wie in vielen anderen Branchen haben Preis- und Kostenexplosionen und die vielen zunehmenden betriebswirtschaftlichen Probleme aller Dienstleistungsbranchen und im gesamten Bereich der öffentlichen Wirtschaft wegen des zunehmenden ökonomische Drucks **(Auseinanderdriften der „Kosten-Erlös-Schere")** sowie der zunehmenden Professionalisierung der Führungskräfte im öffentlichen Dienst, in Rundfunkanstalten oder Krankenhausleitungen und allen Betrieben der Sozialwirtschaft mit deren wachsenden Informations- und Steuerungsbedarf zur **Einführung und Verbreitung des Controllings geführt**.

Neben den häufig zu hörenden oder zu lesenden Stichworten „Kosteneinsparungen", „Kostensenkungen" etc., die in der Praxis niemand mehr hören will, weil dies seit Jahren und Jahrzehnten gerade im Personalbereich geschieht und auch so weit geht, dass immer wieder die Einsatzbereitschaft oder Produktions- bzw. (Dienst-) Leistungsbereitschaft darunter leidet,[18] ist heute zunehmend von **„Wertsteigerungen"** die Rede,

17 Siehe zum Strukturwandel im Gesundheitswesen *Sibbel, Rainer/Bliesener, Monique*: Medizin-Controlling zwischen Wunsch und Klinikalltag, in: Controlling & Management Review, Zeitschrift für Controlling und Management, Band 59, Sonderheft 3 vom November 2015, S. 70–75, S. 71 m. w. N.

18 Man denke z. B. an die großen – erneuten – Reputationsverlust der Deutschen Bahn AG aus dem Sommer und dem ganzen zweiten Halbjahr 2013, als, beginnend mit dem Mainzer Hauptbahnhof, wegen zu „enger" bzw. „heruntergesparter" Personaldecke bei den Fahrdienstleitern wochenlange Totalausfälle von Zügen und Verspätungen im gesamten deutschen Bahnverkehr zu verzeichnen waren, weil Mitarbeiter (im Hochsommer ja nichts Ungewöhnliches) im Urlaub und einige erkrankt waren. Die private Konkurrenz reagierte schnell, z. B. mit Internetanzeigen wie „*Chaos am Mainzer Hbf – Stressfrei ans Ziel mit SIXT*" –vgl. Sixt AG (Hrsg.): „Chaos am Mainzer Hbf – Stressfrei ans Ziel mit SIXT – SIXt.de", die sich v. a. an Geschäftsleute richteten (http://www.sixt.de/?uci=365 &ppc=g_de_streik/mainz%20hauptbahnhof/1&gclid=CInTocKd_bg-CFY-OWtAodIBAAqw).

z. B. „Wertsteigerung durch guten Einkauf“, „Wertsteigerung durch Logistikoptimierung“, „Wertsteigerung durch Bestandssenkung“, „Wertsteigerung durch Outsourcing“, „Wertsteigerung durch eine optimale Wertschöpfungskette“ (Wertschöpfungskettenmanagement bzw. **Supply-Chain-Management**), „Wertsteigerung durch kostenorientierte Produktionsplanung und Produktionssteuerung (PPS)“ und immer häufiger auch: „**Wertsteigerung durch** (die richtige!) **Strategie**“, z. B. durch **strategisches Controlling als Zieltreiber, Rationalitätstreiber** und **Produktivitätstreiber**[19].

Viele **Unternehmen im öffentlich-rechtlichen Bereich**, Unternehmen, die gesundheitsrelevante oder potentiell gesundheitsgefährdende Produkte herstellen oder im Bereich der Gesundheitsvorsorge arbeiten, etwa bei einem zu installierenden Controlling für ein Krankenhaus, z. B. ein Universitätsklinikum, müssen – neben den für alle Unternehmen geltenden Bedingungen – noch diverse besondere **rechtliche und andere Restriktionen** beachten. Hierzu gehören zum Beispiel besondere Vorschriften des Rechnungswesens, wie etwa das Gesetz zur wirtschaftlichen Sicherung der Krankenhäuser und zur Regelung der Krankenhauspflegesätze[20] und die Verordnung über die Rechnungs- und Buchführungspflichten von Krankenhäusern[21].

Zu beachten ist weiterhin die Tatsache, dass sich das Abrechnungswesen, die Kosten- und Leistungsrechnung (bzw. die auf dieser gründende Gebührenkalkulation) ständig der gerade aktuellen Gesetzeslage (für das Bundesland Nordrhein-Westfalen ist hier v. a. hinzuweisen auf die Regelungen aus dem Kommunalabgabengesetz für das Land Nordrhein-Westfalen[22]) bzw. der hierzu ergehenden Rechtsprechung anpassen müssen. Schließlich gehört hierher auch die besondere Verpflichtung, z. B. als Krankenhaus der Maximalversorgung und Stätte der akademischen Forschung und Lehre auch solche Behandlungsleistungen bzw. Forschungsleistungen zu erbringen, für die seitens der Krankenkassen bzw. der Patienten keine wirklich kostendeckende bzw. keine tatsächlich verursachungsgerechte Vergütung erfolgt bzw. erwartet werden kann.

Auch haben z. B. **Kommunalverwaltungen Pflichtaufgaben** zu erfüllen, die schwerlich planbar oder fast unberechenbar sind, für die aber dennoch stets genug finanzielle und sonstige Mittel, wie z. B. Straßenbaumaterial zum Füllen von Schlag-

19 Vgl. zu diesen Begriffen auch *Halfar, Bernd/Moos, Gabriele/Schellberg*: Controlling in der Sozialwirtschaft: Handbuch, 2., aktualisierte und erweiterte Aufl., Baden-Baden 2014, S. 27–36.

20 Gemäß § 1 Absatz 1 KHG ist *„Zweck dieses Gesetzes […] die wirtschaftliche Sicherung der Krankenhäuser“*. Siehe Gesetz zur wirtschaftlichen Sicherung der Krankenhäuser und zur Regelung der Krankenhauspflegesätze (Krankenhausfinanzierungsgesetz – KHG) in der Fassung der Bekanntmachung vom 10.4.1991 (BGBl. I S. 886), zuletzt geändert durch Art. 5 des Gesetzes vom 22.12.2023 (BGBl. I Nr. 406).

21 Verordnung über die Rechnungs- und Buchführungspflichten von Krankenhäusern (Krankenhaus-Buchführungsverordnung – KHBV) in der Fassung der Bekanntmachung vom 24.3.1987 (BGBl. I S. 1045), zuletzt geändert durch Art. 25 Abs. 2 des Gesetzes vom 7.8.2021.

22 Kommunalabgabengesetz für das Land Nordrhein-Westfalen (KAG) vom 21.10.1969 (GV. NW. 1969 S. 712), zuletzt geändert durch Art. 1 des Gesetzes vom 25.4.2023 (GV. NRW. S. 233).

löchern in den Gemeindestraßen oder Streusalz im Winter, vorhanden sein müssen bzw. „müssten", wie man in einigen vergangenen Wintern erfahren bzw. lernen konnte…[23]

Ähnliche Einschränkungen und Besonderheiten gelten auch für alle irgendwie **im öffentlichen Interesse arbeitenden (halb-)staatlichen Betriebe oder** sogar (unabhängig davon, ob sie rechtlich z. B. als Anstalt des öffentlichen Rechtes oder als GmbH firmieren) für **im Staatsbesitze befindliche Unternehmen** mit einem öffentlichen Dienstleistungsauftrag. Hierzu gehören z. B. Unternehmen wie Flugsicherungsdienstleistungserbringer (Start-, Überflug- und Landungsunterstützung), bei denen früher selbstverständlich das *Non-Profit*-Prinzip galt und eventuelle Überschüsse z. B. an die Fluggesellschaften abzuführen waren und Verluste im Rahmen ihrer Dienstleistungserbringung an die Fluggesellschaften in Rechnung gestellt werden durften, wie z. B. (jedenfalls bis zu beginnenden Vorbereitungen zur Einrichtung eines **„Single European Sky"** (geplanter einheitlicher Luftverkehrsüberwachungsraum für Europa)) bei der *DFS Deutsche Flugsicherung GmbH* in Langen bei Frankfurt am Main in Deutschland.

Im übertragenen Sinne gelten die obigen Überlegungen auch für öffentlich-rechtliche **Rundfunk- und Fernsehanstalten**, von denen man – wenigstens ursprünglich – bei ihrer Einrichtung hochwertige Qualitätsprodukte (vor allem zur „Volksbildung und Kulturförderung") erwartete und welche sich auch nicht *nur* solchen Themata zuwenden können und sollen, die in der Produktion billig oder wenigstens kostendeckend sind oder vielleicht hohe Einnahmen aus Radio- und TV-Werbesendungen, z. B. während einer laufenden Ausstrahlung, versprechen (wie etwa bei den privaten Fernsehanbietern, die gar nicht von Zwangsgebühren bzw. – *de facto* – Steuereinahmen leben können).[24]

1.2 Erste Grundlagen des Controllings

1.2.1 Grundbegriffe und Definitionen

„Controlling" – abgeleitet vom englischen **„to control"** – bedeutet übersetzt etwa: regeln, beherrschen und vor allem auch: steuern bzw. etwas in seinem Fortgang lenken. **Controlling** ist *nicht* auf (interne) Revision oder gar nur „Kontrolle" zu reduzieren, denn das Aufgabengebiet ist wesentlich weiter gefasst und beinhaltet die **Zurverfügungstellung von Informationen für die Unternehmensleitung** sowie deren Analyse und Aufbereitung zur **Unterstützung der Unternehmenssteuerung** auf der Ebene der Planung und Ausführung.

23 Vgl. – für viele – den Artikel „Streusalzmangel erwischt den Winterdienst kalt" in RP-online vom 26.1.2010, verfügbar unter http://www.rp-online.de/nrw/staedte/hilden/streusalzmangel-erwischt-den-winterdienst-kalt-aid-1.918599.

24 Vgl. Südwestrundfunk (Hrsg.): Öffentlich-rechtlicher Rundfunk. Die ARD, Baden-Baden 2018 (http://www.ard.de/home/intern/fakten/abc-der-ard/Oeffentlich_rechtlicher_Rundfunk/458368/index.html).

Für den **Begriff „Controlling"** existiert in der wissenschaftlichen Literatur bis heute **keine einheitliche Definition**, zumal da es sehr unterschiedliche Auffassungen zu den Zielen, den Aufgaben und zu dem Umfang des Controllings gibt. Bisher haben sich keine eindeutig treffsicheren deutschsprachigen Ausdrücke für die Begriffe *„Controlling"* bzw. *„Controller"* durchgesetzt. Daher fasst man den Begriff „Controlling" oft als eine Art Arbeitsbegriff auf, dessen Inhalt in der Praxis vielfältig und dabei überaus unterschiedlich ausgelegt wird.

Treffend stellt der Wiener Controllingprofessor **Preißler** fest, dass es völlig unterschiedliche Vorstellungen darüber gibt, welche Aufgaben ein Controller hat; sie reichten vom „Ober-Buchhalter" bis zur „Vorstellung, dass der Controller ein umfassendes Veto- und Entscheidungsrecht [habe]".[25]

Herrschende Meinung in Wissenschaft und Praxis ist aber die Einschätzung des Controllings als eine **Unterstützung und Informationsversorgung der Unternehmensleitung zur Erreichung der Unternehmensziele**. Einer der Pioniere des Controllings in der Bundesrepublik und Gründer der renommierten Controller-Akademie in Gauting bei München, **Dr. Dr. h. c. Albrecht Deyhle**, bietet eine sehr praxisorientierte und knappe Definition: *„Der Controller sorgt dafür, dass ein Apparat existiert, der darauf hinwirkt, dass eine Unternehmung Gewinne erzielt und Verluste vermeidet."*[26]

Vor allem in **k**leineren und **m**ittleren **U**nternehmen (KMU) und von familiengeführten Unternehmen, die schon mit der Erfüllung der Buchführungs- und Rechnungslegungsstandards ihre „liebe Not" haben,[27] wird die Controllingfunktion oft von der Unternehmensleitung selbst oder von der Leitung des Rechnungswesens in Personalunion wahrgenommen. Erst ab einer Zahl von etwa 200 Mitarbeitern wird zunehmend ein eigener Controller für die Wahrnehmung der Controllingaufgaben eingesetzt.[28]

Professor **Horváth**, und mit ihm der größte Teil der Wissenschaftler und Praktiker, sieht Controlling als eine Unterstützung und Informationsversorgung der Unternehmensleitung zur Erreichung von Unternehmenszielen an. Daher betrachtet Horváth Controlling konsequent als

„Subsystem der Führung, das Planung und Kontrolle sowie Informationsversorgung systembildend und systemkoppelnd ergebniszielorientiert koordiniert und so die Adaption und Koordination des Gesamtsystems unterstützt"[29].

---

25 *Preißler, Peter R.*: Controlling, 15., vollständige überarbeitete und ergänzte Aufl., München und Wien 2020, S. 2.

26 Aus dem Gedächtnis des Verfassers (*Sprenger-Menzel*) zitiert, der selbst Ende der 1980er/Anfang der 1990er Jahre Seminare an der Controller-Akademie in Gauting absolviert hat.

27 Vgl. hierzu z. B. auch *Knop, Carsten*: Ungeliebte Standards. Neue Rechnungslegungsstandards für kleine und mittelgroße Unternehmen stoßen auf breite Kritik, in: Frankfurter Allgemeine Zeitung (FAZ) vom 3.8.2010, S. 16.

28 Vgl. *Lingnau, Volker/Seewald, Yannik B.*: Perspektiven eines verhaltensorientierten Controllings für KMU, in: Müller, David: Controlling für kleine und mittlere Unternehmen, 2., überarbeitete und erweiterte Aufl., Berlin/Boston 2017, S. 62–86, S. 71 f. mit Hinweisen auf diverse Studien.

29 *Horváth, Péter/Gleich, Ronald/Seiter, Mischa*: Controlling, 13., komplett überarbeitete Aufl., München 2015, S. 58.

Bis heute auch für Deutschland und Österreich zutreffend, stellte **Professor Robert N. Antony** (1916–2006) schon vor einem halben Jahrhundert im wichtigsten Herkunftsland des modernen Controllings, den Vereinigten Staaten von Amerika, Folgendes fest: *„In practice, people with the title of controller have functions that are, at one extreme, little more than bookkeeping, and, at the other extreme, de facto general management.“*[30]

In der betrieblichen **Praxis** stellt sich Controlling als ein Aufgabengebiet dar, welches oft von verschiedenen Managern oder auch der Geschäftsleitung selbst „nebenher“ wahrgenommen wird, ohne dass eine bestimmte Person die Funktionsbezeichnung „Controller“ trägt.

1.2.2 Aufgaben und Kernelemente des Controllings, Controllingzyklus

Was Controlling ist, wenigstens, **was es sein sollte**, veranschaulicht man sich am besten mit einem Überblick zu dessen Aufgaben, Kernelementen und einer „Philosophie“ des Controllings.

Zu den **Aufgaben eines modernen Controllings** in der betrieblichen Praxis gehören:

- die Einführung und regelmäßige Überprüfung einer Unternehmensstrategie; **Controlling** soll für eine ***„überraschungsfreie Unternehmensführung“***[31] sorgen.
- Controlling sorgt für die **Steigerung der betrieblichen Operationalisierung** – und natürlich auch für die tatsächliche **Durchsetzung der daraus resultierenden Unternehmensziele.**
- Mittels Controllings gewinnt die Unternehmensleitung eine **hohe Reaktionsgeschwindigkeit gegenüber Veränderungen** und kommt zu einer **rechtzeitigen Entwicklung von Gegenmaßnahmen.**
- Controlling bietet die **Weiterleitung bedarfsgerechter Informationen** zur **Verbesserung** der **Prozess-, Finanz-, Ergebnis- und Strategie-Transparenz** und sichert damit die Rationalität der Unternehmensleitung bzw. des Managements.
- Controlling **unterstützt die unternehmerische Entscheidungsfindung** mittels betriebswirtschaftlicher Methoden und Kenntnisse.
- **Controlling dient als** ein zukunftsorientiertes **Planungs- und Führungsinstrument**, das fest in der Unternehmenshierarchie verankert ist.
- Controlling übt eine **führungsunterstützende Steuerungsfunktion**, eine **Servicefunktion** (Informationsversorgung, Beratung und Entlastung des Managements, neu-

30 *Antony, Robert N.*: Planning and Control Systems. A Framework for Analysis (series: Studies in Management Control), Boston, Massachusetts 1965, S. 28.

31 *Denk, Robert*: Manager und Controller im Team. Vertrauen, Expertenmacht, Initiativ- und Durchsetzungskraft im Controlling (herausgegeben vom Österreichischen Controller-Institut), Wien 2007, S. 7.

erdings gerne als „*Business Partner des Managements*“[32] bezeichnet) und eine **Querschnittsfunktion** (Effektivitätssteigerung der Prozesse über alle Bereiche und Ebenen des Unternehmens hinweg) aus.[33]

Einige Kernelemente des Controllings:

- **Controlling** ist ein **auf Informationserarbeitung und Informationsverarbeitung aufbauendes System**, das Schwachstellen im Unternehmen durch rechtzeitiges Erkennen möglicher Ursachen hierfür verhindern soll – ein **Früherkennungssystem**.
- **Controlling** und dessen Früherkennungsmöglichkeiten dienen der **Optimierung von Führungsaufgaben** und der **Koordination der Führungsentscheidungen** im Sinne eines **funktionsübergreifenden Steuerungsinstruments zur Unterstützung der Unternehmensführung** beim unternehmerischen Entscheidungsprozess.
- **Controlling** ist als **ständiger Lernprozess** für viele Unternehmensbereiche zu verstehen, und zwar mittels institutionalisierter, permanenter Soll-Ist-Vergleiche und den daraus resultierenden **Abweichungsanalysen** und initiierten **Rückkopplungsprozessen.**

Wichtige **Aufgaben des Controllers** sind das **Erfolgscontrolling**, welches die Frage beantwortet, wie die Erfolgsziele erreicht werden, und das **Finanzcontrolling** (**Financial Controlling** oder **Treasuring**) mit dem Ziel der Aufrechterhaltung der Liquidität. In diesem Sinne ist das kommunale Haushaltswesen Nordrhein-Westfalens, mindestens seit Einführung des „NKF“[34] mit seinen Plan-Ist-Vergleichen sowohl auf der Erfolgsebene (vgl. hierzu § 39 KomHVO NRW[35]) als auch auf der Zahlungsebene (vgl. hierzu § 40 KomHVO NRW) als vorbildlich anzusehen. Signifikanten (negativen) Abweichungen vom geplanten Jahresergebnis muss begegnet werden.[36] Auch eine (ständig aktuell zu haltende) Liquiditätsplanung ist vorgeschrieben (§ 89 I GO NRW).

---

32 Vgl. *Müller-Hedrich, Bernd W.*: Kein Schönwetter-Controlling in stürmischen Zeiten, in: AKAD. Das Hochschulmagazin, Heft 17, Oktober 2009, S. 17. Oft wird in der Literatur inhaltlich deckungsgleich auch vom „Sparringspartner“ des Managements oder des *Chief Executive Officers* (CEO) bzw. Vorstandsvorsitzenden/Generaldirektors/Geschäftsführers gesprochen; vgl. hierzu auch *Ottel, Robert/Losbichler, Heimo*: Die Rolle von Controllern in Abhängigkeit des CEOs, in: Controller Magazin, Ausgabe 3, Mai/Juni 2014, 39. Jg., S. 4–7.

33 Vom Controlling begeistert umschreibt dies der Chefredakteur des Manager Magazins in seinem Editorial: *„Auch im Himmel regieren die Controller“* (*Klusmann, Steffen*: Auch im Himmel regieren die Controller, in: Manager Magazin, Heft 10, Oktober 2015, S. 5).

34 Vgl. hierzu das Gesetz zur Einführung des Neuen Kommunalen Finanzmanagements für Gemeinden im Land Nordrhein-Westfalen (NKF Einführungsgesetz NRW – NKFEG NRW) vom 16.11.2004 (GV. NRW. S. 644), zuletzt geändert durch Art. VI des Gesetzes zur Stärkung der kommunalen Selbstverwaltung – GO-Reformgesetz vom 9.10.2007 (GV. NRW. S. 380).

35 Verordnung über das Haushaltswesen der Kommunen im Land Nordrhein-Westfalen (Kommunalhaushaltsverordnung NRW – KomHVO NRW) vom 12.12.2018 (GV. NRW. S. 708), zuletzt geändert durch Art. 3 des Gesetzes vom 9.12.2022 (GV. NRW. S. 1063).

36 Vgl. hierzu die Regelungen zur Nachtragsatzung in § 81 GO NRW, insbesondere für eine pflichtige Nachtragssatzung in § 81 Abs. 2 GO NRW.

Als eine Art **idealtypische Arbeitsweise des Controllings** lässt sich der **Controllingzyklus** betrachten, welchen z. B. **Dreyhaupt** und **Placke** für das Erfolgscontrolling bevorzugen. Hier wird **Controlling als Regelkreis** (auch „Managementkreis" genannt) beschrieben, wie z. B. im folgenden Beispiel in Anlehnung an **Dreyhaupt** und **Placke**[37]:

1. Problemanalyse und Zieldefinition,
2. Erarbeitung quantitativer Zielindikatoren,
3. Abgrenzung und Definition der Teilperioden,
4. ständige Beobachtung der Ist-Entwicklung,
5. regelmäßige Soll-Ist-Vergleiche,
6. Erarbeitung von Abweichungsberichten und der
7. Beschluss, passende Korrekturen vorzunehmen.

Selbstverständlich werden im Controlling auch Strategien bzw. *„hochfliegende strategische Ideen"*[38] der Unternehmensleitung auf ihre Realisierbarkeit und Finanzierbarkeit hin genau zu überprüfen und ganz genau durchzurechnen sein; der Controller/das Controlling wird in der Praxis bei allen wirklich zentralen Weichenstellungen einer Unternehmung stets unmittelbar beteiligt werden.[39]

1.2.3 „Philosophie" und Voraussetzungen des Controllings

- **Controlling** ist **gegenwarts- und zukunftsorientiert**, aktiv/antizipativ und **„navigationsorientiert"** (ein bloßes Kontrollieren wäre nur vergangenheitsorientiert). In den letzten Jahrzehnten hat es sich von einer bloßen unternehmenserhaltenden Sichtweise des betrieblichen Geschehens zu einer innovationsfördernden Sichtweise gewandelt.[40]
- **Controlling** benötigt und es fördert effiziente Strukturen, es ist das **„betriebswirtschaftliche Gewissen"** der Unternehmung.
- **Controlling** „hat" man nicht bzw. „hält" man sich nicht; Controlling **muss „gelebt"** und individuell gestaltet werden.
- **Controlling** braucht leistungsbereite, motivierte Menschen.

---

37 Vgl. *Dreyhaupt, Klaus-Fritz/Placke, Frank*: Kosten- und Leistungsrechnung auf der Basis von NKF. Eine Arbeitsanleitung zur Effizienzsteigerung in öffentlichen Verwaltungen, Stuttgart 2007, S. 74.

38 *Schäffer, Utz/Weber, Jürgen*: Der Controller wird zum Strategen. Fachaufsatz zur Serie „Der Betriebswirt" in: Frankfurter Allgemeine Zeitung (FAZ) vom 23.1.2012, S. 12.

39 Vgl. *Schäffer, Utz/Weber, Jürgen*: Der Controller wird zum Strategen. Fachaufsatz zur Serie „Der Betriebswirt" in der Frankfurter Allgemeinen Zeitung (FAZ) vom 23.1.2012, S. 12.

40 Vgl. auch *Horváth, Péter/Gleich, Ronald/Seiter, Mischa*: Controlling, 15., komplett überarbeitete Aufl., München 2024, S. 26 f.

Wenn man ein Controlling in einer Unternehmung neu errichten will, so sind bestimmte Mindestvoraussetzungen und Grundanforderungen zu erfüllen, ohne die kein Controlling funktionieren kann.

Zu den **Mindestvoraussetzungen** für ein funktionierendes Controlling (mit Kennzahlenunterstützung) gehören:

Eindeutige, operationale Zielvorgaben, die **messbar** sind,
und
ein messbarer Output.

Ohne eindeutige, operationale und damit messbare Zielvorgaben und *ohne* **messbaren** Output können keine seriösen **Kennzahlen** und **Indikatoren** gebildet, geplant und als Steuerungsgrößen genutzt werden, um Rechenschaft über die Zielerreichung abzulegen und Aussagen qualitativer und wirtschaftlicher Art über das unternehmerische Handeln treffen zu können. Genau *hierzu* bedarf es – gerade auch für eine **kennzahlengestützte Unternehmensführung** – eines soliden, **an kaufmännischen Grundsätzen orientierten Rechnungswesens**, weil nur auf diese Weise Kosten-, Leistungs- und Wirkungstransparenz hergestellt werden können und die **Informationsgrundlage** für einschlägige Planungs-, Kontroll- und Entscheidungsrechnungen gebildet werden kann.

Nach Untersuchungen des Instituts für Management und Controlling (IMC) der WHU-Otto-Beisheim School of Management in Vallendar bei Koblenz existieren in der Praxis der Unternehmensführung und des Controllings deutscher Unternehmen aber zunehmend Probleme wegen fehlender Digitalisierung. Es wird zunehmend wichtiger, dass auch Standard-Controllingsysteme digitalisiert werden. Und weil in vielen Unternehmen eingesetzte **Chief Data Officers** (CDO) bzw. die Leitungen der IT-Abteilungen nicht hinreichend an den Controller und auch nicht an den Finanzvorstand (**Chief Financial Officer**/CFO) berichten oder wegen fehlender Harmonisierung der IT-Systeme gar nicht direkt an ihn berichten können, gelangen unter Umständen wichtige Finanz- und andere Kennzahlen nicht ans Controlling und nicht ins Berichtswesen (Reporting).[41]

Völlig **unabhängig von der Größe und der Branche der Unternehmung** sind folgende Grundanforderungen an die Organisation des Controllings und an den **Controller** zu stellen, die man mit den Begriffen **„Autorität"**, „freier **Informationszugang**" und **„Unabhängigkeit"** umschreiben kann.

- Ein **Controller** muss über eine herausragende fachliche und persönliche bzw. menschliche **Autorität** verfügen und durch seine hierarchische Stellung und die

41 Vgl. *Schäffer, Utz/Weber, Jürgen*: Der Controller verliert die Kontrolle (FAZ-Reihe: Der Betriebswirt), in: Frankfurter Allgemeine Zeitung (FAZ) vom 26.3.2018, S. 16, wo die Ergebnisse einer Untersuchung bzw. Umfrage unter Controllingleitern mittlerer und großer börsengeführter Unternehmen in zusammenfassender Weise vorgestellt werden.

Verleihung von Weisungsbefugnissen dazu in der Lage sein, sich die für seine Aufgabenerfüllung wichtigen Informationen zu besorgen.[42]

- Daher muss dem **Controller** jederzeitiger und unbeschränkter **Informationszugang** zu allen erforderlichen Daten, Fakten und sonstigen nötigen Informationen eingeräumt werden. Schon hieraus erklärt sich seine natürliche, in den letzten Jahren immer weiter zunehmende Nähe zur Rechnungslegung.[43]
- Zur Gewährleistung seiner Objektivität muss der **Controller** von anderen betrieblichen Funktionsbereichen **unabhängig** sein; Controlling erledigt man eben nicht einfach nebenher.

1.2.4 Operatives Controlling und Strategisches Controlling

Wir haben festgestellt, dass Controlling **gegenwarts-** und **zukunftsorientiert**, **aktiv** und **antizipativ**, d. h. geistig-planerisch **vorwegnehmend** ist.

Für die weitere Erörterung wichtig ist eine klare Trennung in die Begriffe bzw. betriebswirtschaftlichen Gebiete **„Operatives Controlling"** und **„Strategisches Controlling"**.

Wichtige Merkmale und Controlling-Funktionen der beiden Gebiete werden hierzu in der folgenden Tabelle zusammengefasst und miteinander verglichen:

Tabelle 1: Unterscheidung Operatives und Strategisches Controlling

Merkmale	**Operatives Controlling**	**Strategisches Controlling**
Zeithorizont	eher auf **kurzfristige (bis zu 1 Jahr) bis mittelfristige (2 bis 5 Jahre) Effizienz** hin orientiert, **„tagesgeschäftsbezogen"**	auf **langfristigen**, nachhaltigen **Erfolg hin** ausgerichtet (mehr als 5 Jahre)
Information/ Berichtswesen	**Berichtswesen** mit **Maßnahmenvorschlägen** zum **konkreten Handeln**: eher **quantitative Faktoren**, z. B. Lagerbestände	**strategisches Berichtswesen** zur Schaffung eines Bewusstseins für „heraufziehende" Problemlagen: eher **qualitative Faktoren/Unternehmensumfeld**

42 Vgl. hierzu den Beitrag von *Schwalb, Susanne*: Der Controller als empathischer Kommunikator: Harte Fakten weich kommunizieren, in: Krings, Ulrich (Hrsg.): Erfolgsfaktor Controlling. Der Controller als Inhouse-Consultant, 2. Aufl., Wiesbaden 2015, S. 11–22.

43 Vgl. hierzu *Amann, Thomas/Ernst, Carsten*: Accounting & Controlling: Es wächst zusammen, was zusammengehört. Auswirkungen der externen Rechnungslegung auf das Controlling – am Beispiel der Tätigkeit der Deutschen Prüfstelle für Rechnungslegung (DPR), in: Controller Magazin, Ausgabe 3, Mai/Juni 2014, 39. Jg., S. 42–44. Auch in der Spezialsoftware der Rechnungslegung und des Controllings, oft auf SAP-Basis, ist ein Zusammenwachsen erkennbar; vgl. hierzu *Okungbowa, Andrew*: SAP ERP Financial Accounting and Controlling: Configuration and Use Management, New York 2015.

Merkmale	Operatives Controlling	Strategisches Controlling
Zielsetzung/ verfolgte Zielgröße	**ergebnisorientierte Steuerung**, z. B. Wirtschaftlichkeit, Budgeteinhaltung oder Liquiditätssicherung zur Erreichung der Kostendeckung, Budgetüberwachung oder Gewinnmaximierung	**Potential- und Existenzsicherung** durch Sicherung des politischen und finanziellen Handlungsspielraums; **rechtzeitige** Anpassung an Umweltänderungen, Sicherung der strategischen Zielsetzung des Betriebes
Zentr. betriebswirtschaftliche Führungsgröße	**Jahreserfolg**, **aktuelle Liquidität**, **aktuelle ROI-Kennziffern**	Aufdeckung und Nutzung von **Erfolgspotentialen der Zukunft**[44], z. B. Marktanteile oder Marktführerschaft
Wechselseitige Beziehung	**Operatives** Controlling ist ein Baustein des Strategischen Controllings	**Strategisches** Controlling bildet den Rahmen für Operatives Controlling
Erkenntnisobjekt	**einzelne Abteilungen** oder Betriebs- und Verwaltungsbereiche	der **Betrieb als Ganzes**, die **Verwaltung insgesamt**
Führungsebene	Führung der **Fachabteilungen**, **Unterstützung der Führung** durch Controllingsysteme	**Konzernvorstand, Unternehmensspitze, Verwaltungsspitze, Krankenhausdirektorium** etc.
Planung/ Planungsstufe	**(aktuelle) Leistungen**, Kosten und Erlöse, operative und taktische Planung	**Entwicklungspotentiale**, Überwindung von Engpässen, strategische Planung
Steuerung	**Budgetsteuerung, Produktions-/ Leistungssteuerung**	Anpassung operativer Ziele an **strategische Potentiale**
Art der Abweichungsanalyse	*Plan-Ist-Vergleich*[45]	*Vergleich strategischer mit operativer Planung*[46]
Typische Instrumente	*ABC-Analyse* *Abweichungsanalyse* *Break-Even-Analyse* *Budgetierung* *Deckungsbeitragsrechnung* *Gemeinkostenwertanalyse* *(statische) Investitionsrechnung* *Kennzahlen/Kennzahlensysteme* *ROI-Analyse* *Sensitivitätsanalysen* *Soll-Ist-Vergleich* *Umweltanalyse (allg. Umweltanalyse und Markt-, Branchen- und Konkurrenzanalyse)* *XYZ-Analyse* *Zero-Base-Budgeting*	*Balanced Scorecard* *Benchmarking* *Erfahrungskurvenkonzept* *Frühwarnsysteme* *Konkurrenzanalyse* *Management-Cockpit* *Nutzwertanalyse* *Portfolio-Management* *Produktlebenszyklusanalyse* *SWOT-Analyse* *Target Costing*

44 Vgl. auch Rau, Thomas: Betriebswirtschaftslehre für Städte und Gemeinden. Strategie, Personal, Organisation, 2., vollständige überarbeitete und erweiterte Aufl., München 2006, S. 153.

45 Im Bereich des Gemeindehaushaltsrechts sind hier die bereits angeführten Rechenwerke der Ergebnis- und der Finanzrechnung zu nennen.

46 Im kommunalen Bereich ist als Instrument exemplarisch mit einem zumindest drei Jahre über das laufende (Haushalts-)Planjahr hinausreichenden Horizont die mittelfristige Ergebnis- und Finanzplanung gemäß den Regelungen in § 84 GO NRW, § 6 KomHVO NRW zu nennen.

1.2.5 Budgetierung als System der Umsetzung der Planung

Kein eigentliches Controllinginstrument, aber eine dem Controlling in der Regel zukommende Steuerungsaufgabe stellt die Budgetierung – als ein am Ende des Planungsprozesses beginnendes System der Umsetzung der strategischen und operativen Planung in Wertgrößen – dar. Wird eine unternehmerische Planung in Geldeinheiten umgesetzt, so spricht man in der Betriebswirtschaftslehre (BWL), insbesondere im Controlling, von **„Budgetierung"**.

Zur Budgetierung gehört der gesamte sachlogische und zeitliche Prozess der Budgetplanung, Budgetvorgabe und Budgetüberwachung – mit dem Ziel einer Kostenkontrolle sowie Kosten-, Gewinn- und *Cashflow*-Steuerung. In Zeiten knapper Kassen bzw. länger andauernder Krisenzeiten und Rezessionen für Unternehmen wie öffentliche Betriebe und *Non-Profit*-Unternehmen, die nur auf der Kostenseite wirklich etwas bewegen können, werden ein Budget bzw. die Budgetierung immer wichtiger. Als „Budget" kann man einen zielorientierten, in Geldeinheiten formulierten Plan bezeichnen, der einer Entscheidungseinheit (Bereich, Abteilung, Gruppe) für eine bestimmte Zeitperiode mit einem bestimmten Verbindlichkeitsgrad (Vorgabefunktion) vorgegeben wird.

In kleinen und mittleren Unternehmen (KMU) zeichnet oft das Controlling für die Budgetvorgabe verantwortlich; in Großunternehmen und Konzernen werden dies zunehmend die obersten Linieninstanzen (Geschäftsführung, Vorstand oder Vorstand einer Holdinggesellschaft) selbst übernehmen und dem Controlling nur die formale und prozessuale Ausgestaltung des Prozesses der Budgetierung überlassen.

In der Praxis wird also das Controlling für die Erstellung des Rahmen- und Regelwerkes für den Prozess der Budgetierung zuständig sein, die **Teilbudgets** inhaltlich und zeitlich koordinieren und diese schließlich zu einem dem Vorstand vorzulegendem **Gesamtbudget** (mit einer sachlichen und personellen Koordination der Einheiten) zusammenstellen.

Wichtige, idealtypische **Bausteine einer Budgetierung** bzw. einer Modellierung des Prozesses der Budgetierung[47] bestünden z. B. aus den folgenden Einzelprozessen bzw. Einzelschritten der Budgetierung:

Einzelprozesse der Budgetierung:
1. Ist-Analyse der Unternehmung oder Entscheidungseinheit, d. h. zunächst der unternehmensinternen Ausgangslage,
2. Umfeldanalyse (externes Umfeld, Markt, Branche, Konkurrenz),
3. Planung der Budgetziele,
4. Absatz- und Einsatzplanung,
5. Materialwirtschaft (Beschaffung, Logistik und Lagerwirtschaft),

47 Für weitere Feinheiten zur Planung und Budgetierung als Aufgabe des Controllings, die in einer Einführung in das Controlling (noch) nicht bearbeitet werden können, vgl. z. B. *Held, Bärbel/ Herzner, Alexander/Sowada, Norman*: Planung und Budgetierung im Non-Profit und im Profit Sector. Analyse und Fallbeispiel (Band 3 der wissenschaftlichen Schriftenreihe New Public Management, hrsg. von Professor Dr. Bärbel Held) Stuttgart 2013, *passim*.

6. Produktionsplanung (Kapazitäten, Ablauf und Materialflussplanung),
7. Planung der Einzelkosten, wie z. B. Materialeinzelkosten,
8. Planung der Kostenstellen und der Gemeinkosten,
9. Umsatzplanung,
10. Gewinn-, Finanz- und Liquiditätsplanung,
11. Aufstellung von Planbilanzen für das Budgetvermögen (Anlagevermögen und Umlaufvermögen [hier Roh-, Hilfs- und Betriebsstoffe/RHB, Handelswaren, Forderungen aus Lieferungen und Leistungen und liquide Mittel]) und das Budgetkapital (Haftendes/Gezeichnetes Kapital *plus* Rücklagen, voraussichtlicher Jahresüberschuss/Jahresfehlbetrag, Rückstellungen, lang-, mittel- und kurzfristige Verbindlichkeiten, wie z. B. Bankdarlehen oder Verbindlichkeiten aus Lieferungen und Leistungen; in der Kommunalbilanz sind zudem die investiven Zuwendungen und die Beiträge zu nennen, die gemäß § 44 Abs. 5 KomHVO NRW als Sonderposten zu passivieren sind)
12. (letzte) Budgetanpassungen und Budgetüberarbeitungen,
13. in Krisenfällen auch unterjährige Budgetrevisionen.

Die ständige Überwachung des Budgets geschieht im Rahmen einer Budgetberichterstattung (*Budget Reporting*, vgl. das folgende Kapitel), um der Unternehmensführung wichtige Informationen für eine Abweichungsanalyse zur Verfügung zu stellen. In der Praxis kann man mit statischen (starren) Budgetobergrenzen und Budgetuntergrenzen arbeiten und dabei evtl. auch **„Lapsing Budgets“** mit einer Übertragbarkeit von Budgets vorsehen (um *„Dezemberfieber“*, wie früher oft in Behörden zur Ausgabe von „Haushaltsresten“, und ähnliche Erscheinungen zu vermeiden).

Für den kommunalen Bereich wird als Instrument einer flexiblen Mittelbewirtschaftung beispielhaft auf die Möglichkeit der **Ermächtigungsübertragung** gemäß § 22 KomHVO NRW verwiesen, welche dem „Dezemberfieber“ mit (teils unnötigen, den aktuellen Planansatz ausschöpfenden) Bestellungen/der Verursachung von Aufwendungen und Auszahlungen noch im alten Haushaltsjahr entgegenzuwirken vermag, indem nicht benötigte Ermächtigungen in das folgende Jahr übertragen werden. In diesem Fall mindert sich die Ermächtigung im alten (Haushalts-)Jahr; im neuen Jahr erhöht sich die Ermächtigung bei der entsprechenden Aufwands- bzw. Auszahlungsposition.

Die Notwendigkeit, in Krisenfällen auch unterjährige Budgetrevisionen vornehmen zu müssen, trat im Zuge der Corona-Pandemie in der Wirtschaft als auch in den öffentlichen Haushalten zutage. Das öffentliche Haushaltsrecht verfügt über diverse Möglichkeiten, sich an geänderte Umstände auch unterjährig anzupassen:

- so im Zuge der flexiblen Mittelbewirtschaftung nach § 21 KomHVO NRW (echte, unechte, negative unechte Deckung),
- der über- oder auch außerplanmäßigen Mittelbereitstellung nach § 83 GO NRW,
- der Haushaltssperre (vgl. § 25 KomHVO NRW, § 81 GO NRW) und
- des Nachtragshaushaltes (vgl. § 10 KomHVO NRW, § 81 GO NRW).

Problematisch werden Krisenfälle entweder auf der Erfolgsebene (Saldo der Aufwendungen und Erträge) und/oder der Finanzierungsebene (Saldo der Ein- und Auszahlungen). Mit dem Gesetz zur Isolierung der aus der COVID-19-Pandemie und dem Krieg gegen die Ukraine folgenden Belastungen der kommunalen Haushalte im Land Nordrhein-Westfalen (NKF-COVID-19-Ukraine-Isolierungsgesetz – NKF-CUIG), zuletzt geändert durch Art. 2 des Gesetzes vom 9.12.2022 (GV. NRW. S. 1063) (zunächst: Gesetz zur Isolierung der aus der COVID-19-Pandemie folgenden Belastungen der kommunalen Haushalte im Land Nordrhein-Westfalen [NKF-COVID-19-Isolierungsgesetz – NKF-CIG] vom 29.9.2020 [GV. NRW. S. 916]), hat der Landesgesetzgeber versucht, auf die Corona-Pandemie zu reagieren und den kommunalen Haushalten ein Überleben zu ermöglichen.

Auch im Bereich der Privatwirtschaft wurde seitens des Bundes und der Länder durch unterschiedliche Maßnahmen der finanziellen und rechtlichen Förderung der Versuch unternommen, das Ausmaß der Krise zu begrenzen.

An Geschehnissen wie diesen erkennt man, dass Maßnahmen wie die Einführung der Budgetierung zwar unter „normalen" Umstände ein Mittel sind, das operative, bestenfalls auch die strategische Planung umzusetzen hilft, indes dennoch auch kein Allheilmittel sind.

2. Berichtswesen (Reporting) und Kennzahlenanalyse

2.1 Grundlagen des Berichtswesens

Unter „Berichtswesen“ (englisch **„Reporting“**) wird im Folgenden ein **Kommunikationsprozess** verstanden, der nach bestimmten Regeln abläuft. Dieser Kommunikationsprozess (das betriebliche Berichtswesen) ist erforderlich, damit die Führungskräfte und die Controller, die sie unterstützen, mit den notwendigen Informationen zur Wahrnehmung der Controllingfunktion versorgt werden können **(Strukturierung der Führungsinformationen)**. Im Rahmen des Berichtswesens, einem *„‚Kernprodukt‘ der Controllerarbeit“*[1], muss festgelegt werden,

was,
wie,
von wem,
wem,
wann,
wozu (der *Berichtszweck*)

mittels Berichten aller Art mitteilt werden soll. Daher ist ein **Berichtswesen** auch durch feste **Regeln gekennzeichnet**, welche den Ablauf des Kommunikationsprozesses bestimmen. Hierdurch unterscheidet sich das Berichtswesen von einem fallweisen – möglicherweise freiwilligen – Informationsaustausch zwischen Unternehmensleitung und Mitarbeitern.

Beim Berichtswesen handelt es sich zwar um einen Informationsfluss von unten nach oben (*Bottom-up*-Prozess), doch sollte die Festlegung des Inhalts des Berichtswesens grundsätzlich durch die Führungskräfte selbst (in einem *Top-down*-Prozess) erfolgen.

Inhaltlich und prozessual muss ein Berichtswesen im Rahmen des Controllings so gestaltet sein, dass es **Zeitvergleiche** und **Plan-Ist-Vergleiche** ermöglicht. Bezieht man eine externe Betrachtung ein, lassen sich auch **Unternehmensvergleiche** (bzw. **interkommunale Vergleiche**) nennen.

Beim **Berichtswesen im operativen Bereich** geht es in der Regel um **quantitative** Informationen. Hier werden in erster Linie Zahlen erfasst, z. B. Zahlen über Finanzen, Kosten und Leistungen – und für Zwecke des Controllings durch eigens errechnete **Kennzahlen**. Kennzahlen sollen quantitativ erfassbare Sachverhalte in konzentrierter Form erfassen. Kennzahlen bilden hoch verdichtete Maßgrößen, die als Verhältniszahlen oder absolute Zahlen in einer konzentrierten Form einen quantitativ erfassbaren betriebswirtschaftlich relevanten Sachverhalt wiedergeben, um die Leistungsfä-

1 *Weber, Jürgen/Schäffer, Utz*: Einführung in das Controlling, 15., überarbeitete und aktualisierte Aufl., Stuttgart 2016, S. 235.

higkeit eines Unternehmens aus betriebswirtschaftlicher Sicht bzw. aus der Sicht des Controllings fundierter beurteilen zu können.[2]

Für das **Berichtswesen im strategischen Bereich** lassen sich generelle Regeln über den Inhalt und den Aufbau nur in begrenztem Maße aufstellen. Im strategischen Controlling beschäftigt man sich mit Einzelproblemen grundsätzlicher Art, für die ein regelmäßiger Austausch qualitativer Informationen nach starren Regeln nicht (immer) sinnvoll ist.

Im Controlling unterscheidet man für das **Berichtswesen (Reporting)** in wissenschaftlicher Literatur und Praxis in der Regel folgende **Berichtsarten**:

Standardberichte im Sinne regelmäßig (routinemäßig) verfasster **Kostenstellenberichte**, **Produkt-** und **Projektberichte** (nach Kostenarten gegliedert) und **Kennzahlenberichte** (mit monetären sowie nicht-monetären Kennzahlen), welche ohne weitere Aufforderung periodisch an feste Adressatenkreise gesandt werden, z. B. Quartalsberichte oder auch der Jahresabschluss (Bilanz, handelsbilanzielle Gewinn- und Verlustrechnung sowie (bei kapitalmarktorientierten Kapitalgesellschaften) eine Kapitalflussrechnung und ein Eigenkapitalspiegel bzw. im Kommunalhaushaltsrecht Ergebnisrechnung und auch Finanzrechnung, Anhang) in Verbindung mit dem Lagebericht (soweit er zu erstellen ist).

Wird Controlling tatsächlich als **„Informationssystem zur Unterstützung von Führungskräften“** verstanden, so folgt daraus, dass das Standardberichtswesen hierarchisch gegliedert sein muss: Die Daten jeder Hierarchiestufe werden auf der nächsthöheren Ebene immer weiter kumuliert und zunehmend verdichtet (natürlich unter der Gefahr des Verlustes wichtiger Einzelinformationen). Derartige Systeme sind zeitaufwendig und teuer, oft sogar unzweckmäßig und neigen dazu, zu „Zahlenfriedhöfen“ zu degenerieren.

Auf jeden Fall müssen sich die **Standard-Berichtsinhalte** (*Reportinginhalte*) generell an der hierarchischen Zuordnung bzw. Führungsverantwortung der Berichtsempfänger orientieren. Geht es in den unteren Führungsebenen (z. B. Gruppen- oder Teamleiter) eher um **Produkt- und Prozesskennzahlen**, so erwarten die oberen Führungsebenen eher **Wirkungskennzahlen** (sie spiegeln den Grad der Zielerreichung wider), speziell dazu ausgewählte **Prozesskennzahlen** oder **Benchmarking**[3] von Regionen oder Kundengruppen.

---

2 Vgl. hierzu präziser und ausführlicher und mit vielen Beispielen: Kap. 2.2 (Kennzahlen und Kennzahlensysteme).

3 *Benchmarking* ist als ein Vergleichsverfahren zu verstehen, das der ständigen Verbesserung der Wettbewerbsposition dient. Vgl. hierzu weiter unten die Ausführungen im Kap. 5.5.

Individual- bzw. **Bedarfsberichte**	*ad hoc* entstehender Informationsbedarf, also nicht langfristig planbar; solche Berichte kann man auch als „Holschuld", z. B. für ergänzende Analysen, einordnen.
Sonderberichte	untergliedert nach Kostenstellen und nach Produkten (**Basis** jeweils: individuelle Vereinbarung mit den Berichtsempfängern); Sonderberichte werden vor allem aus den „oberen Führungsebenen" eigens angefordert. Bedarfs- und Sonderberichte können sehr kostspielig sein; dafür befriedigen sie einen bestimmten Informationsbedarf unmittelbar.
Abweichungsberichte	Abweichungsberichte oder **Ausnahmeberichte (exception reports)** werden durch unvorhergesehene Ereignisse oder Datenkonstellationen ausgelöst, z. B. nach Kostenstellen oder Produkten (bei Überschreitung vorgegebener Toleranzmargen) gegliedert. Sie sind eine **„Bringschuld"** der berichtenden Stelle.

Natürlich sind auch die Zuverlässigkeit bzw. die Vertrauenswürdigkeit und auch die Sicherheit der Zahlen des Berichtswesens von großer Bedeutung. Bei der Einschätzung der Kosten für die Aufrechterhaltung der Sicherheit bzw. der Minderung von Risiken in einem Betrieb, z. B. für *Software* oder auch generell der Aufrechterhaltung der (IT gestützten) Betriebsbereitschaft, könnte man die in der betrieblichen Praxis gängige Kennzahl **„Return on Security Investment" (ROSI)** anwenden. Den Nutzen einer Maßnahme zur Erhöhung der Sicherheit kann man berechnen, indem man berechnet, welcher Schaden durch die Maßnahme vermieden wird, wobei die Kosten der Maßnahme zu beachten sind. Anders ausgedrückt vergleicht man die Situation vor mit jener nach Umsetzung der Sicherheitsmaßnahme.[4]

ROSI = Ersparnis durch Schadensvermeidung minus Maßnahmekosten[5]

2.2 Kennzahlen und Kennzahlensysteme

Im Controlling haben wir es mit Zahlen, vor allem aber mit **Kennzahlen** zu tun, also mit **numerischen Informationen**, welche die Struktur einer Unternehmung sowie die sich darin vollziehenden betriebswirtschaftlichen Prozesse und Veränderungen *ex post* beschreiben und bewerten oder im Sinne einer Zielvorgabe durch die Unternehmensleitung, z. B. „geplanter Umsatz im nächsten Jahr", *ex ante* determinieren helfen. Kennzahlen bilden **Maßstabswerte** für inner- und zwischenbetriebliche Vergleiche

4 Vgl. *Schmahl, Christian/Dumrul, Sabine/Tyssen, Matthias/Schentler, Peter*: Bewertung des Wertbeitrags von Innovationsaktivitäten bei der Deutschen Telekom, in: Gleich, Roland/ Schmank, Christof (Hrsg.), Innovations-Controlling (Der Controlling-Berater Bd. 13, hrsg. von Roland Gleich und Andreas Klein), Freiburg, Berlin und München 2011, S. 107–128, S. 125.

5 Vgl. *Schneider, Wolfgang*: Bewertung von Sicherheitsanforderungen. Die IT-Sicherheit in der Bilanz, Bremen 2008, S. 12 (zugleich mit einem anschaulichen Beispiel zur Berechnung des ROSI auf S. 13–15).

und bilden die Grundlage einer Bewertung der Leistungsfähigkeit einer Unternehmung bzw. einer öffentlichen Einrichtung oder Anlage, eines privatwirtschaftlich-gewinnorientierten oder auch eines *Non-Profit*-Betriebes. Das **Ziel der Verwendung von Kennzahlen** ist es, einen leicht fassbaren Zahlenausdruck **(„Scheinwerferfunktion")** verschiedener Größen in ein sinnvolles Verhältnis zueinander zu setzen und **„Frühwarnindikatoren"** für die Unternehmenssteuerung zu entwickeln. Nicht alle Kennzahlen, die z. B. für Großkonzerne wichtig sind, besitzen für kleine und mittelständische Unternehmen die gleiche Bedeutung und eine gleiche Umsetzbarkeit; wichtig ist aber, dass z. B. Bilanz-, Ertrags-, Profitabilitäts-, Liquiditäts- oder Cashflow- und *Working-Capital*-Kennzahlen der Unternehmensführung fundierte Hinweise auf mögliche Schwächen und vielleicht auch ungenutzte Potentiale geben, auch wenn klar ist, dass das, was in der einen Branche richtig und sinnvoll ist, in der anderen Branche einen erkennbaren Wettbewerbsnachteil anzeigen könnte.[6]

Betriebsindividuelle Kennziffern dienen als Maßstab für den innerbetrieblichen Leistungsvergleich, **Branchenkennziffern** bilden den Maßstab für einen zwischenbetrieblichen Vergleich.

Allgemein gliedern sich Kennzahlen/Kennziffern in absolute und relative:

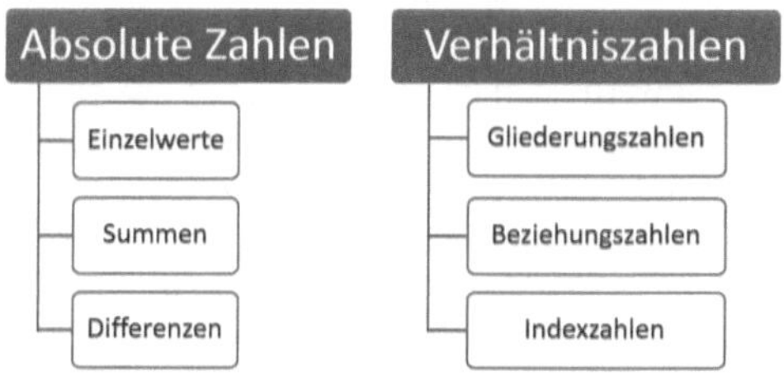

Abb. 3: Absolute und relative Kennzahlen

Absolute Kennzahlen lassen sich unmittelbar aus eigens erhobenen oder aus vorhandenen Daten(-beständen) entnehmen und werden *nicht* in ein Verhältnis zu anderen Zahlen gesetzt, wurden nach ihrer Gewinnung also noch nicht weiterbearbeitet. Es lassen sich unterscheiden:

- **Einzelzahlen**, z. B. Patientenzahl (für den Monat Oktober) in der Onkologie,
- **Summenzahlen**, z. B. Bilanzsumme des Jahres 2023,
- **Differenzzahlen**, z. B. Nettoumlaufvermögen (Umlaufvermögen, bereinigt um die kurzfristigen Verbindlichkeiten[7]) des Bilanzjahres 2023.

Relative Kennzahlen (oder auch Verhältniszahlen) werden aus dem Verhältnis von mindestens zwei (meist absoluten) Kennzahlen ermittelt. Sie drücken Beziehungen, Quoten oder Entwicklungen aus:

6 Vgl. *Niermann, Jörg/Linnepe, Marcus*: Große Analytik für kleine Unternehmen, veröffentlicht in der Reihe: „Der Betriebswirt", Frankfurter Allgemeine Zeitung (FAZ) vom 29.1.2018, S. 18.

7 Siehe hierzu näher die Ausführungen in Kap. 2.3.

a) Beziehungszahlen: setzen zwei sachlich verwandte Größen zueinander in Beziehung, z. B. Mittelwerte wie Gewinn pro Mitarbeiter (Gewinn/ Beschäftigtenzahl) und durchschnittliches Gehalt pro Mitarbeiter.

Kritik: weitgehend analog zur Berechnung eines „Pro-Kopf-Einkommens" bei der Berechnung eines Bruttosozialproduktes (BSP) oder Bruttoinlandsproduktes (BIP) für völlig unterschiedlich strukturierte und entwickelte Länder. Individuelle Unterschiede, Kausalitäten, Konsequenzen sind schwer zu identifizieren. Unterschiede werden nivelliert, Ursachen verschwimmen oder lassen sich nicht klar abgrenzen; die Folgen sind der diffusen Grundlage wegen nicht immer leicht einzuschätzen.

Gerade bei Mittelwerten sind **Branchenkennziffern** und auch **betriebsindividuelle Kennzahlen**, wie z. B. Gehälter in Forschung und Entwicklung oder in der Intensivmedizin, interessant.

b) Gliederungszahlen: setzen eine statistische Teilmasse zu der jeweiligen statistischen **Gesamtmasse** in Beziehung, z. B. Personalkostenanteil an den Gesamtkosten, besonders im Handel, Dienstleistungsgewerbe und im gesamten öffentlichen Dienst, z. B. **Personalkostenanteil im Krankenhaus** (über 60 %[8]).

c) Indexzahlen: sind statistische Messziffern und zeigen zeitliche Veränderungen von Kennzahlen, indem sie das Verhältnis gleichartiger Werte zu verschiedenen Zeitpunkten aufzeigen; sie arbeiten i. d. R. *mit Basiszahlen bzw. mit Basisjahren.*

Ein Beispiel für die Anwendung von Indexzahlen ist (auch für die kommunale Praxis, man denke nur an den sozialen Wohnungsbau) die Entwicklung der Wohnungsmieten. Nachstehend wird ein **Mieterlös-Index** berechnet:

$$\frac{\text{Mieterlöse 2025}}{\text{Mieterlöse 2024}} \times 100 = \underline{\underline{\textbf{Mieterlös-Index 2025}}}$$

Betragen die Mieterlöse 2025 bspw. 1.100 € und jene des Vorjahres 1.000 € (Basisjahr 2024), ergibt sich ein Mieterlös-Index von

$$\frac{1.100\ €}{1.000\ €} \times 100 = 1{,}1 \times 100 = 110$$

8 Statista GmbH (Hrsg.): Anteil von Personal- und Sachkosten in deutschen Krankenhäusern in den Jahren 2007 bis 2017 (http://de.statista.com/statistik/daten/studie/153482/umfrage/verteilung-der-krankenhaus-kosten/).

Dieser besagt, dass die Mieterlöse im betrachteten Zeitraum um 110/100 – 1 = 1,1 – 1 = 0,1 = 10 % gestiegen sind.
Man nutzt einen solchen Index beispielsweise, um die individuelle Miete dem allgemeinen Mietniveau in einer Kommune oder in Deutschland generell anzupassen. Hierbei ist das sogenannte „Basisjahr" zu beachten, also das Jahr, in dem der Index 100 gesetzt wird. Insofern kann ein Index kleiner als 100 sein (gegenüber dem Basisjahr geringere Werte) oder größer 100 sein (gegenüber dem Basisjahr höhere Werte).

Betrachten wir in der folgenden Abbildung ein praktisches Beispiel für eine Indexreihe, hier die Entwicklung des Wohnungsmietindex für Deutschland.

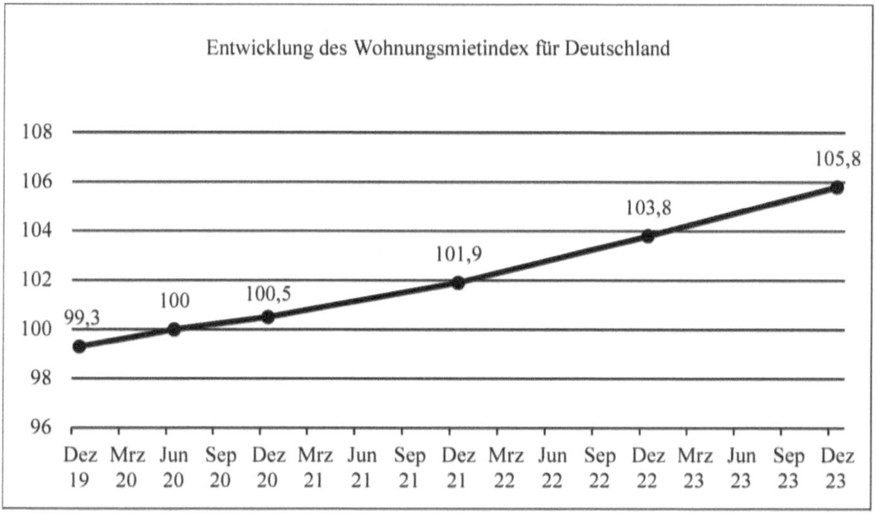

Abb. 4: Entwicklung des Wohnungsmietindex für Deutschland von Dezember 2019 bis Dezember 2023[9]

9 Datenquelle: Statista GmbH (Hrsg.): Entwicklung des Wohnungsmietindex für Deutschland von Dezember 2019 bis Dezember 2023, Hamburg 2024 (https://de.statista.com/statistik/daten/studie/609521/umfrage/monatlicher-mietindex-fuer-deutschland/).

Allgemein wichtige betriebswirtschaftliche Kennzahlen in Beispielen

Produktivität:	Diese ist in der Regel eine mengenmäßige Kennziffer, z. B. „Produktmenge geteilt durch Faktoreinsatzmenge“. Diese Art der Produktivität besagt, welche durchschnittliche Produktmenge je Einheit eines (Input-)Faktors generiert wird.
Effektivität (Effectiveness):	Wenn im Zeitablauf positive Veränderungen der Leistungsseite des Unternehmens betrachtet werden, spricht man von einer Effektivitätssteigerung. Die Effektivität (auch: Wirksamkeit) fordert: die **richtigen Dinge** zu tun.
Effizienz (Efficiency):	Wenn es (bei gegebenem Produktionsprogramm) um die im Zeitablauf erreichten **Einsparungen auf der** Faktoreinsatz- und damit letztlich auf der **Kostenseite** geht, hilft die Betrachtung der Effizienz (*Efficiency* bzw. schlicht Wirtschaftlichkeit). Hier geht es darum, die Dinge **richtig** zu **tun**.
Rentabilität:	Die Rentabilität stellt das (Quartals- oder Jahres-)Ergebnis (Überschuss, Gewinn, (positives) Betriebsergebnis) ins Verhältnis zu einer Bezugsgröße wie dem eingesetzten Kapital (Kapitalrentabilität) oder dem Umsatz (Umsatzrentabilität). Sie gibt an, was die Bezugsgröße erwirtschaftet hat, welche Verzinsung mithin erzielt wurde.
Wirtschaftlichkeit:	Der Begriff „Wirtschaftlichkeit“ ergibt sich aus dem **Ökonomischen Prinzip**, das als **Minimal-** oder **Maximalprinzip** formuliert werden kann: Entweder ist ein gegebenes Ziel mit geringstmöglichem Mitteleinsatz zu erreichen oder mit gegebenen Mitteln ist das „Bestmögliche“ zu erreichen.

Berechnung der Wirtschaftlichkeit (in Beispielen):

$$\frac{\text{Ausstoß/Ergebnis}}{\text{Mitteleinsatz}}$$

$$\frac{\text{Ertrag}}{\text{Aufwand}}$$

$$\frac{\text{Leistung}}{\text{Kosten}}$$

$$\frac{\text{Output}}{\text{Input}}$$

Für das Bundesland Nordrhein-Westfalen hat das (seinerzeitige) Innenministerium NRW ein eigenes **„NKF-Kennzahlenset“** herausgegeben. Der hierzu gehörige Runderlass des Innenministeriums NRW vom 1.10.2008 steht als Download (unter https://gpanrw.de/sites/default/files/media/1354118591_runderlass_des_im_vom_01_10_2008 2008.pdf) zur Verfügung bzw. findet sich in der aktuellen Auflage des „Dresbach“[10].

10 *Dresbach, Heinz*: Kommunale Finanzwirtschaft Nordrhein-Westfalen. Rechtssammlung für das kommunale Finanzmanagement, 51. Aufl., Bergisch Gladbach 2024.

2.3 Jahresabschlussanalyse und controllingrelevante Kennzahlen[11]

2.3.1 Einfache Jahresabschlussanalyse mit Bilanzkennzahlen

In den Lehrveranstaltungen des Grund- und Hauptstudiums werden die wichtigsten Grundlagen der Jahresabschlussanalyse in Fächern wie Externes Rechnungswesen, Buchführung, Grundlagen des Handels- bzw. Haushaltsrechts u. ä. bereits behandelt, mithin die Grundlagen der:

1. **Bilanzanalyse und Kennzahlenermittlung,**
2. **Erfolgsanalyse, Liquiditätsanalyse** (Liquiditätsgrade I–III),
3. **Umschlagskennzahlen aller Art** (z. B. Lagerumschlagshäufigkeit),
4. **Rentabilitätsanalyse** (auch: ROI bzw. ROI-Kennzahlensystem),
5. **Cashflow-Analyse** (als „dynamische“ Liquiditätsanalyse),
6. **Kapitalflussanalyse.**

Vor Durchführung einer Jahresabschlussanalyse muss man auch wissen, wie die Bewertung des Anlage- und Umlaufvermögens, aber z. B. auch des Verbrauchs von Roh-, Hilfs- und Betriebsstoffen durchgeführt wurde. Welche Bewertungswahlrechte wurden wie genutzt? Wurde nach Maßgabe der (eher „konservativen“) Regelungen des deutschen Handelsgesetzbuches (HGB), an welchen sich beispielsweise auch die Bewertungsregelungen der KomHVO NRW orientieren, der Internationalen Regelungen nach **IFRS (International-Financial-Reporting-Standards)** oder nach den für börsennotierte Unternehmen in den Vereinigten Staaten anzuwendenden **US-GAAP (United-States-Generally-Accepted-Accounting-Standards)** bewertet? Denn hier kann es um gewaltige Unterschiede in der Bewertung gehen; so war z. B. die Bilanzsumme der Deutschen Bank im Jahre 2012 nach IFRS um rund eine Billion Euro höher als nach den US-GAAP.[12]

Besonders zu beachten ist, dass im angelsächsischen Rechnungswesen der Aktionärsschutz stets mehr betont wurde als der Gläubigerschutz. Deshalb erlaubt das angelsächsisch/US-amerikanisch/international orientierte Rechnungswesen auch kaum die Bildung stiller Reserven, während das deutsche Bilanzrecht eine solche Bildung stiller Reserven – besonders auch im Sinne des Gläubigerschutzes – geradezu fördert.[13] Ein weiteres Beispiel: In den Jahresabschlüssen 2010 bis 2014 der Commerzbank AG erzielte dieses Kreditinstitut – nach den IFRS-Standards – „Gewinne“,

11 Zur Wiederholung und Vertiefung: Kennzahlen sollen quantitativ erfassbare Sachverhalte in konzentrierter Form abbilden. Kennzahlen sind hoch verdichtete Maßgrößen, die als Verhältniszahlen oder absolute Zahlen in einer konzentrierten Form einen quantitativ messbaren betriebswirtschaftlich relevanten Sachverhalt wiedergeben.

12 Vgl. den Kommentar des FAZ-Korrespondenten *Frühauf, Markus*: Der Fair Value wird unfair, in: Frankfurter Allgemeine Zeitung (FAZ) vom 7.4.2009, S. 13.

13 Verwiesen sei nur auf das Realisationsprinzip, welches in § 252 Abs. 1 Nr. 4 letzter Halbs. Handelsgesetzbuch (HGB), zuletzt geändert durch Art. 34 Abs. 1 des Gesetzes vom 22.12.2023 (BGBl. I Nr. 411), seinen Niederschlag gefunden hat.

während es nach dem deutschen HGB-Abschluss Jahr für Jahr Verluste erwirtschaftete.[14]

Im Rahmen der Jahresabschlussanalyse erfolgt zunächst **(1. Schritt)** eine Aufbereitung und Auswertung der im Jahresabschluss enthaltenen Daten, um die gegenwärtige wirtschaftliche Lage einer Unternehmung beurteilen und zukünftige Entwicklungen prognostizieren zu können. Es geht um **Bereinigungen**, z. B. Elimination von Wertberichtigungen, nötige **Nachbuchungen** (Ergänzungen), Korrekturen, z. B. solcher Bilanzpositionen, die aus bilanzpolitischen Erwägungen vorher verändert wurden, **Aufspaltungen**, z. B. bei Mischpositionen, die durchaus ganz oder teilweise auch anderen Positionen hätten zugerechnet werden können, und nötige **Verdichtungen** zusammenfassbarer Positionen, eventuell sogar bis hin zu einer **Strukturbilanz**, welche bilanzanalytischen Zwecken genügt.[15] **Bilanz-Kennzahlen** werden als Instrumente der Bilanzanalyse errechnet und vorgestellt **(2. Schritt)**. Bilanzkennzahlen erlauben z. B. Zeitvergleiche und Branchenvergleiche **(3. Schritt)** und die *Benchmark*-Analysen.

Eine **klassische Jahresabschlussanalyse** (Zahlen der Bilanz und G&V – unter Berücksichtigung des Geschäftsberichtes mit Lage- und Erläuterungsbericht (Anhang)) erfolgt **in drei Schritten**:

1. Schritt: „Aufbereitung" des Jahresabschlusses (ev. zur Strukturbilanz),
2. Schritt: Berechnung geeigneter Kennzahlen,
3. Schritt: Kennzahlenvergleich (und Benchmarking etc.).

Eine solche solide Jahresabschlussanalyse erlaubt mindestens wichtige Einblicke in:

- die **Vermögensstruktur** (Aktivseite: Anlagevermögen **(AV)** und Umlaufvermögen **(UV)**),
- die **Liquiditätslage** (Zahlungsfähigkeit),
- die **Deckungsgrade** (langfristige Liquiditätsperspektive: Sind die langfristig gebundenen Mittel, nämlich das Anlagevermögen, auch durch langfristige Verbindlichkeiten abgesichert – **„Fristenkongruenz"**?) sowie
- die **Kapitalstruktur** (Passivseite: Eigenkapitel **(EK)** und Fremdkapital **(FK)**)

einer untersuchten Unternehmung.

Eine **erfolgswirtschaftlich orientierte Kennzahlenanalyse** erlaubt einen ersten (groben) Einblick in die Ertragslage, die Renditesituation, den Marktanteil, die Wachstumsrate und die aktuellen und zukünftig zu erwartenden Wertsteigerungen einer Unternehmung (Potentialanalyse).[16]

Bei der **Beurteilung der Kennzahlenwerte** sind insbesondere auch deren Entwicklung im Zeitablauf **(Entwicklungstendenzen)** sowie die Gegebenheiten der Branche,

14 Vgl. *von Petersdorff, Winand*: Ein Kapitalist braucht eine Bank, in: Frankfurter Allgemeine Sonntagszeitung (FAS) vom 27.2.2012, S. 46.

15 Vgl. *Wördenweber, Martin*: Operatives Controlling mit Kennzahlen. Bd. 2: Kennzahlenanalyse der betrieblichen Funktionsbereiche – Grundlagen, Methoden, Techniken (Reihe ESVBasics), 3., völlig neu bearbeitete Aufl., Büren 2021, Abschnitt 3.1. Datenaufbereitung, S. 341–424.

16 Vgl. *Erichsen, Jörgen* (Hrsg.): Controlling für Einsteiger, Freiburg, Berlin und München 2010, S. 215 ff.

der aktuellen gesamtwirtschaftlichen Lage und natürlich Besonderheiten der Unternehmung selbst zu berücksichtigen.

2.3.2 Vermögensstrukturanalyse (Aufbau der Aktiva der Bilanz)

Das **Anlagevermögen (AV)** steht der Unternehmung langfristig zur Verfügung; liquide Mittel zur Finanzierung des Anlagevermögens, z. B. ein neues Gebäude, werden buchstäblich auf Jahre und Jahrzehnte **angelegt**.

Lagerbestände – als Gegenstände des **Umlaufvermögens (UV)** – werden in einer Unternehmung nur eine kurze Zeit lang umher bewegt, um dann meistens verbraucht (z. B. Rohstoffe und Hilfsstoffe) oder verkauft (z. B. Handelswaren) zu werden, oder um das Unternehmen, z. B. als „Fertigprodukte" oder – noch einfacher – als Geldauszahlung, wieder zu verlassen (englische Bezeichnung meist **„working capital"** bzw. – als Nettoumlaufvermögen, da das Umlaufvermögen um Verbindlichkeitspositionen bereinigt wird – **„net working capital"**).

Gesamtvermögen = **Anlage-** plus **Umlaufvermögen (AV + UV)**

Anlagenquote (Anteil des AV) (auch: „Anlagenintensität") = $\frac{\text{Anlagevermögen} \times 100}{\text{Gesamtvermögen}}$

Anteil des Umlaufvermögens (auch: „Umlaufquote") = $\frac{\text{Umlaufvermögen} \times 100}{\text{Gesamtvermögen}}$

(Net) Working Capital = Umlaufvermögen – kurzfristiges Fremdkapital[17]

bzw. enger:

(Net) Working Capital = Umlaufvermögen – liquide Mittel – kurzfristiges Fremdkapital

In der Literatur und in der unternehmerischen Praxis wird das – durchaus nicht einheitlich definierte, weil die liquiden Mitteln beinhaltende[18] oder nicht beinhaltende[19] –

17 Für den Begriff „kurzfristig" besteht keine einheitliche Definition. *Preißler, Peter R.*: Betriebswirtschaftliche Kennzahlen – Formeln, Aussagekraft, Sollwerte, Ermittlungsintervalle, München und Wien 2008, S. 41 geht von einem Zeitraum bis zu einem Jahr aus, verengt – alternativ! – jedoch auf S. 128 die Betrachtungsweise auf die kurzfristigen Verbindlichkeiten, fällig binnen max. 90 Tagen.

18 So *Preißler, Peter R.*, a. a. O., S. 41.

19 Vgl. zu den diversen Varianten *Heesen, Bernd/Moser, Oliver*: Working Capital Management. Bilanzierung Analytik und Einkaufsmanagement, 3. Aufl., Wiesbaden 2017, *passim*. In der Industrie ist – wegen der größeren Vorräte – die Kapitalbindungsdauer der Vorräte, Forderungen und Verbindlichkeiten wichtiger als in Dienstleistungsbereichen, weil es darum geht, wie viele Tage ein Umsatz vorzufinanzieren ist, denn je kürzer die Lagerdauer, desto höher der Lagerumschlag und desto geringer die Kapitalbindung im Lager; ferner gilt, dass in ausstehenden Forderungen Liquidität gebunden ist, welche nicht für die Innenfinanzierung zur Verfügung steht; vgl. hierzu und auch zum „Working Capital Management" *Wöltje, Jörg*: Bilanzen lesen, verstehen, gestalten, 15., überarbeitete Aufl., Freiburg, München und Stuttgart 2023, S. 377–379.

(Net) Working Capital als Differenz zwischen den kurzfristigen Vermögensgegenständen und dem kurzfristig gebundenen Kapital betrachtet, also als absoluter Überschuss des Umlaufvermögens über das kurzfristige Fremdkapital.

In vollständiger Betrachtung:
Working Capital =

kurzfristig gebundenes Vermögen	(Vorräte, Forderungen, liquide Mittel und übrige kurzfristige Aktiva inclusive Aktive RAP)
minus	
kurzfristig gebundenes Kapital	(kurzfristige Rückstellungen, kurzfristige Bankverbindlichkeiten, Verbindlichkeiten aus Lieferungen und Leistungen, übrige Passiva inclusive Passive RAP)

Je größer das *Working Capital* gerät, desto gesicherter ist die zukünftige Liquidität des Unternehmens und desto höher ist dessen finanzielle Flexibilität. Je größer der Anteil des Umlaufvermögens ist, desto größer ist die unternehmerische Flexibilität. Je größer der Anteil des Anlagevermögens, desto größer wird das Risiko bei Beschäftigungsrückgang und Unterauslastung der Kapazitäten (Problem der **Kostenremanenz**!). Ein schlichter Vergleich des *Working Capital* als absolute Größe über die Unternehmensgrenzen hinaus wäre nicht sehr sinnvoll. Um die unterschiedlichen Unternehmensgrößen berücksichtigen zu können, wird das *Working Capital* besser in Relation zum erzielten Umsatz des Unternehmens gesetzt *(Working-Capital-Intensity)*:

$$\textbf{Working-Capital-Intensität} = \frac{\text{Working Capital} \times 100}{\text{Umsatz}}$$

2.3.3 Liquiditätsanalyse (horizontale und vertikale Bilanzkennzahlen)

a) Kurzfristige bis mittelfristige Liquiditätsperspektive

Bis in die jüngere Zeit galt im öffentlichen Sektor, v. a. im kommunalen Bereich, dass Liquiditätsbeschaffung (notfalls über Liquiditäts- bzw. (früher:) Kassenkredite) kein Problem darstellt. Bedingt durch die Finanzkrise der vergangenen Jahre erfolgt seitens der Kreditinstitute mittlerweile auch bezüglich der Bonität von Körperschaften öffentlichen Rechts, also auch der Kommunen, ein *„Ranking"*, so dass die Kämmereien/Zahlungsabwicklungsstellen gehalten sind, der Liquidität ein stärkeres Augenmerk zu schenken. Insofern gewinnt die Liquiditätsplanung (siehe hierzu § 89 Abs. 1 GO NRW, § 31 Abs. 6 KomHVO NRW) als Instrument nicht nur mehr zur laufenden Überwachung der Liquiditätslage, sondern als Möglichkeit zur Vermeidung von Liquiditätsengpässen eine wachsende Bedeutung.

In der allgemeinen BWL gilt, dass ein Unternehmen grundsätzlich eine möglichst hohe Liquidität anstreben sollte. Auf der anderen Seite schadet ein Übermaß an Liquidität, da u. U. Zinserträge nicht realisiert werden können oder übermäßig Mittel vorgehalten werden, die nicht für weitergehende Investitionen verfügbar sind. Daher gibt es auch bei der Liquiditätsbeurteilung sogenannte *„Zielgrößen"* bzw. Relationen, die idealtypisch angestrebt werden sollten und jeweils angegeben sind, wobei kritisch anzumerken ist, dass diese (so drängt sich der Eindruck auf) eher auf Erfahrungen denn auf wissenschaftlichen Erkenntnissen beruhen. Zielgrößen werden in der Literatur sehr oft genannt, ohne dass der Nachweis erfolgt, warum genau diese Zielgrößen zugrunde zu legen seien. Empfehlenswerter erscheint die Vorgehensweise, wie sie beispielsweise von der Gemeindeprüfungsanstalt Nordrhein-Westfalen im Zuge der Analyse der Jahresabschlüsse der Kommunen erfolgt. Die Gemeindeprüfungsanstalt Nordrhein-Westfalen ermittelt Durchschnittswerte im Sinne von Richtwerten oder Orientierungswerten, nicht jedoch als Vorgabewerte. Soweit im Folgenden Zielwerte genannt werden, basieren diese auf Erfahrungen und erheben keinen Anspruch auf Allgemeinverbindlichkeit.

Es erscheint sinnvoll, einige Vorbemerkungen zu machen:

Kurzfristige Forderungen und **kurzfristiges Fremdkapital** haben (nach der hier angenommenen Interpretation) eine Restlaufzeit von bis zu einem Jahr. Auf den Umstand, dass es je nach Autor auch eine andere Definition der Laufzeit geben mag, wurde bereits im Kontext des *Working Capital* hingewiesen.

Aber auch inhaltlich ist (insbesondere bei Unternehmens- bzw. Verwaltungsvergleichen) eine gewisse Bandbreite hinsichtlich der Inhaltsbestimmungen der kurzfristigen Forderungen bzw. des kurzfristigen Fremdkapitals gegeben.

In der Literatur werden (im Rahmen einer Erstellung einer Strukturbilanz für Zwecke der Jahresabschlussanalyse) *aktive Rechnungsabgrenzungsposten* (überwiegend) den kurzfristigen Forderungen zugerechnet (wegen des Anspruchs auf eine Leistung), im NKF-Kennzahlenset des Landes NRW (auf welches am Ende von Kap. 2.2 aufmerksam gemacht wurde) hingegen *nicht.*

In der Literatur werden (vor dem soeben beschriebenen Hintergrund) *passive Rechnungsabgrenzungsposten* (überwiegend) den kurzfristigen Verbindlichkeiten zugerechnet (wegen der Verpflichtung zu einer Leistung), im NKF-Kennzahlenset des Landes NRW hingegen *nicht.*

Die *kurzfristigen Rückstellungen* werden (ebenfalls vor demselben Hintergrund) in der Literatur (überwiegend) dem kurzfristigen FK zugerechnet, im NKF-Kennzahlenset des Landes NRW hingegen *nicht.*

Es lassen sich drei Liquiditätsgrade bestimmen. Diese werden nachfolgend dargestellt.

Wichtig ist, dass man mit *allen* Liquiditätsgraden die Fähigkeit einer Unternehmung misst, ihren Zahlungsverpflichtungen (kurzfristig) ohne Probleme nachzukommen.

Liquidität 1. Grades („Cash ratio“, auch: „Acid ratio“, „Liquid ratio“)

(Zu empfehlender Wert: mindestens 50 %, besser 60 % und mehr – aus Praxiserfahrung)

= **Barliquidität:** Gegenüberstellung von kurzfristigen Deckungsmitteln und kurzfristigen Verbindlichkeiten aus (Waren-)Lieferungen und Leistungen (LL), also Kassenbestand und Sichtguthaben bei den (Haus-)Banken zur Deckung (kurzfristig fälliger) Lieferanten- und anderer Verbindlichkeiten, z. B. gegenüber dem Finanzamt, um zu wissen, wie viel Prozent der kurzfristigen Verbindlichkeiten mit den liquiden Mitteln gedeckt werden können.

$$\textbf{Formel: Liquidität 1. Grades} = \frac{\textbf{liquide (Zahlungs-)Mittel} \times \textbf{100}}{\textbf{kurzfristiges Fremdkapital}}$$

Liquidität 2. Grades („Quick Ratio“)

(Zu empfehlender Wert: mindestens 101–120 %, besser mehr als 150 %)

= **Liquidität auf kurze Sicht: „monetäres UV“**, also liquide Mittel plus (kurzfristige) Forderungen, v. a. also aus (Waren-)Lieferungen und Leistungen

$$\textbf{Formel: Liquidität 2. Grades} = \frac{\textbf{(liq. Mittel + (kfr.) Forderungen)} \times \textbf{100}}{\textbf{kurzfristiges Fremdkapital}}$$

Liquidität 3. Grades („Working Capital Ratio“ oder: „Current Ratio“)

(Zu empfehlender Wert: mindestens 150–200 %, je mehr, desto besser; ein Wert unter 100 % würde einem Verstoß gegen die Goldene Bilanzregel gleichkommen)

= **Liquidität auf mittlere Sicht** (liquide Mittel, kurzfristige Forderungen aus LL plus alle Vorräte (Roh-, Hilfs- und Betriebsstoffe – RHB) sowie unfertige und fertige Erzeugnisse), i. d. R. also das *gesamte* Umlaufvermögen!)

$$\textbf{Formel: Liquidität 3. Grades} = \frac{\textbf{gesamtes UV } \textit{(liq. Mittel + Ford. LL + Vorräte)} \times \textbf{100}}{\textbf{kurzfristiges Fremdkapital}^{20}}$$

Eine weitere interessante Kennzahl, das **Kundenziel** (auch: „Debitorenziel“) erlaubt erste Rückschlüsse auf das Zahlungsverhalten der Kunden bzw. die Zeit, in der die Kunden unsere Ausgangsrechnungen begleichen. Die **Aussage** lautet also: Wie schnell, gemessen in Tagen, begleichen Kunden ihre Verbindlichkeiten?

$$\textbf{Kundenziel/Debitorenziel:} \quad \frac{\textbf{Forderungen aus LL} \times \textbf{365}}{\textbf{Umsatz}}$$

20 In der Literatur findet sich auch die Variante, in den Nenner auch das mittelfristige FK aufzunehmen.

Zu einer **dynamischen Liquidität** (im Zeitablauf) kommt man durch Erstellung eines **Finanzplanes** zur Planung der künftigen Liquiditätsausstattung einer Unternehmung, was im kommunalen Haushaltsrecht des Landes Nordrhein-Westfalen (vgl. § 84 GO NRW, § 6 KomHVO NRW) durch die mittelfristige Finanzplanung umgesetzt wurde.

b) Langfristige Liquiditätsperspektive
Hier geht es nicht mehr bloß darum, ob eine Unternehmung kurzfristig gegen Zahlungsunfähigkeit (ein Grund für die Anmeldung der Insolvenz (frühere Bezeichnung: „Konkurs")) gefeit ist, sondern darum, wie solide eine Unternehmung langfristig finanziert ist.

$$\textbf{Anlagendeckungsgrad I} = \frac{\textbf{Eigenkapital} \times \textbf{100}}{\textbf{Anlagevermögen}}$$

Empfohlener Mindestwert, der angibt, wie viel Prozent des AV mit EK finanziert wird: **75–100 %**; jeder Prozentpunkt *mehr* ist „besser", denn Anlagevermögen sollte soweit als möglich durch Eigenkapital gedeckt werden, schon allein deshalb, um Finanzierungsrisiken zu vermeiden (vgl. auch die **Goldene Bilanzregel**, die besagt, dass das Anlagevermögen langfristig zu finanzieren ist, also „Deckung im Verhältnis 1:1"):

$$\frac{\textbf{EK + langfr. FK}}{\textbf{Anlagevermögen}} = \frac{\textbf{1}}{\textbf{1}}$$

Die **Goldene Bilanzregel** gibt Bedingungen für die **längerfristige** Liquiditätssicherung an. Die Finanzierung eines Unternehmens sollte also **fristenkongruent** sein; das heißt, das langfristige Vermögen soll *mindestens* in voller Höhe durch langfristiges Kapital gedeckt sein. Die Goldene Bilanzregel führt zum:

$$\textbf{Anlagendeckungsgrad II} = \frac{\textbf{Eigenkapital + langfr. Fremdkapital} \times \textbf{100}}{\textbf{Anlagevermögen}}$$

Zu empfehlender **Mindestwert: über 100 %**, damit evtl. auch betriebsnotwendiges Umlaufvermögen wie z. B. „eiserne Reserven" bei den RHB mit EK finanziert wäre!

2.3.4 Kapitalstrukturanalyse (Aufbau der Passiva der Bilanz)

Passiva der Bilanz (→ Kennzahlen zur Kapitalstruktur und Verschuldung)

Eigenkapital (EK)	=	gezeichnetes Kapital (haftendes Kapital) + Rücklagen aller Art *Hinweis:* Bei den Rücklagen handelt es sich (im Grunde selbstverständlich) nicht um liquide Mittel, welche (bekanntlich) zum Umlaufvermögen gehören, mithin auf der Aktivseite bilanziert werden.

Rücklagen sind Unterposten des Eigenkapitals, also bspw. Kapitalrücklagen oder Gewinnrücklagen nach § 266 Abs. 3 Buchst. A HGB oder die allgemeine Rücklage, Sonderrücklagen oder die Ausgleichsrücklage nach § 42 Abs. 4 Nr. 1 KomHVO NRW.

Fremdkapital (FK) = alle Schulden, z. B. langfristige Darlehen, mittelfristige Kredite und kurzfristigen Verbindlichkeiten, und zwar gegliedert nach der *Fristigkeit* oder der *Art der Kredit(be)sicherung* (z. B. mittels einer Hypothek auf ein Grundstück oder ein Gebäude)[21]

$$\textbf{Gesamtkapital} = \textbf{EK} + \textbf{FK}$$

$$\textbf{EK-Quote}\ \text{(Grad der finanz. Unabhängigkeit!)} = \frac{\textbf{Eigenkapital} \times \textbf{100}}{\textbf{Gesamtkapital}}$$

$$\textbf{FK-Quote}\ \text{(Anspannungsgrad)} = \frac{\textbf{Fremdkapital} \times \textbf{100}}{\textbf{Gesamtkapital}}$$

Für die Zwecke einer soliden Bilanzanalyse ist noch der besondere Charakter der Rückstellungen – d. h. insbesondere deren nicht ganz sicherer Fremdkapitalcharakter, weil eine Rückstellung bei Nichtbedarf, also bei deren Auflösung oder auch schon bei einer Herabsetzung, ertragswirksam gegengebucht würde, mithin dem Eigenkapital zuflösse – bei der Kapitalanalyse (Abgrenzung EK-/FK-Charakter) zu beachten, wo man bei der Bilanzanalyse wegen der Langfristigkeit einiger Rückstellungen, z. B. bei sehr langfristigen Pensionsrückstellungen, diese bei der Kennzahlenberechnung wie gewöhnliches langfristiges Fremdkapital in die Berechnungen (im Zweifel mit maximal einem Drittel der langfristigen Rückstellungen) miteinbezieht.

Statischer und dynamischer Verschuldungsgrad (Verschuldungsdauer)

$$\textbf{Statischer Verschuldungsgrad} = \frac{\textbf{Fremdkapital} \times \textbf{100}}{\textbf{Eigenkapital}}$$

Der statische Verschuldungsgrad informiert über das Finanzierungsrisiko, denn er gibt den Grad der Selbstfinanzierung der Unternehmung an; je höher der Verschuldungsgrad, desto abhängiger ist das Unternehmen von den (externen!) Fremdkapitalgebern (am besten wäre also ein statischer Verschuldungsgrad von deutlich < 1)!

21 In der Literatur werden zum Fremdkapital teilweise auch die Rückstellungen und die passiven Rechnungsabgrenzungsposten gezählt. Auch das NKF-Kennzahlenset des Landes NRW bezieht die Pensionsrückstellungen und die Rückstellungen für Deponien und Altlasten in die Berechnung mit ein.

Bei dem **statischen Verschuldungsgrad** wird das Verhältnis der aktuellen Unternehmensverschuldung zum Eigenkapital ermittelt. Die vorstehende einfache Formel kann erweitert werden um eine differenzierte Betrachtung des Zählers.

Zur **Effektivverschuldung im weiteren Sinne** zählt alles kurz- und mittelfristige Fremdkapital (incl. Verbindlichkeiten aus LL) abzüglich monetäres Umlaufvermögen[22], bereinigt um die kurzfristigen Forderungen. Zieht man hiervon noch sonstige finanzielle Verpflichtungen ab und addiert die Pensionsrückstellungen (und ähnliche (lange) Verpflichtungen), so erhält man eine Effektivverschuldung im engeren Sinne, also:

Effektivverschuldung I:		**kurz- und mittelfristiges Fremdkapital** (incl. kurzfristige Verbindlichkeiten (Restlaufzeit < 1 Jahr))
	–	**monetäres UV abzüglich Forderungen** (< 1 Jahr)
	=	**Effektivverschuldung I**

Effektivverschuldung II:		**Effektivverschuldung I**
	+	**Rückstellungen f. Pensionen u. ähnl. Verpflichtungen**
	–	**sonstige finanzielle Verpflichtungen**
	=	**Effektivverschuldung II**

$$\text{Statischer Verschuldungsgrad (differenzierte Formel)} = \frac{\text{Effektivverschuldung II}}{\text{Eigenkapital}}$$

Dynamische Liquiditätsanalyse/Dynamischer Verschuldungsgrad

Der dynamische Verschuldungsgrad gibt das Verhältnis der *aktuellen* Verschuldung eines Unternehmens zum Cashflow des *abgelaufenen* Geschäftsjahres an. Mit dem Begriff „Cashflow" ist die Veränderung des Zahlungsmittelbestandes gemeint.

Während die Kennziffer „Fremdkapital" zeitpunktbezogen (aus der Bilanz) ist, ist der **Cashflow eine zeitraumbezogene Größe** (Bezug: das abgelaufene Jahr). Hierdurch wird der Verschuldungsgrad dynamisiert. Wegen der in der Literatur sehr vielfältigen Berechnungsarten für den **Cashflow** – und auch der **Effektivverschuldung** – ist ein überbetrieblicher oder Branchenvergleich in der Praxis schwierig. Aus der Sicht des Betriebswirtes gibt diese Zahl an, wie schnell eine Unternehmung dazu in der Lage wäre, Schulden aus eigener Ertragskraft, dem Cashflow, zu tilgen.

Die **Cashflow-Analyse** wird in der Literatur gerne auch als **„dynamische Liquiditätsanalyse"** bezeichnet. Der **freie Cashflow** *(Free Cashflow)* zeigt den aus dem Unternehmen entnahmefähigen Zahlungsmittelüberschuss an, also den Teil des Cashflows,

22 Das monetäre Umlaufvermögen ermittelt sich aus der Summe aus liquiden Mitteln, kurzfristigen Wertpapieren, kurzfristigen Forderungen (binnen drei Monaten fällig) und den aktiven Rechnungsabgrenzungsposten (ohne aktiviertes Disagio), vgl. *Wöltje, Jörg*: Bilanzen lesen, verstehen und gestalten, 15., überarbeitete Aufl., Freiburg, München und Stuttgart 2023, S. 372. Zu den aktiven RAP vgl. den Hinweis zu Beginn von Kap. 2.3.3.

der für Zahlungen an die Eigen- und Fremdkapitalgeber wirklich zur Verfügung steht.

Auch an dieser Kennzahl lässt sich gut zeigen, dass Kennzahlen nur im Vergleich wirklich aussagekräftig sind. Ob etwa ein dynamischer Verschuldungsgrad von 6 „gut“ oder „schlecht“ ist, kann man nur an den Zielvorgaben der Unternehmensleitung, im Vergleich zu wichtigen Konkurrenten oder im Vergleich zum Branchendurchschnitt sehen.

$$\textbf{Dynamischer Verschuldungsgrad (= Schuldentilgungsfähigkeit!)} = \frac{\textbf{Effektivverschuldung II} \times \textbf{100}}{\textbf{Cashflow}}$$

Mit der Cashflow-Berechnung übrigens nicht zu verwechseln ist die Kapitalflussrechnung. Die **Kapitalflussrechnung** (wie sie in den §§ 264, 297 HGB unter dort normierten Voraussetzungen vorgeschrieben ist) zeigt, wie sich bestimmte Bilanzpositionen (zusammengefasst als **„Fonds“**) in bestimmten Zeitabständen verändern, woher die Finanzmittel stammen und wohin sie fließen.

Seit Einführung des neuen kommunalen Finanzmanagements im Bundesland NRW wird auch im kommunalen Bereich ein eigenes Rechenwerk zur Ermittlung des Kapitalflusses verwendet, die Finanzrechnung. Diese Rechnung ermöglicht die unmittelbare Ermittlung des Zahlungssaldos der betroffenen Periode, ohne die im kaufmännischen Bereich übliche „indirekte Ermittlung“ aus der Gewinn- und Verlustrechnung (Bereinigung der Aufwendungen und Erträge um nicht zahlungswirksame Vorgänge wie z. B. Abschreibungen, Zuschreibungen sowie Bildung und Auflösung von Rückstellungen, Einzel- und Pauschalwertberichtigungen) und der Bilanz (Veränderung von Bilanzpositionen). Die kommunale Finanzrechnung NRW bietet hierbei die Darstellung des Saldos aus Ein- und Auszahlungen aus laufender Verwaltungstätigkeit, aus Investitionstätigkeit und aus Finanzierungstätigkeit (siehe § 40 i. V. m. § 3 KomHVO NRW).

2.3.5 Rentabilitätsanalyse

Rentabilitätskennziffern sollen das Verhältnis von Periodenerfolg (verstanden als Jahresergebnis, also – bezogen auf das Handels- bzw. Haushaltsrecht – der Jahresüberschuss oder Jahresfehlbetrag, der Gewinn oder der Verlust, oder auch – bezogen auf die KLR – das Betriebsergebnis) zum eingesetzten Kapital des Betriebes anzeigen bzw. darstellen, in welcher Höhe sich das eingesetzte Kapital in einer Abrechnungsperiode (in der Regel das abgelaufene Geschäfts- bzw. Haushaltsjahr) verzinst („rentiert“) hat; gemessen wird die Ergiebigkeit des eingesetzten Kapitals oder des Umsatzes.

Aussagekräftig wird eine Rentabilitätskennziffer erst dann, wenn sie mit den Werten der Vergangenheit oder anderer Unternehmen (Verwaltungen) verglichen wird. Grundsätzlich muss zudem stets eine *Mindestrentabilität* ermittelt werden, mit der die tatsächlich ermittelte Rentabilität verglichen wird. Beispielsweise soll gemäß

§ 109 Abs. 2 GO NRW der Jahresgewinn wirtschaftlicher Unternehmen (im Sinne des § 107 GO NRW) so hoch sein, dass außer den für die technische und wirtschaftliche Entwicklung des Unternehmens notwendigen Rücklagen mindestens eine *marktübliche Verzinsung des Eigenkapitals* erwirtschaftet wird.

Eigenkapitalrentabilität (Return on Equity – ROE) (Auch: „EK-Rendite“) $= \dfrac{\textbf{Periodenerfolg} \times \textbf{100}}{\textbf{Eigenkapital}}$

$$\textbf{Fremdkapitalrentabilität}^{23} = \frac{\textbf{Periodenerfolg} \times \textbf{100}}{\textbf{Fremdkapital}}$$

Für den Unternehmer ist auch der so genannte **Leverage-Effekt** („Hebelwirkungseffekt“) von Bedeutung. Er besagt, dass eine Fremdfinanzierung von Investitionen (= Erhöhung des Verschuldungsgrades: FK/EK!) zu einer Erhöhung der Eigenkapitalrentabilität führt, solange die Gesamtkapitalrentabilität höher als der Fremdkapitalzins ist.

Gesamtkapitalrentabilität (Gesamtkapitalrendite = Return on Assets bzw. ROA) $= \dfrac{\textbf{(Periodenerfolg + Fremdkapitalzinsen)} \times \textbf{100}}{\textbf{Gesamtkapital (= EK + FK)}}$

In einer anderen Form der Berechnung, nämlich auch unter Außerachtlassung von Steuern, stellt sich die Formel wie folgt dar:

$$\textbf{Gesamtkapitalrentabilität} = \frac{\textbf{EBIT}^{24} \times \textbf{100}}{\textbf{Gesamtkapital}}$$

Für **Betriebskapitalrentabilität** gilt:

$$\frac{\textbf{Betriebsergebnis} \times \textbf{100}}{\textbf{betriebsnotwendiges Kapital}}$$

Das betriebsnotwendige Kapital ist um nicht betriebsnotwendige Vermögensteile (zum Beispiel eine stillgelegte Lagerhalle; ausrangierte Betriebs- und Geschäftsausstattung, die aber noch bilanziert wird, weil die gewöhnliche Nutzungsdauer noch nicht erreicht ist; wegen Wechsels auf Leasingfahrzeuge nicht mehr benötigte Geschäfts- bzw. Dienstwagen) bereinigt.

23 In der Literatur findet sich für die Berechnung der Fremdkapitalrentabilität auch die Formel Fremdkapitalzinsen/Fremdkapital, was zur Ermittlung der durchschnittlichen Fremdkapitalkosten führt.

24 EBIT („earnings before interest and taxes“, übersetzt: „Gewinn vor Zinsen und Steuern“) ist das um Zinsen und Steuern bereinigte Jahresergebnis, welches also nur auf das operative betriebliche Handeln abstellt.

Mit der **Umsatzrentabilität** wird angezeigt, welchen Anteil vom Umsatz (und zwar gerechnet ohne Erlösschmälerungen wie Boni, Rabatte, Skonti und ohne Umsatzsteuer, daher als „Netto-Umsatz" zu verstehen) die Kapitalgeber, also Eigentümer, erhalten („Wie viel Gewinn wird mit *einem* Euro erwirtschaftet?"):

$$\textbf{Umsatzrentabilität} \text{ (Umsatzrendite, Return on Sales bzw. ROS)} = \frac{\textbf{Periodenerfolg}^{25} \times 100}{\text{(Netto-)}\textbf{Umsatz}}$$

$$\textbf{Kapitalumschlag} \text{ (Umschlagshäufigkeit des Gesamtkapitals)} = \frac{\textbf{(Netto-)Umsatz} \times 100}{\textbf{durchschn. invest. Gesamtkapital}}$$

Der **Kapitalumschlag** drückt die am Umsatz gemessene **Umschlagshäufigkeit** des eingesetzten oder investierten Kapitals aus, welches durch **Eigenkapital *und* Fremdkapital** finanziert wird **(Rentabilität der gewöhnlichen Geschäftstätigkeit).**

Je höher die **Kapitalumschlagshäufigkeit** ausfällt, desto besser können mögliche Liquiditätsengpässe bekämpft werden.

$$\textbf{Return on Investment (ROI) = Umsatzrentabilität} \times \textbf{Kapitalumschlag}$$

Unter Berücksichtigung der gezahlten Fremdkapitalzinsen könnte man den *ROI* auch wie folgt definieren und damit den *ROI* als Quotient aus (um die Fremdkapitalzinsen bereinigtem) Periodengewinn und Kapitaleinsatz betrachten:

$$\textbf{ROI} = \frac{\textbf{(Gewinn}^{26} + \textbf{FK-Zinsen)} \times \textbf{100}}{\textbf{durchschn. inv. Gesamtkapital}^{27}}$$

Werden die **beiden Komponenten** des *ROI* (**Umsatzrentabilität** und **Kapitalumschlag**) in Ihre Faktoren zerlegt, so könnte man dies als Baumdiagramm bzw. (liegende) Kennzahlenpyramide darstellen, wie dies z. B. im Kennzahlensystem nach DuPont (**DuPont Control System** des US-amerikanischen Chemiekonzerns *DuPont de Nemours*)[28] und anderen Kennzahlen-/Kennziffernsystemen geschieht, in welchen der *ROI* (Rentabilität/Eigenkapitalzuwachs/Verzinsung in Prozent des investierten Kapitals) als Spitzen- bzw. Ausgangskennzahl (Baumspitze/Pyramidenspitze einer

25 In der Praxis wird hier zumeist der Gewinn als Periodenerfolg verwendet. Korrekter (aber in der Praxis seltener zu finden) wäre es, bei der Berechnung der Umsatzrentabilität, als „(Perioden-)-Erfolg" ausschließlich das Betriebsergebnis (eines „Betriebsergebniskontos" bzw. der reinen Gegenüberstellung von Kosten und Erlösen) zu verwenden!

26 In der Literatur findet sich auch die Version ohne Addition von Fremdkapitalzinsen.

27 Zum Beispiel Durchschnitt aus dem Kapital der vier Quartalsbilanzen oder der Zwölfmonatsbilanzen.

28 Zu geschichtlichen Hintergründen und zur Herleitung dieses Systems s. *Behringer, Stefan*: Controlling (aus der Reihe „Studienwissen kompakt"), Wiesbaden 2018, S. 49.

Kennzahlenhierarchie) verwendet wird (es gibt allerdings nicht nur *den* (einzig richtigen) *ROI*-Baum, sondern diverse Varianten[29]):

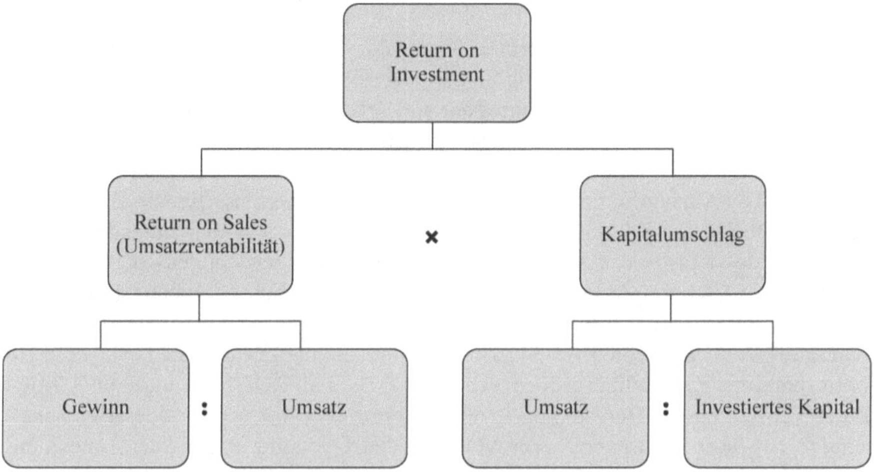

Abb. 5: ROI-Baum[30]

Ein weiteres **Eingehen auf Kennzahlensysteme**, **Prognosetechniken** etc. soll später, vor allem **in Kap. 5** (dort Kap. 5.6 „Kennzahlensysteme in Beispielen“ und Kap. 5.7 „Prognosen, Trendberechnungen und Expertenbefragungen“) erfolgen.

Die Kennzahl **„ROI“** wird teils „heiß geliebt“, teils aber – gerade von „Praktikern“ – auch kategorisch abgelehnt, wie z. B. von dem US-amerikanischen Spitzen-Manager **Jack Welch**, langjähriger *„Chief Executive Officer“* (CEO) bei *General Electric*, der fest davon überzeugt ist, dass **bereits drei Schlüsselkennzahlen („Schlüsselindikatoren“) ausreichen**, um eine Unternehmung optimal steuern zu können:

1. Mitarbeiterzufriedenheit: Ohne motivierte Mitarbeiter geht es auf Dauer nicht. Dieser Indikator sei daher jährlich auf anonyme und seriöse Weise zu messen, z. B. mittels Fluktuationskennzahlen oder Krankenstand.

29 Neben der hier gewählten vereinfachten Darstellung sei auf die umfänglichere bei *Horváth, Péter/Gleich, Roland/Seiter, Mischa*: Controlling, 15., komplett überarbeitete Aufl., München 2024, S. 313 (dort Abb. 4.124) hingewiesen oder auf die (der vorgenannten entlehnte) – kürzere – Darstellung bei *Wöhe, Günter/Döring, Ulrich/Brösel, Gerrit*: Einführung in die Allgemeine Betriebswirtschaftslehre, 28., überarbeitete und aktualisierte Aufl., München 2023, S. 187. Zudem sei auf Kap. 5.6.1 verwiesen.

30 Abbildung entnommen aus: *Behringer, Stefan*: Konzerncontrolling, 2. Aufl., Heidelberg 2014, S. 113 (dort Abb. 3.3).

2. Kundenzufriedenheit: Eine zwar vergangenheitsorientierte, aber – *indirekt* – zukunftsweisende Größe; zu ermitteln bspw. durch Kundenbefragungen!

3. Cashflow: Der Cashflow gilt als eine weitgehend wenig manipulierbare Kennzahl, die Informationen über die Ausschüttungen (Dividende) an Aktionäre, über die Bedienbarkeit von Krediten und die **Kreditfähigkeit** einer Unternehmung gewährt.

Andere – Top-Manager und Wissenschaftler – kritisieren, dass für die Berechnung des *ROI* Buch- statt Marktwerte benutzt werden, außerdem die fehlende Berücksichtigung des Leasings und der Altersstruktur des Anlagevermögens (denn mit zunehmendem Alter des Anlagevermögens werden bei gleicher Leistung (gleichbleibenden Umsätzen) rechnerisch immer bessere Werte erzielt) und die fehlende Berücksichtigung von Unterschieden bei der Unternehmensfinanzierung. Sie schlagen mehr wertorientierte Rentabilitätsgrößen vor, wie z. B. den **ROCE** (**R**eturn **o**n **C**apital **E**mployed) zu dessen Berechnung in der Literatur dem in einer Periode erwirtschafteten (Netto-)Betriebsergebnis oder **NOPAT** (**N**et **O**perating **P**rofit **a**fter **T**axes), das in der Periode durchschnittlich gebundene eingesetzte **Capital Employed** (= Gesamtkapital minus unverzinsliches Fremdkapital[31]) gegenübergestellt werden:

$$\textbf{ROCE} = \frac{\textbf{NOPAT}^{32}}{\textbf{Capital Employed}}$$

EBIT (**E**arnings **b**efore **I**nterests and **T**axes)
– Steuern (vom Einkommen und Ertrag)
= **NOPAT** (**N**et **O**perating **P**rofit **a**fter **T**axes)

Der *NOPAT* entspricht also einem steuerbereinigtem Nettogewinn.

$$\textbf{ROCE} = \frac{\textbf{NOPAT}}{\textbf{Capital Employed}} \quad \textbf{bzw.} \quad \frac{\textbf{steuerbereinigter Nettogewinn}}{\textbf{eingesetztes Kapital}}$$

Als allgemeiner **Nachteil aller** bisher genannten **Rentabilitätskennziffern** (Renditegrößen) ist auf jeden Fall anzuführen, dass bei deren Berechnung die „Werttreiber“, welche als vorgelagerte Größen den Erfolg der Unternehmung bestimmen, fehlen.

Genau dieser Nachteil war einer der Gründe, die zur Entstehung der *Balanced Scorecard* – im Sinne eines komplexen Kennzahlensystems[33] – geführt haben.

31 Die Berechnung des *Capital Employed* erfolgt in der Literatur uneinheitlich.

32 In der Literatur findet sich auch die Berechnungsversion mit dem **EBIT** im Zähler, vergleiche zum Beispiel *Preißler, Peter R.*: Betriebswirtschaftliche Kennzahlen – Formeln, Aussagekraft, Sollwerte, Ermittlungsintervalle, München und Wien, 2008, S. 99.

33 Vgl. hierzu Kap. 5.6 über Kennzahlensysteme in praktischen Beispielen.

2.3.6 Cashflow-Analyse als „dynamische" Liquiditätsanalyse

Der Cashflow als Veränderung des Zahlungsmittelbestandes misst (in seiner einfachsten Version) den Liquiditätsbeitrag, der sich aus der laufenden Umsatztätigkeit einer Unternehmung ergibt. Der **Cashflow** zeigt den aus der laufenden Umsatztätigkeit resultierenden **Finanzüberschuss**, welcher zu der Finanzierung von Investitionen, zur Schuldentilgung und Gewinnausschüttung (bzw. Entnahmen durch die Kapitaleigner) zur Verfügung steht. Damit ist er ein „besserer" Erfolgsausweis als der bloße Jahresüberschuss bzw. Jahresfehlbetrag laut Gewinn – und Verlust-Rechnung bzw. G&V, weil er „bilanzpolitisch" motivierte Bilanzanpassungen oder Umschichtungen zwischen den Größen „Jahresergebnis", „Veränderungen der langfristigen Rückstellungen"[34] und „Abschreibungen" außer Acht lässt.

	Jahresüberschuss (nach Gewinn- und Verlust-Rechnung – G&V)
+	**nicht auszahlungswirksame Aufwendungen** (z. B. Abschreibungen)
–	**nicht einzahlungswirksame Erträge** (z. B. selbsterstellte Anlagen[35])
=	**CASHFLOW (= einfachste Version im Sinne eines „Ur-**Cashflows)

In der wirtschaftswissenschaftlichen Literatur wird auch zwischen **Brutto-Cashflow** (*vor* Gewinnausschüttung) und **Netto-Cashflow** (nach Gewinnausschüttungen und/oder Privatentnahmen der Eigentümer) unterschieden. Allgemein gibt der Cashflow an, wie es um das **Innenfinanzierungspotential einer Unternehmung** bestellt ist.

Als **Folgeauswertung zur Cashflow-Analyse** kennt man unter anderem die Berechnung der **Cashflow-Profitability (CFP)**. Da der Cashflow ein „besserer" Gewinnausweis ist, eignet er sich auch für die Leistungsbewertung unternehmerischer Einheiten, z. B. zur Errechnung einer **Cashflow-Profitability (CFP), die das Verhältnis zwischen Umsatz und Cashflow zeigen soll.**

Die **Cashflow-Profitability (CFP)** – als Sonderfall der allgemeinen Rentabilitätskennziffern – zeigt also das Verhältnis zwischen **Cashflow** und der Summe der Verkaufserlöse **(Umsatz)** an:

$$\mathbf{CFP = \frac{Cashflow \times 100}{Umsatz}}$$

Die **Cashflow-Profitability (CFP)** sagt aus, wie viel Prozent von jeder Geldeinheit Umsatz als Cashflow im Unternehmen zur Schuldentilgung, Investition oder zur Gewinnentnahme in einer Periode/einem Berichtszeitraum zur Verfügung stehen. Wie bei der allgemeinen Rentabilitätskennziffer auch, sollte die **Cashflow-Profitability** eine festgelegte *Mindestrentabilität* erreichen bzw. diese übersteigen. Die Mindest-

34 Durch das BilMoG vom 25.5.2009 (BGBl. I S. 1102) ist die Möglichkeit der Rückstellungsbildung im Rahmen vernünftiger kaufmännischer Beurteilung entfallen. Insofern ist eine Beeinflussung des Jahresergebnisses durch eine solche Rückstellungsbildung eingeschränkt.

35 Selbsterstellte Anlagen werden aktiviert (auf der Aktivseite der Bilanz erfasst), indem man einen (nicht zahlungswirksamen) „Ertrag aus aktivierter Eigenleistung" bucht.

rentabilität bildet also auch hier die Untergrenze für eine Zielplanung. Die **Cashflow-Profitability** ist damit eine einfache und handliche Maßgröße für den pagatorischen (d. h. auf Zahlungen beruhenden) Erfolg eines Unternehmens.

Die betriebswirtschaftliche Kennzahl „Cashflow" ist erheblich weniger manipulierbar als etwa die Größe „Jahresüberschuss/Jahresfehlbetrag" bzw. Jahresgewinn/Jahresverlust und deswegen als Analyse-Kennzahl (für einen ersten „Schnelleindruck") sehr beliebt.

Die Cashflow-Ermittlung soll – anders als der rechnerische Jahresgewinn – **nur zahlungsgleiche Wertbewegungen einer Rechnungsperiode** (in der Fachsprache: „nur pagatorische Bewegungen eines Berichtszeitraums") **berücksichtigen**, um einen „ehrlicheren" bzw. „korrigierten" Jahresgewinn zu ermitteln, der nicht (wie der Gewinn der G&V) von steuertaktischen Überlegungen, Dividendensteuerungs- bzw. „Kurspflegeüberlegungen" etc. verzerrt ist. Die Höhe des Cashflows ist ein wichtiger Indikator für das Innenfinanzierungspotential und die finanzielle Unabhängigkeit einer Unternehmung.

Wegen der (progressiven) Ertragsbesteuerung (mit Einkommen-, Körperschaft- und Gewerbesteuer) wird grundsätzlich jede Unternehmung versuchen, ihre Aufwendungen eher zu hoch und ihre Erträge eher zu niedrig anzusetzen (beispielsweise durch Ausnutzung bilanzieller Bewertungswahlrechte), so dass also der Gewinn laut G&V fast immer verzerrt ist und dessen Aussagekraft oft gemindert ist. Gerade bei maschinenintensiven Unternehmungen, die hohe Abschreibungen verrechnen können (bzw. – zur Refinanzierung – müssen), ist der Unterschied zwischen Jahresergebnis und Cashflow erheblich; so kann der Cashflow ein Mehrfaches des „offiziell" publizierten Jahresergebnisses betragen.

Bei neu gegründeten, jungen Unternehmen oder während einer allgemeinen deutlichen Verschlechterung der Zahlungsmoral (wie in wirtschaftlichen Krisenzeiten) ist hingegen der **Cashflow** regelmäßig *kleiner* als das Jahresergebnis, weil Verkäufe erzielt wurden, für die noch keine Einzahlungen vorliegen (es liegt ein durch den Absatz bedingter Umsatzerlös vor, der ergebniswirksam ist, aber noch kein Zufluss liquider Mittel, solange die Rechnung durch den Kunden nicht beglichen wird), also zunächst bloß der Bestand an Forderungen angestiegen ist, mit anderen Worten: zunächst eine ergebniswirksame Einnahme, für die (noch) keine Einzahlung gegeben ist. Beim Verkauf eines Produktes Ende Dezember (Zielkauf, also gegen Rechnung (mit „Zahlungsziel"), die erst im neuen Jahr vom Kunden zu begleichen wäre) geht die Zahlung des Kunden z. B. erst im Januar des Folgejahres ein. Hier wäre der Verkaufserlös ein *nicht*-pagatorischer Ertrag, denn es wird zwar ein Ertrag gebucht (Umsatz bzw. Verkaufserlös), doch gibt es in der Periode selbst (im abgelaufenen Jahre) keine Einzahlung.

Direkte und indirekte Methode zur Ermittlung des Cashflows

Man unterscheidet zunächst ein *direktes* und ein *indirektes* Rechenverfahren, die beliebig verwendet werden können:

Direkte Methode: Kerngedanke der **direkten Berechnungsmethode** ist es, die eigentliche Gewinn- und Verlustrechnung zu wiederholen, dabei aber lediglich die **zahlungsgleichen Sachverhalte** zu **berücksichtigen**, also alle zahlungs**un**gleichen Größen außer Acht zu lassen:

Zahlungsgleiche Erträge
– **Zahlungsgleiche Aufwendungen**
= **Cashflow** (= von Zufällen und Gewinnmanipulationen bereinigtes Jahresergebnis vor (kalk.) Zinsen + (kalk.) Abschreibungen + Veränderungen der Rückstellungen)

Eine *direkte* Cashflow-Rechnung (in Anlehnung an die International-Accounting Standards (IAS 7)) könnte nun wie folgt aussehen:

Einzahlungen von Kunden/Verkaufserlöse
(= Cashflows from Operating Activities)
– Auszahlungen an Lieferanten und Beschäftigte
– Auszahlungen aus Zinsen[36]
– Auszahlungen aus Steuern
– außergewöhnliche Auszahlungen
= **(I) Cashflows aus *Operating Activities***
(= Cashflows aus operativer Geschäftstätigkeit)

Einzahlungen aus Verkauf von Vermögensgegenständen
(from Investing Activities)
+ Einzahlungen aus Zinserlösen und Dividenden
– Auszahlungen aus dem Kauf von Vermögensgegenständen
– Auszahlungen aus Zinsen
= **(II) Cashflows aus *Investing Activities***
(= Cashflows aus der Investitionstätigkeit)

Einzahlungen aus der Begebung (Ausgabe) von Anteilen
(from Financing-Activities)
+ Einzahlungen aus Darlehen und Ausleihungen
– Auszahlungen aus Financial Leasing
– Auszahlungen aus Zinsen
= **(III) Cashflows aus *Financing Activities***
(= Cashflows aus der Finanzierungstätigkeit)

Cashflows aus Operating, Investing und **Financing Activities, also**

(I) + (II) + (III) = (Gesamt-)**CASHFLOW**

36 Zahlungsströme aus Zinsen sind (gemäß IAS 7.31) der betrieblichen, der Investitions- oder der Finanzierungstätigkeit zuzuordnen, vgl. Deloitte GmbH Wirtschaftsprüfungsgesellschaft (Hrsg.): IAS 7, in: IAS Plus, München 2024 (https://www.iasplus.com/de/standards/ias/ias7).

Indirekte Methode: Bei der indirekten Methode geht man von einem bereits vorliegenden G&V-Ergebnis, dem Jahresüberschuss oder Jahresfehlbetrag (I), aus und rechnet sämtliche zahlungsungleichen Werte zurück (addiert also bspw. Abschreibungen und Zuführungen zu den Rückstellungen, subtrahiert z. B. Zuschreibungen sowie Auflösungen von Rückstellungen)

Jahresüberschuss/Jahresfehlbetrag
\+ **zahlungsunwirksame Aufwendungen**
– **zahlungsungleiche Erträge**
= **Cashflow**

Eine *indirekte* Cashflow-Rechnung – in Anlehnung an die International-Accounting-Standards (IAS 7) – könnte wie folgt aussehen:

Jahresüberschuss/Jahresfehlbetrag (I)
(als Ausgangsrechengröße aus der G&V- bzw. dem **income statement**)
Einzahlungen von Kunden/Verkaufserlöse
(from **Operating Activities**)
\+ Abschreibungen, Einstellungen in die Rücklagen und Rückstellungen, Bestandsminderungen, Währungsverluste
– Zuschreibungen, Entnahmen aus Rücklagen und Erträge aus der Auflösung von Rückstellungen, Bestandsmehrungen, Währungsgewinne
= **Cashflow-Anpassung aus Operating Activities (II)**

Einzahlungen aus Verkauf von Vermögensgegenständen
(from **Investing Activities**)
\+ Abschreibungen, noch nicht ausgezahlte Zinsen
– Zuschreibungen, noch nicht eingezahlte Zinsen
= **Cashflow-Anpassung aus Investing Activities (III)**

Einzahlungen aus der Begebung (Ausgabe) von Anteilen
(from **Financing Activities**)
\+ noch nicht ausgezahlte Dividenden, Konzernaufwendungen
– noch nicht eingezahlte Dividenden, Konzernerträge
= **Cashflow-Anpassung aus Financing Activities (IV)**

(I) + (II) + (III) + (IV) = (Gesamt-)**CASHFLOW**

Das **Ergebnis** zeigt den Finanzmittelbestand, der dem Unternehmen während der Berichtsperiode zur Schuldentilgung, Investitionsfinanzierung oder auch zur Entnahme durch die Kapitaleigner (Privatentnahmen oder Gewinnausschüttungen bzw. Dividenden) zur Verfügung stand.

Der **Cashflow ist daher ein „besserer" Erfolgsausweis als der Jahresüberschuss bzw. Jahresfehlbetrag.**

Wegen der einfacheren Handhabung hat sich in der Praxis die indirekte Methode zur Berechnung des Cashflows durchgesetzt, denn hauptsächlich geht es ja um die Ermittlung einer **prognosetauglichen Kennziffer**, welche die **Innenfinanzierungskraft** einer Unternehmung wiedergeben soll.

2.3.7 Cashflow und Shareholder-Value-Ansatz

Da unter anderem wegen der Inanspruchnahme handels- und steuerrechtlicher Freiräume bei der Ermittlung des Jahresgewinnes (Ausgestaltung von Wahlrechten etc.) herkömmliche Erfolgskennzahlen wie z. B. der Gewinn pro Aktie oder der *ROI* hinsichtlich der Gültigkeit ihrer Aussagekraft für unternehmerische Entscheidungen zunehmend kritisiert wurden, sieht man nach dem **Shareholder-Value-Ansatz** nicht mehr nur den buchhalterisch ermittelten Jahreserfolg (Erträge minus Aufwendungen), sondern auch den Zuwachs des Wertes des Eigenkapitals und damit den Zuwachs des Wertes der Anteilspapiere der Unternehmenseigentümer (the **shareholders**), z. B. also der Aktionäre einer Aktiengesellschaft (AG), als wirklich maßgebliche Kennzahl an. Es geht um den als Unternehmenswert deklarierten Marktwert des haftenden Eigenkapitals abzüglich des Marktwerts des Fremdkapitals (*Shareholder Value* = Unternehmenswert – Marktwert des Fremdkapitals), also um eine anteilseignerorientierte Perspektive.

Die wahrscheinliche langfristige Folge ist, dass Ressourcen eines Unternehmens nur mehr jenen Investitionsvorhaben (bzw. Produktenlinien, neuen Modellen etc.) zugeführt werden, welche einseitig die (kurz- und bestenfalls mittelfristig) höchsten Gewinn- bzw. Rentabilitätserwartungen erfüllen.

Zur Ermittlung des **Shareholder-Values** wird entweder (auf indirektem Wege) ein betrieblicher Cashflow *(Operating-Cashflow)* ermittelt, um dann – nach Abzug der Investitionen in das Anlagevermögen und der Erhöhung des Umlaufvermögens und durch Addition der Desinvestitionen aus dem Anlagevermögen und der Addition der Verminderung des Umlaufvermögens aus dem *Operating-Cashflow* – einen **Free-Cashflow** zu errechnen. Noch besser und praxisrelevanter nähme man anstelle der Netto-Veränderung des Umlaufvermögens das *(Net) Working Capital* (= Umlaufvermögen ohne kurzfristig fällige Schulden[37]), weil bei Umsatzänderungen nicht nur Änderungen bei dem Umlaufvermögen selbst (v. a. Lagerbestandveränderungen und Forderungen aus LL), sondern auch bei den kurzfristig fälligen Schulden (Verbindlichkeiten aus LL und Garantierückstellungen, falls erforderlich bzw. vorhanden) eintreten dürften.

Außerdem kann man den **Free-Cashflow** auch durch Abzinsung (mit der *Discounted-Cashflow*-Methode/Zweiphasenmodell) aller in Zukunft erwarteten Cashflows auf den heutigen Tag hin näherungsweise errechnen (weitaus komplizierter und mit

37 Vgl. hierzu die Ausführungen in Kap. 2.3.2.

mehr Rechenaufwand verbunden), um damit – in etwa – einen (tages-)aktuellen Wert des Unternehmens zu ermitteln.

Die berechtigte **Kritik am Shareholder-Value-Ansatz** und dessen einseitige Ausrichtung an den Interessen der Anteilseigner mit der Folge, dass eventuell gesamtgesellschaftliche (soziale und volkswirtschaftliche) und ökologische Interessen ins Hintertreffen geraten, führte zu der Entwicklung des **Stakeholder-Ansatzes**. Hier besteht die Aufgabe der Unternehmensleitung darin, die Interessen aller Menschen bzw. Personengruppen (the **stakeholders**) zu berücksichtigen, die einen Beitrag zum Wohle des Unternehmens erbringen, z. B. die Unternehmensleitung (Management), Mitarbeiter, Lieferanten, Kunden, (interessierte) Öffentlichkeit, Anteilseigner und Finanzbehörden.

Doch je mehr sich, auch forciert durch die Internationalisierung der Rechnungslegung und die Globalisierung der Märkte und Eigentumsverhältnisse, die Orientierung an den Unternehmenseignern in den Unternehmen durchsetzt, desto wichtiger werden Cashflow und *Shareholder-Value* für das Controlling bzw. die Unternehmensführung.

2.4 Weitere unternehmerische Erfolgsbarometer

Weitere Beispiele für controllingrelevante Kennzahlen sind:

$$\textbf{Marktanteil} = \frac{\textbf{Umsatz des Unternehmens} \times \textbf{100}}{\textbf{Umsatz der Branche}}$$

$$\textbf{F\&E-Intensität} = \frac{\textbf{Kosten für F\&E} \times \textbf{100}}{\textbf{Umsatz}}$$

$$\textbf{Beschäftigungsgrad} = \frac{\textbf{Ist-Beschäftigung} \times \textbf{100}}{\textbf{Maximalbeschäftigung}}$$

$$\textbf{Bestellhäufigkeit} = \frac{\textbf{Materialbedarf pro Periode}}{\textbf{Bestellmenge}}$$

$$\textbf{Lagerumschlag} = \frac{\textbf{Materialverbrauch pro Jahr}}{\textbf{durchschn. Materialbestand}}$$

$$\textbf{Lagerreichweite} = \frac{\textbf{Materialbestand}}{\textbf{durchschn. Materialbedarf}\text{ (pro Periode)}}$$

$$\textbf{Lohnquote} = \frac{\textbf{Personalkosten} \times \textbf{100}}{\textbf{Umsatz}}$$

$$\textbf{Entschuldungsgrad} = \frac{\textbf{Fremdkapital}}{\textbf{Cashflow}} \quad \text{(z. B. 3,75 = 3 Jahre und 9 Monate, um …)}$$

$$\textbf{Wirtschaftlichkeit} = \frac{\textbf{Leistungen}}{\textbf{Kosten}}$$

$$\textbf{Deckungsbeitragsintensität} = \frac{\textbf{Deckungsbeitrag} \times \textbf{100}}{\textbf{Umsatz}}$$

Wenn Klarheit darüber besteht, welche Probleme gelöst werden sollen, so ist zu überlegen, welche Zusammenhänge man in einer absoluten oder relativen Kennzahl darstellen soll, z. B.:

- Welche Zeit-, Mengen- und Wertdaten werden benötigt?
- Welche Größenordnung der Kennzahl wird oder muss angestrebt werden?
- Wo und wie können die erforderlichen Informationen im Unternehmen gewonnen werden, z. B. mit ERP-Systemen?[38]
- Was ist zu leisten, um die Kennzahl zu verbessern?

Eine Beantwortung dieser Fragestellungen soll nachfolgend am Beispiel der Kennzahlen **EBT** (**E**arnings **b**efore **t**axes) und **EBIT** (= Ergebnis der gewöhnlichen Geschäftstätigkeit) bzw. **EBIT-Marge** und **EBITDA** (**E**arnings **b**efore **i**nterests, **t**axes, **d**epreciation [Abschreibungen auf das Sachanlagevermögen] and **a**mortization [Abschreibungen immaterieller Vermögensgegenstände, z. B. die Abschreibungen auf einen derivativen, d. h. entgeltlich erworbenen und dann abzuschreibenden Firmenwert bzw. den **„Goodwill"**]) dargestellt werden (wieviel Prozent vom Jahreserlös/ Umsatz bleiben der Unternehmung als „Gewinn" im Sinne eines Jahresergebnisses vor Steuern und Zinsen bzw. auch vor Abschreibungen?).

Basis-Beispiel für die Ermittlung der Kennzahl *EBIT*:

	Jahreserfolg, d. h. Jahresüberschuss oder Jahresfehlbetrag
+	**Steuern vom Einkommen und Ertrag**/minus Steuererstattung
=	**EBT** (**E**arnings **b**efore **T**axes/Ergebnis vor Steuern)
	Zinserträge
+	**Zinsaufwand (für Fremdkapital)**
=	**EBIT** (**E**arnings **b**efore **I**nterests and **T**axes)

Letzter Schritt zur Berechnung einer Kennzahl **„EBIT-Marge"** (in Prozent):

$$\frac{\textbf{EBIT} \times \textbf{100}}{\textbf{Umsatz}}$$

Die **EBIT-Marge (EBIT-Turnover-Yield)** wird also **stets in** der Dimension **„Prozent"** angegeben.

38 „Enterprise Resource Planning" (ERP: Einsatz- bzw. Verwendungsplanung der Unternehmensressourcen) umfasst die unternehmerische Aufgabe, die in einem Betrieb vorhandenen Ressourcen möglichst effizient für den betrieblichen Ablauf einzusetzen. ERP-Systeme bestehen aus komplexer Anwendungssoftware zur Unterstützung der Ressourcenplanung eines ganzen Unternehmens. Mittels ERP-Systemen sollen alle Unternehmensprozesse zentralisiert abgebildet werden, und zwar vor allem in den Funktionsbereichen Materialwirtschaft/Logistik, Produktion, Finanz- und Rechnungswesen, Controlling, Forschung und Entwicklung, Personalwirtschaft sowie Verkauf/Marketing.

Die Daten zur Ermittlung der *EBIT*-Marge können von externen Informationsinteressenten der Gewinn-und-Verlustrechnung innerhalb der Jahres- oder Quartalsberichterstattung entnommen werden. Zu internen Auswertungszwecken kann diese Kennzahl ggf. auch in kürzeren Zeitabständen bestimmt werden.

Als umsatzbasierte Rentabilitätskennzahl dient die *EBIT*-Marge als Kennzahl für die operative Ertrags- und Selbstfinanzierungskraft des Unternehmens, die sich für Rentabilitätsvergleiche von Unternehmen (als Ganzes oder für einzelne Bereiche/Profit-Center/Segmente) und Beurteilungskriterium der Kreditwürdigkeit eignet.

Es gibt keine allgemeine Vorgabe für die absolute Höhe der *EBIT*-Marge; interessanter ist oft der regelmäßige periodische Vergleich mit wichtigen Konkurrenten und z. B. auch der Entwicklungsvergleich der *EBIT*-Margen (stark schwankend, kontinuierlich steigend etc.). Problematisch dabei ist die (auch hier!) uneinheitliche Ermittlung der Kennzahl, was den Vergleich mit Konkurrenzunternehmen erschwert.[39]

Strategische Beeinflussung der EBIT-Marge

Zu denken wäre an preis- und mengenorientierte Beeinflussungsmaßnahmen auf der **Umsatzseite** (z. B. Preisvariationen, Spezialisierung auf ertragsstarke Produkte bzw. Dienstleistungen und Produktelimination[40]) oder preis- und mengenorientierte Beeinflussungsmaßnahmen auf der **Kostenseite** (z. B. Einsparungen beim Ressourcenverbrauch von Material und Energie oder preisgünstigere Beschaffung).

Erwirtschaftet eine Unternehmung einen Verlust (eine negative *EBIT*-Marge), so kann man auch einen **Verlust-Quotienten** berechnen, in welchem man den Verlust auf eine Geldeinheit Umsatz bezieht (z. B. 0,03 pro 1 Euro Umsatz ist = 3 %); dieser Quotient wird als **„Cash-Burn-Rate“ („Geldverbrennungsrate“)** bezeichnet.[41]

Der Vollständigkeit halber sollen noch einige andere, in der Praxis häufig anzutreffende Kennzahlen bzw. deren Abkürzungen vorgestellt werden:

Operating Profit[42] **(OP)** = Saldo der Erträge und Aufwendungen ausschließlich des betrieblichen Bereiches, also **Betriebsergebnis** ohne Berücksichtigung kalkulatorischer Kosten.

EBDIT = **EBIT** plus Abschreibungen auf das Sachanlagevermögen (unter Berücksichtigung der „Depreciations“);

39 Vgl. *Scheld, Guido A.*: Controlling im Mittelstand, Bd. 3: Operatives Unternehmenscontrolling, 6., neu bearbeitete Aufl., Berlin 2017, S. 146.

40 Vgl. hierzu BCG-Portfolio-Technik, weiter unten (Kap. 5.3.2).

41 Die *Cash-Burn*-Rate *(CBR)* lässt sich auch auf folgende Weise berechnen: *CBR* = (liq. Mittel + liquiditätsnahe Titel)/negativer Cashflow. Stiller schreibt von dem *„Zeitpunkt, zu dem damit zu rechnen ist, dass das Unternehmen seinen Zahlungsverpflichtungen nicht mehr nachkommen kann“* (*Stiller, Gudrun*: Cash Burn Rate, in: Wirtschaftslexikon24.com [http://www.wirtschaftslexikon24.com/d/cash-burn-rate/cash-burn-rate.htm]). Eine hohe *CBR* weist auf eine gute Liquiditätssituation hin, eine niedrige CBR kündigt künftige Liquiditätsprobleme an (vgl. a. a. O.).

42 Mitunter wird der *Operating Profit* dem *EBIT* gleichgesetzt. Vgl. aber die differenzierte Darstellung bei *Scheld, Guido A.*: Controlling im Mittelstand, Band 3: Operatives Unternehmenscontrolling, 6., neu bearbeitete Aufl., Berlin 2017, S. 147, dort Übersicht 3/10.

Wertmäßig entspricht die Erfolgsgröße EBDIT *in etwa* dem (vereinfachten) Brutto-Cashflow.

EBITDA	=	**EBDIT** plus Abschreibungen auf immaterielle Vermögensgegenstände (das „**A**" steht hier für „**A**mortization"); wichtige Kennzahl für Unternehmen mit vielen oder wertmäßig großen Unternehmenskäufen. ***EBITDA* entspricht also im Wesentlichen dem *EBDIT***, es fehlen nur die Abschreibungen auf immaterielle Vermögenswerte.[43]

Aus der Sicht von Eigenkapitalgebern (Shareholders) interessiert der ökonomische Mehrwert für Eigenkapital über die Kapitalverzinsung hinaus. Hierzu wird die Kennzahl *EVA* ermittelt. Fällt der *EVA* des betrachteten Geschäftsjahres positiv aus, so kann die betriebliche Tätigkeit nicht nur die Kapitalkosten erwirtschaften, sondern darüber hinaus noch einen betrieblichen Zusatzgewinn **(„Übergewinn")** erzielen. Fällt *EVA* dagegen negativ aus, so wird in der betreffenden Periode Unternehmenswert vernichtet.

EVA **E**conomic **V**alue **A**dded	=	Wertsteigerung innerhalb eines Geschäftsjahres, die ermittelt wird, indem man vom **NOPAT (Net Operating Profit after Tax[44])** denjenigen Wert abzieht, welcher sich aus der Multiplikation des betriebsnotwendigen Vermögens **NOA** *(Net Operating Assets)* mit dem durchschn. gewichteten Kapitalkostensatz *(weighted average cost of capital bzw.* **WACC** *= gewichtete durchschn. Kapitalkosten)* des Unternehmens ergibt, so dass – als Restgröße – der **„EVA"** übrigbleibt. Unternehmen verwenden nicht allein die Kreditkosten als Maßstab der Rentabilität von Investitionen (in Niedrigzinsphasen würde dies auch zu Fehlentscheidungen führen), sondern berücksichtigen auch die kalkulatorischen Kosten ihres zu investiven Zwecken eingesetzten Eigenkapitals, für welche *gewichtete*, durchschnittliche Kapitalkosten *(WACC)* maßgeblich sind.[45]

Wichtig für Interessenten bzw. Adressaten des Jahresabschlusses (Bilanz, G&V) sind auch **betriebswirtschaftliche Umschlagskennzahlen** bzw. **Umschlagskoeffizienten** (vgl. Tabelle 2).

---

43 Während man die praktische Verwendung der Kennziffer *EBITDA* als konzeptionell vernünftig werten kann, so treten Schwierigkeiten bei einer weitergehenden Anwendung auf. *„Wann immer ein Investment-Banker anfängt, über EBITDA zu reden, schließen Sie ihre Geldbörse!"* (Warren Buffet, zit. nach *Fabian, Frank*: EBITDA – Das unbekannte Wesen, in: Hoteling, Ausgabe 07/2006, S. 12–13.)

44 Siehe Kap. 2.3.5.

45 Vgl. auch: *Mayer, Thomas*: „Niemand investiert mehr", in: Welt am Sonntag vom 6.12.2015, S. 48.

Tabelle 2: Beispiele für Umschlagskoeffizienten

Umschlagshäufigkeit des Umlaufvermögens	$\frac{\text{Umsatzerlöse}}{\text{Umlaufvermögen}}$ *(evtl. durchschn.)*
Umschlagshäufigkeit des Anlagevermögens *(unter Berücksichtigung der Abgänge)*	$\frac{\text{Anlagenabschreibung + Abgänge}}{\text{durchschnittliches Anlagevermögen (zu AHK)}}$
Umschlagshäufigkeit der Vorräte	$\frac{\text{Umsatz}}{\text{Vorräte}}$ *oder – spezieller –* $\frac{\text{Umsatz 2021}}{\text{Fertigerzeugnisse}}$
Umschlagshäufigkeit des Lagerbestandes der Roh-, Hilfs- und Betriebsstoffe (RHB)	$\frac{\text{Materialaufwand}}{\text{RHB}}$

2.5 Das magische Kennzahlendreieck

So interessant eine Beschäftigung mit Kennzahlen auch ist, sie sollte nicht dazu verführen, Kennzahlen unkritisch zu übernehmen. Kennzahlen und deren Verwendung in Berichten und Analysen der Unternehmensführung sollten regelmäßig auf ihre Aussagekraft und ihre Qualität hin untersucht werden. Dies gilt insbesondere für Branchenvergleiche und **Benchmarking** (Vergleiche mit den besten Mitbewerbern der eigenen Branche), das in Kap. 5.5 vorgestellt wird. Am Beispiel der Kennzahl „Return on Investment“ (ROI) müsste man z. B. die Fragen stellen, worauf sich die Kennziffer bezieht (mit oder ohne Beteiligungen), wie weit neutrale Erfolgskomponenten bei der Berechnung ausgeschlossen worden sind, wie andere Unternehmen („Benchmark-Partner“) mit Wertansatz- oder Bewertungswahlrechten umgegangen sind, ob Forschungs- und Entwicklungskosten mit einberechnet wurden, wie weit steuerrechtliche Besonderheiten berücksichtigt worden sind etc.[46]

Während sich die traditionelle deutsche Rechnungslegung nach dem Handelsgesetzbuch vor allem am Schutz der Gläubiger und der Gesellschafter einer Personen- oder Kapitalgesellschaft orientiert (z. B. Vorsichtsprinzip, Niederstwertprinzip, Saldierungsverbot, enge Grenzen bei Bewertungswahlrechten, Verlustantizipation durch Rückstellungen und gewollte Bildung stiller Reserven), um eine solide, im Zweifel „zurückhaltende“ und „bescheidene“ Ermittlung des Jahresergebnisses als Saldo der Erträge und Aufwendungen und eine solide Darstellung der Vermögens-, Finanz- und Ertragslage (gem. § 238 ff. HGB) zu erhalten, **ist die Rechnungslegung nach den IFRS ihrem ganzen Wesen nach kapitalmarktorientiert und „denkt“ vor allem an den Schutz möglicher Investoren an den Kapitalmärkten, die ihr Geld in Aktien des Unternehmen investiert haben oder dies sollen.** Es geht eher um eine „gläserne Bilanz“ mit markt- bzw. realitätsnahen Zahlen zur Beurteilung der Chancen und

46 Vgl. auch *Radinger, Gerhard*: Veränderungen im Berichtswesen durch das BilMoG, in: ICV-Facharbeitskreis „Controlling und IFRS“ (Hrsg.): BilMoG und Controlling, Freiburg, Berlin und München 2009, S. 195–210, S. 196.

Risiken eines Unternehmens, um Investoren deren Entscheidung zu erleichtern.[47] Die Annäherung der deutschen Rechnungslegung an die IFRS (vorangetrieben durch das BilMoG aus dem Jahre 2009) erschwert Beurteilungen und eine Vergleichbarkeit von Zahlen bzw. Benchmarks auch deshalb, weil bis zum Inkrafttreten des BilMoG geltende Wahlrechte gestrichen wurden, während andere Wahlrechte völlig neu eingeräumt wurden, selbst wenn diese Änderungen bzw. deren Auswirkungen nicht so stark ausfielen wie vielfach vermutet bzw. befürchtet. Tatsächlich sind sie – nach vielen Diskussionen und wissenschaftlichen Veröffentlichungen von Fachleuten, z. B. aus dem Kreise der Hochschullehrer und Praktiker im Controlling und der Wirtschaftsprüfung – geringer ausgefallen als von Fachleuten ursprünglich erwartet,[48] weil der Gesetzgeber sich am Ende – jedenfalls vorerst – gegen eine vollständige Übernahme der IFRS-Regeln entschieden hat.[49] Werden z. B. bisher zum Inkrafttreten des BilMoG erlaubte Rückstellungen für im alten Geschäftsjahr unterlassene Instandhaltungsaufwendungen wie die Reparatur eines schadhaften Dachstuhls wegen des nahenden Weihnachtsfestes und Betriebsferien auf den nächsten April oder Mai verschoben und dann nachgeholt, so darf nach dem BilMoG bzw. den IFRS *keine* Rückstellung für unterlassene Instandhaltungsaufwendungen mehr gebildet werden, so dass der Jahresgewinn steigt (oder sich ein eigentlich auszuweisender Verlust verringert) und auch die EK-Quote verändert wird (vgl. den durch das BilMoG geänderten § 249 HGB).

Schließlich soll das **Berichtswesen eines guten Controllers** keine „Zahlenfriedhöfe“ und „Zahlendendloskolonnen“ produzieren, sondern die Unternehmensleitung bei der Ausübung ihrer Führungsfunktion informieren, unterstützen und entlasten, indem es für betriebliche Transparenz sorgt und neben der überaus wichtigen **Informationsfunktion** teils separat, teils auch miteinander jeweils eine Anregungs-, Vorgabe-, Operationalisierungs-, Steuerungs- und Kontrollfunktion ausübt.[50] Jedem Leser sei an dieser Stelle – nach den vielen Zahlen und Kennzahlen – noch ein weiteres Mal die gründliche Lektüre der kurzen, aber wichtigen Ausführungen in Kap. 1.2.2 (zu den Aufgaben und Kernelementen des Controllings) und 1.2.3 (zur „Philosophie“ des Controllings) dieses Lehrbuchs empfohlen, deren Inhalt einem guten Controller niemals aus dem Sinn kommen dürfen! Dies will nicht heißen, dass Controlling auch ohne Kennzahlen oder – wie manche Unternehmensberater und andere Praktiker empfehlen – etwa nur mit nur einer einzigen Kennzahl ginge.

Es geht – und dies betont seit Jahrzehnten auch die **Controller Akademie AG** als Pionier der Zusammenarbeit zwischen Theorie und Praxis – darum, dass Controlling **ganzheitlich** erfolgen muss, also ein Unternehmen *niemals* nur auf der Basis *einer*

47 Vgl. Spengler, Wolfram: Auswirkungen des BilMoG auf das Zusammenspiel von Controlling und Accounting, in: ICV-Facharbeitskreis „Controlling und IFRS“ (Hrsg.): BilMoG und Controlling, Freiburg, Berlin und München 2009, S. 213–222, S. 217.

48 Vgl. Böge, Holger: Konzernrechnungslegung: Das Zusammenspiel zwischen IFRS-Konzernabschluss und HGB-Einzelabschluss, in: ICV-Facharbeitskreis „Controlling und IFRS“ (Hrsg.): BilMoG und Controlling, Freiburg, Berlin und München 2009, S. 221–252, S. 222.

49 Vgl. Böge, a. a. O., S. 250.

50 Weber, Jürgen/Schäffer, Utz: Einführung in das Controlling, 17., überarbeitete und aktualisierte Aufl., Stuttgart 2022, S. 181, zugleich mit zahlreichen Beispielen für Kennzahlen u. a. zur finanziellen, personellen Analyse, zu Prozessen u. v. m.

(einzigen) Kennzahl beurteilt werden darf.[51] Dennoch kann man mit drei bis vier wichtigen, praxisrelevanten Kennzahlen einen guten „ersten" Eindruck von der Lage eines Unternehmens erhalten, wozu sich z. B. das magische Kennzahlendreieck der **Controller Akademie AG**, bestehend aus **„Stabilität"** (z. B. Eigenkapital-Quote und Anlagendeckungsgrade), **Rentabilität** (z. B. *EBIT*), und – natürlich auch – **Liquidität** (z. B. Liquiditätsgrade) eignet:

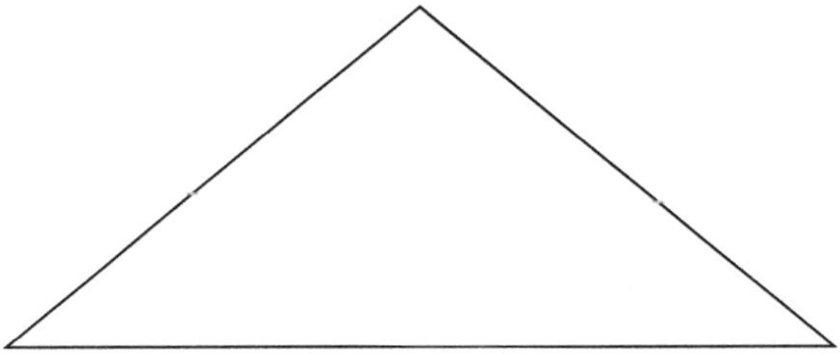

Abb. 6: Magisches Kennzahlendreieck[52]

2.6 Übungen zur Jahresabschlussanalyse mit Kennzahlen

Die kürzlich errichtete **„Heinzelmännchen Bio-Catering GmbH"** zu Köln am Rhein hat zum Jahresende eine **Inventur** durchgeführt und ein **Inventar** erstellt.

Als Interimsleiter im Bereich des Finanz- und Rechnungswesens werden Sie gebeten, eine bereits von Ihrem Vorgänger auf Basis der körperlichen Bestandsaufnahme (Inventur) bzw. des erstellten Inventars *begonnene* **Bilanz unterschriftsreif und publikationsfähig zu vervollständigen** und, falls erforderlich, zu korrigieren **(Zahlen in der unten stehenden Bilanz in tausend Euro = T€!)**.

Das Vermögen ergibt sich aus dem Anlage- und Umlaufvermögen, wie es in der Bilanz aufgeführt wird.

Finanziert wurde das Vermögen mit einem **Hypothekendarlehen** in Höhe von 4.000.000,00 €, mit **Pensionsrückstellungen** (2.000.000,00 €), mit **Stammanteilen der Eigentümer** zu einem Nominalwert von insgesamt 12.000.000,00 €, mit **Leistungsverbindlichkeiten** i. H. v. 1.000.000,00 €, mit **freiwilligen Rücklagen** in Höhe von 1.500.000,00 €, **sonstigen Rücklagen** i. H. v. 500.000,00 € und mit **statutarischen (satzungsmäßigen) Rücklagen** (mithin insgesamt genau 1.000.000,00 €).

Im abgelaufenen Jahr wurden 40.000,00 € **Fremdkapitalzinsen** (Hypothekendarlehen) gezahlt.

Der **Jahreserfolg** betrug + 10.000 €.

51 Vgl. auch *Radinger, Gerhard*: Veränderungen im Berichtswesen durch das BilMoG, in: ICV-Facharbeitskreis „Controlling und IFRS" (Hrsg.): BilMoG und Controlling, Freiburg, Berlin und München 2009, S. 195–210, S. 196.

52 Vgl. *Radinger*, a. a. O., S. 197.

Zum Ende des Jahres werden **aktive** und **passive Rechnungsabgrenzungsposten** in Höhe von jeweils genau 1.000.000,00 € gebildet.

Der **Jahres-Umsatz** beträgt 110 Mio. €.

Es folgt die zu vervollständigende bzw. vollständig abzuschließende und danach zu analysierende Übungsbilanz der **Heinzelmännchen Bio-Catering GmbH zu Köln am Rhein**, gegründet 1815.

(Zu vervollständigende bzw. vollständig abzuschließende Übungsbilanz)

Bilanz der
Heinzelmännchen Bio-Catering GmbH, Köln am Rhein zum 31.12.2023

Aktiva		Passiva	
I. Anlagevermögen		**I. Eigenkapital**	
1. Grundstücke u. Gebäude	17.000	1. Gezeichnetes Kapital	
2. Maschinen/masch. Anl.	3.000	2. Freiwillige Rücklagen	1.500
3. Fuhrpark	1.100	3.	
4. BuG	400	4. Statutarische Rücklagen	1.000
		5. Jahresüberschuss	
		II. Pensionsrückstellungen	
II. Umlaufvermögen			
1. Roh-, Hilfs- u. Betriebsstoffe	100	**III. Fremdkapital**	
2. Forderungen aus LL	150	1. Hypothekendarlehen	
3. Dubiose Forderungen	200	2. Verbindlichkeiten aus LL	1.000
4. Kassenbestand	10		
5. Bankguthaben	40		
III. Aktive RAP	**1.000**	**IV. Passive RAP**	
	23.000		**000**

Aufgabenstellung zur Bilanzanalyse mit Kennziffern

Besondere Anwendung finden Kennzahlen im Rahmen der Jahresabschlussanalyse, in der Kosten- und Leistungsrechnung und zu Zwecken des **Controllings**.

Aufgabe 1: Berechnen Sie die Anlagendeckungs- und Liquiditätsgrade, die EK- und FK-Quote und Rentabilitäten!

Aufgabe 2: Geben Sie – aufbauend auf der Bilanzanalyse bzw. Ihrer Interpretation der Kennzahlen – Lösungsvorschläge zur Sicherung der Existenz des Unternehmens!

Aufgabe 3: Was fällt Ihnen allgemein an der Bilanz auf (z. B. Plausibilitäten, mögliche Fehlbestände oder Inkonsistenzen)?

2.7 Controlling als Frühwarnsystem mit Kennzahlen

Zur regelmäßigen und systematischen Umfeldbeobachtung kann das **„Environmental Scanning“** zur Abtastung des Unternehmensumfeldes (Mikro- und Makroumfeld) eingesetzt werden. Man spricht auch von einem **„strategischen Radar“**. Die Abtastung des Unternehmensumfeldes mit einem soliden strategischen Controlling erfolgt in drei Entwicklungsstufen:

- kurzfristige Planungshochrechnungen,
- Indikatorenkataloge *und*
- Frühaufklärungssysteme auf der Basis schwacher Signale.

Bekannte **praxisrelevante Frühindikator**en sind z. B.

- Kennzahlen zur **konjunkturellen Entwicklung** (z. B. Auftragseingang),
- Kennzahlen zum **Kapitalmarkt** (z. B. Zinsen und Wechselkurse),
- Kennzahlen zu **Kunden** (z. B. Bestell- und Einkaufsverhalten, Nachfragevolumen wichtiger Kunden, Auftragseingänge bei wichtigen Kunden),
- Kennzahlen zu **Mitarbeitern** (z. B. Gehaltszuwächse, Fluktuationsraten, Krankenstand und durchschnittliche Dauer der Erkrankungen).

Im Bereich der öffentlichen Verwaltung und der Nonprofit-Organisationen kommt ein besonderer Aspekt hinzu, der im Vergleich zu den gewinnorientierten Privatunternehmen bei der Analyse mittels Kennzahlen eines besonderen Augenmerks bedarf: die Bedeutung immaterieller Werte bzw. qualitativer Aspekte.[53]

Gerade bei den gemeinwohlorientierten Aufgaben spielen die qualitativen Aspekte, die sich teilweise durch Gesetze und Verordnungen, aber auch aufgrund von politischen Diskussionen bzw. Meinungsbildungsprozessen im politischen Raum oder in der Geschäftsführung oder im Aufsichtsrat einer Nonprofit-Organisation ergeben, eine Rolle. Zu nennen sind beispielsweise:

- Beratungsqualität,
- Bürgerfreundlichkeit,
- Arbeitsklima,
- Gesundheitsmanagement,
- Nachhaltigkeit.

Die Qualität der Beratung und die Kundenfreundlichkeit schlagen sich im privatwirtschaftlichen Bereich regelmäßig unmittelbar in den Umsatzzahlen nieder.

Im Verwaltungsbereich mit gesetzlich vorgeschriebenen Aufgaben, teilweise monopolistischer Marktstellung (man denke nur an die Beseitigung von Abfall und Abwasser, aber auch an die Wasserversorgung und den Bereich der behördlichen Genehmigungen wie Sondernutzungsgenehmigungen, Straßenaufbruchsgenehmigungen, Baugenehmigungen) ist die Zielerreichung nicht so leicht messbar. Um in diesem immateriellen Bereich die Zielerreichung messen zu können, bedarf es eines indirekten Vorgehens. Dieses erfolgt über sogenannte **„Indikatoren"** (= Anzeiger). Als „Indikatoren" werden Größen bezeichnet, die es möglich machen, immaterielle Güter, Dienstleistungen bzw. Prozesse (anstelle einer unmittelbaren Messung) quantitativ messbar zu machen.

53 Vgl. zu dieser Thematik *Düngen, Hans-Gerd/Zeiler, Wolfgang*: Rechnungswesen in der öffentlichen Verwaltung, 7. Aufl., Braunschweig 2022, S. 285.

Beispiele für Indikatoren:

- Beratungsqualität
  → Anzahl der Fort- bzw. Weiterbildung der Mitarbeiter
- Bürgerfreundlichkeit
  → Stimmungsbild der Bürger (= >Befragungen)
- Arbeitsklima
  → Fehlzeiten, Krankheitsstand
- Gesundheitsmanagement
  → s. Arbeitsklima
- Nachhaltigkeit
  → sparsame Geräte, Umweltpapier

Zu den Vor- und Nachteilen einer Verwendung von Kennzahlen

Bei aller Nützlichkeit und Brauchbarkeit von Kennzahlen im Controlling und zur Unterstützung des Managements sind die Vorteile und Nachteile einer Verwendung von Kennzahlen zu beachten.

Kennzahlen ermöglichen oder bieten folgende Vorteile:

- stark verdichtete Informationen zur Entlastung der Führungsebene,
- eine Verbesserung der Messung des Grades der Zielerreichung (leichtere Kontrolle),
- die Aufdeckung von Engpässen und Freiräumen (Erleichterung der Steuerung),
- Unterstützung bei Planung und Koordinierung der Unternehmensführung,
- Möglichkeit der Erhöhung der Mitarbeitermotivation und Versachlichung von Analysen durch Ergebnistransparenz.

Nachteile einer Verwendung von Kennzahlen:

- Einzelne Kennzahlen besitzen (für sich allein betrachtet bzw. analysiert und an falscher Stelle angewandt) einen geringen oder sogar missverständlichen Informationsgehalt, z. B. Durchschnittszahlen wie „Umsatz pro Mitarbeiter“.
- Werden Interdependenzen (gegenseitige Abhängigkeiten zwischen Unternehmensbereichen, Unternehmensprozessen etc.) nicht hinreichend berücksichtigt, so kann dies zu Fehlentscheidungen der Unternehmensleitung führen.
- Teilweise besteht ein zu hoher Zeitaufwand zur Berechnung und Beobachtung der Entwicklung von Kennzahlen im Zeitablauf (es kann also auch zu lange dauern und zu teuer werden, „allerfeinste“ und „ganz genaue“ Kennzahlen zu berechnen). Um beispielsweise die Wirtschaftlichkeit des unternehmerischen (behördlichen) Handelns zu analysieren, ist diese Analyse wirtschaftlich (im Sinne der Beachtung des Maximalprinzips [gegebene Mittel → maximale Zielerreichung] bzw. des Minimalprinzips [gegebenes Ziel → minimaler Mitteleinsatz]) durchzuführen.

3. Instrumente des Kosten- und Erfolgscontrollings

3.1 Break-even-Analyse (Gewinnschwellenanalyse)

Die Break-even-Analyse analysiert den Zusammenhang von Kosten und Erlösen aus der Unternehmenstätigkeit in sehr anschaulicher und übersichtlicher Form. Mit der **Gewinnschwelle** wird die Absatzmenge erreicht, bei welcher die Gesamtkosten durch die erzielten Erlöse vollständig gedeckt werden, also jener Auslastungsgrad, in welchem die Kosten genau den Erlösen entsprechen (hier wird also weder ein Gewinn noch ein Verlust erzielt). Dieser sehr einfache, ursprüngliche Ansatz wurde um viele Modellvarianten ergänzt, womit die Einsatzmöglichkeit dieses Controllinginstruments noch erheblich erweitert wurde. Es wird jene (kritische) Menge ermittelt, ab deren Überschreitung eine Unternehmung beginnt, Gewinne zu erzielen. Dieser Schwellenwert wird als **„Gewinnschwelle"** bzw. **„Break-even-Point"** bezeichnet. Im *Break-even-Point* ist der Verlust wie der Gewinn genau gleich null. Graphisch liegt der *Break-even-Point* im Schnittpunkt der Gesamtkostenkurve mit der Erlöskurve.

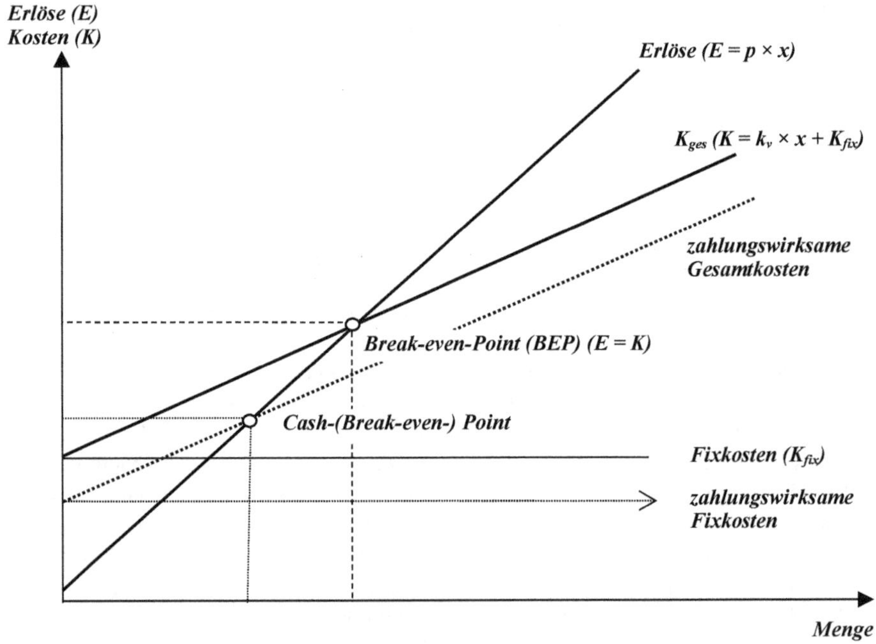

Abb. 7: Break-even-Analyse und Cash-(Break-even-)Point[1]

1 Unter der Annahme, dass die Erlöse zahlungswirksam sind.

Die Gesamtkosten lauten in Gleichungsform (Kostenfunktion):

$$\mathbf{K_{ges} = k_v \times x + K_{fix}} \quad (k_v = \textit{variable Kosten pro Stück})$$

Die fixen Kosten sind unabhängig von der Beschäftigung (Ausbringungsmenge); die variablen Kosten hängen von ihr ab.

Die Gleichung für die Gesamterlöse (Erlösfunktion) lautet:

$$\mathbf{E = p \times x \ \ (mit\ x = Absatzmenge)}$$

Hierzu ein einfaches Beispiel:

Fixe Kosten:	*120.000,00 Euro*
Hiervon kalkulatorische Kosten:	*50.000,00 Euro*
Variable Stückkosten:	*30,00 Euro*
Stückverkaufspreis	*50,00 Euro*

Berechnung des Break-even-Points (E = K!) bzw. der Break-even-Menge:

$$\begin{aligned} 50x &= 30x + 120.000 \mid -30x \\ 50x - 30x &= 120.000 \\ (50-30)x &= 120.000 \\ 20x &= 120.000 \mid :20 \\ x &= \mathbf{6.000}\ (\text{= Break-even-Menge}) \end{aligned}$$

Schon im Vorgriff auf den nächsten Abschnitt (Kap. 3.2) zur Deckungsbeitragsrechnung *(Direct Costing)* gilt im *Break-even-Point* auch: Die Summe aller Deckungsbeiträge ist gleich jener der gesamten Fixkosten, und jeder darüber hinaus erzielte Deckungsbeitrag stellt einen Gewinn dar:

$$\mathbf{DB}_{gesamt} = \mathbf{K}_{fix} \text{ und auch: } \mathbf{DB}_{Stück} \times x = \mathbf{K}_{fix}$$

Hieraus folgt:

$$\textit{Break-even-}\text{Menge} = \frac{\text{Fixkosten (insgesamt)}}{\text{Stückdeckungsbeitrag}} = \frac{\mathbf{K}_{fix}}{\mathbf{DB}_{Stück}} = \frac{\mathbf{K}_{fix}}{\mathbf{p - k_v}}$$

Im obigen Beispiel also:

$$\textbf{\textit{Break-even-}Menge} = \frac{120.000}{50-30} = \frac{120.000}{20} = \underline{\underline{\mathbf{6.000}}}$$

Durch Gleichsetzung der Gesamtkosten der Herstellung und des Vertriebes mit den entsprechenden Erlösen lässt sich also die ***Break-even*-Menge** (der *Break-even*-Absatz) leicht errechnen:

BEP-Menge = Menge x, für die gilt: $K_{fix} + k_v \times x = p \times x$, also: $$\mathbf{x = \frac{K_{fix}}{p - k_v}}$$

Multipliziert man schließlich die *Break-even*-Menge mit dem Stückpreis, so erhält man als Ergebnis den ***Break-even*-Umsatz.**

Für das Beispiel ergibt sich:

6.000 Stück × 50 Euro/Stück = ***300.000 Euro*** **(= Break-even-*Umsatz*)**

Berechnung des *Cash*-(*Break-even-*)*Point* bzw. der zahlungswirksamen *Break-even*-Menge

Beschränkt man den Fokus der Berechnungen auf zahlungswirksame Vorgänge, lässt also zahlungsunwirksame Geschäftsvorfälle unbeachtet, lässt sich der *Cash-Point* oder **Cash-Break-even-Point** berechnen.

Für unser Beispiel:

Zahlungswirksamer Erlös = zahlungswirksame Kosten, also:

50x = 30x + 70.000 | ***– 30x***

20x = 70.000 | ***: 20***

x = 3.500 *(=* ***Menge*** *im* Cash-(Break-even-)Point*)*

Oder **alternativer Rechenweg** (mit dem gleichen Ergebnis):

Es sind 70.0000 Euro der Fixkosten tatsächlich zahlungswirksam. Diese zahlungswirksamen Kosten kann man auch durch den Stück-Deckungsbeitrag teilen. Es ergibt sich folgende Rechnung (**Fixkosten : $DB_{Stück}$**):

70.000 Euro / (50 – 30 Euro/Stück) = 70.000 Euro / 20 Euro/Stück = **3.500 Stück**

Mit dem Instrument der *Break-even*-Analyse kann der Controller auch abschätzen, in welcher Höhe ein Betrieb Umsatzeinbußen höchstens erleiden darf, ohne dass ein Verlust entsteht. Es wird die Kapazitätsauslastung errechnet, unterhalb derer die einzelnen Produkte einer Unternehmung für „rote“ Zahlen sorgen. Außerdem lässt sich die *Break-even*-Analyse auch als Instrument für Alternativenabschätzungen bei Investitions- und anderen Entscheidungen einsetzen, z. B. weil sich zeigen lässt, wie der Übergang zu einer Investitionsalternative mit höheren fixen Kosten, aber dafür niedrigeren variablen Stückkosten die Gewinnerzielung beeinflusst.

Mittels der *Break-even*-Analyse kann ein Controller in der Kontrollphase einer Investition systematisch überwachen (Plan-Ist-Analyse), ob die tatsächlichen Ergebnisse über oder unter einem anvisierten (Mindest-)Ziel bzw. Plan liegen, und jene Absatzmenge errechnen, die er erreichen muss, um wenigstens die laufenden Auszahlungen decken zu können (**Cash-Point** bzw. **Cash-Break-even-Point**).

Natürlich ist für die *Break-even*-Analyse **kritisch anzumerken**, dass sämtliche Daten, wie z. B. Kosten, Kapazitäten und Preise, als bekannt und als im Zeitablauf unveränderlich vorausgesetzt werden. Auch wird unterstellt, dass das Verhältnis zwischen fixen und variablen Kosten sich nicht ändert, alle Produkte abgesetzt werden und keine Lagerprozesse mitbetrachtet werden. Auch Kostenremanenzen bei den Fixkosten, mögliche Kostendegressionen oder Kosteneinsparungsmöglichkeiten durch Senkungen der variablen Kosten, wie z. B. Mengenrabatte bei Großeinkäufen oder nachträglich gewährte Boni, werden nicht betrachtet.

3.2 Deckungsbeitragsrechnung und Direct Costing

3.2.1 Von der Vollkosten- zur Teilkostenrechnung

In der betrieblichen Praxis privatwirtschaftlich geführter Unternehmen und zunehmend auch von Betrieben der öffentlichen Verwaltung und Nonprofitorganisationen stellt die **Kosten- und Leistungsrechnung eine Kernfunktion des Controllings** dar. Im Folgenden werden wichtige Grundlagen der Kosten- und Leistungsrechnung (KLR) sowie einige praxiserprobte **Instrumente der Kostensteuerung** bzw. **des Kostencontrollings** vorgestellt.

Vollkostenrechnung im Vergleich zur Teilkostenrechnung
Bei den **Vollkosten** werden **alle** Kosten einer Periode oder eines Kostenträgers in die Rechnung mit einbezogen; **Teilkosten** umfassen nicht die gesamten Kosten. Die Gesamtkosten lassen sich nach der Zuordnungsfähigkeit oder nach der Beschäftigungsabhängigkeit unterteilen.

Unter dem Aspekt der **Zuordnungsfähigkeit** sind Einzel- und Gemeinkosten zu definieren:

Einzelkosten: „EK“, hier im Sinne von Kostenträger-Einzelkosten, mithin Kosten, welche sich einem einzelnen Kostenträger (Produkt) unmittelbar zuordnen lassen, ohne die Kosten über ein Schlüsselungsverfahren zuordnen zu müssen.

Im Gegensatz zu:

Gemeinkosten: „GK“, hier im Sinne von Kostenträger-Gemeinkosten, mithin solche Kosten, welche sich einem einzelnen Kostenträger (Produkt) *nicht* unmittelbar zuordnen lassen, sondern über ein geeignetes Verfahren dem einzelnen Kostenträger zugeordnet („aufgeschlüsselt“) werden müssen.

Nach der **Beschäftigungsabhängigkeit** unterscheidet man die (oben in Kap. 3.1 bereits erwähnten) **fixen** von den **variablen Kosten**.

Demnach gilt:

Vollkosten = Einzelkosten + Gemeinkosten

bzw. natürlich auch:

Vollkosten = variable Kosten + fixe Kosten

Entscheidend bei der Teilkostenrechnung ist das Bewusstsein, dass der Marktpreis eines Erzeugnisses die Grundlage der Kalkulation bilden muss und der Gewinn (erst) nach Abzug der Kosten offengelegt wird, indem alle Kostenarten auf ihre Abhängigkeit von der Produktion hin untersucht und danach in variable oder fixe Kosten aufgespaltet werden (Kostenspaltung).

Im Rahmen der Vollkostenrechnung gilt:

- Die Abhängigkeit der Gemeinkosten von der Beschäftigung (dem Auslastungsgrad der betrieblichen Kapazitäten) wird nicht hier untersucht.
- Bei der Berechnung von Zuschlagssätzen wird vorausgesetzt, dass ein eindeutiger Zusammenhang zwischen Gemeinkosten und Zuschlagsgrundlage besteht.
- Für kurzfristig zu treffende marktorientierte Entscheidungen werden keine geeigneten Daten geliefert.

3.2.2 Vom Periodenerfolg zum Direct Costing

Das bis in die Zeit direkt nach dem *Black Thursday* im Oktober 1929 zurückreichende *Direct Costing* wurde entwickelt, nachdem man in der darauffolgenden Depression mit hohen Bestandszuwächsen bei gleichzeitig zurückgehenden Umsatzerlösen entdeckt hatte, dass der Periodenerfolg im Rahmen einer Nettoergebnisrechnung eben nicht nur vom Erfolg der Verkaufsaktivitäten auf den Absatzmärkten, sondern – wegen des Fixkostenanteils in den Lagerbeständen – besonders von der jeweiligen Produktionsmenge abhängt.

Eine Erhöhung des Lagerbestandes an fertigen und unfertigen Erzeugnissen führt *ceteris paribus* zu einer Verbesserung des Periodenergebnisses; eine Bestandsminderung der fertigen und unfertigen Erzeugnisse zu einer „Aufwands- bzw. Kostenerhöhung“ und damit zu einer Verringerung des Periodenergebnisses. Um ein „wahreres“, von den Bestandsveränderungen entzerrtes Ergebnis zu erhalten, kam man dann auf die Idee, den Beständen nur noch die „direkten“ (variablen) Kosten zuzurechnen – mit der Folge, dass am Ende kein „Periodenergebnis“, sondern „Deckungsbeiträge“ (*contribution margins*) ermittelt und dann, nach Addition der Fixkosten, sämtliche Deckungsbeiträge den Verkaufserlösen (den Umsätzen) gegenübergestellt wurden.

In der Wissenschaft wie in der betrieblichen Praxis im Nachkriegsdeutschland versuchte man dann offenkundig, dieses Konzept auf differenzierte Vollkostenrechnungen wie auf Plankostenrechnungen zu „übertragen“.

Die Vertreter der Plankostenrechnung[2] konnten auf Basis der vorausgegangenen Kostenspaltung (in fixe und variable Kosten) die beschäftigungsabhängigen (variablen) Kosten „sofort“ liefern. Anhänger der differenzierten Vollkostenrechnungen freuten sich, mit dem Ansatz des **Direct Costing** nun ein Instrument für eine wesentlich differenziertere Zurechnung ihrer Fixkosten zu erhalten, woraus dann die stufenweise Fixkostendeckungsrechnung mit einer stufenweisen Schichtung bzw. hierarchischen Aufteilung des bisher undifferenzierten Blockes der Fixkosten (Fixkostenblock im Sinne einer Summe der Fixkosten bzw. des Deckungsbedarfs) entwickelt wurde.

In der mehrstufigen Fixkostendeckungsrechnung werden:

(1) **Fixkosten einzelner Produkte** (in der klassischen Kostenstellenrechnung wären dies etwa Sondereinzelkosten (SEK) der Fertigung, wie z. B. ein Holzmodell oder zu zahlende Lizenzgebühren für eine bestimmte Guss- oder Pressform),

(2) **Fixkosten einer Gruppe von Erzeugnissen** (etwa die Fixkosten für einen Produktionsroboter, der für eine Erzeugnisgruppe arbeitet) oder

(3) **Fixkosten ganzer Erzeugnissparten** (etwa das Festgehalt eines Oberingenieurs, der für eine Erzeugnissparte bzw. Produktgruppe verantwortlich zeichnet)

jeweils bestimmten Deckungsbeiträgen zugerechnet.

Teilkostenrechnung bedeutet **nicht** automatisch **gleich Deckungsbeitragsrechnung**. Zwar wird in der Teilkostenrechnung hauptsächlich bzw. sehr „gerne“ mit Deckungsbeiträgen gearbeitet – und daher wird sie auch oft mit der Deckungsbeitragsrechnung gleichgesetzt –, doch gibt es – außer der eben erläuterten Deckungsbeitragsrechnung – noch weitere **Varianten der Teilkostenrechnung**, wie z. B. die Grenzplankostenrechnung[3], welche – im Gegensatz zum *Direct Costing* – Plankosten sowie Kapazitätsengpässe bei der Ermittlung der Deckungsbeiträge berücksichtigt.

Eine andere Variante stellt die relative Einzelkostenrechnung nach Prof. Riebel dar. **Professor Dr. Dr. h. c. mult. Felix Fritz Paul Riebel** (1918–2001) gilt als geistiger Vater der Ende der 1950er Jahre erdachten und später fortwährend weiterentwickelten differenzierenden Deckungsbeitragsrechnung und der modernen **Entscheidungsorientierung in der theoretischen und praktischen Kostenrechnung**. Der auch technisch (Studium der Luftfahrtechnik und der Chemie an der TH Braunschweig) sehr interessierte Diplom-Kaufmann der Wirtschafts- und Sozialwissenschaftlichen Hochschule Erlangen und spätere Professor in Frankfurt war seiner Zeit weit voraus, denn erst mit dem Einsatz von (für den Mittelstand) „bezahlbaren“ Computern im internen Rechnungswesen wurde die Anwendung seiner Ideen in der betrieblichen Praxis durchführbar.

Allgemein unterscheidet man – ausgehend von dem „Ur-Deckungsbeitrag“ (Umsatzerlöse – variable Kosten = Bruttoerfolg bzw. Deckungsbeitrag) – zwei Arten des Deckungsbeitrags (DB):

---

2 Vgl. die später folgenden Ausführungen zur Plankostenrechnung in Kap. 3.6.

3 Näheres hierzu wird in Kap. 3.6.3 erörtert.

1. **DB,** bezogen auf eine Produktionseinheit:

   Stückerlös – variable Stückkosten (Grenzkosten) = **Stückdeckungsbeitrag** ***(db)***

2. **DB,** bezogen auf eine Periode:

   Umsatzerlöse – variable Kosten = **Periodendeckungsbeitrag** *(**DB**/Periode)*

3.3 Deckungsbeitragsrechnung bzw. Direct Costing in Beispielen

Ausgangsbeispiel: Eine Bierbrauerei am Niederrhein
Nach einem langen, zu kühl geratenen und völlig „verregneten Sommer" kämpft eine am Niederrhein gelegene Brauerei, die nur ein einziges Produkt herstellt, mit großen Absatzschwierigkeiten. Erschwerend hinzu kommt, dass das unterirdisch in Edelstahltanks gelagerte Bier Pilsener Brauart (500.000 l bzw. eine Million handelsübliche 0,5-l-Flaschen) nur noch maximal zehn Tage im Tank lagern kann, bevor es – kostenpflichtig – als „Sondermüll" entsorgt werden muss.

Wird das Bier (Stückerlös pro Flasche: 1,00 Euro) nicht mehr rechtzeitig abgefüllt (zurzeit aber schon wegen Flaschenmangels nicht möglich, weil die anderen Flaschen einfach (fast) nicht verkauft werden konnten und auf dem Hof und in Lagern herumstehen und nicht ausgetrunken werden), so kann es nicht mehr verkauft und/oder in Flaschen gelagert werden.

Stückerlös	***= 1,00 Euro/Flasche***	
Stückfixe Kosten	***= 0,15 Euro/Flasche***	
K_v/Stück	***= 0,50 Euro/Flasche***	***(eine kurzfristige Preisuntergrenze)***
K_{ges}	***= 0,65/Flasche Bier***	***(eine langfristige Preisuntergrenze)***

(„Zwischenfrage": Gibt es hier z. B. Bezüge zur öffentlichen Verwaltung oder zu Dienstleistungsbetrieben, z. B. zum Krankenhausbereich, z. B. im OP-Bereich oder bei Rundfunkanstalten?)

Bekannte Preisuntergrenzen im Rahmen der Deckungsbeitragsrechnung

1. Langfristige Preisuntergrenze (PU)
Reichen die erzielten Umsatzerlöse insgesamt aus, um **alle** anfallenden Kosten zu decken, so hat der Verkaufspreis die langfristige Preisuntergrenze erreicht (in unserem Beispiel 0,65 Euro pro Flasche).

2. Kurzfristige Preisuntergrenze (PU)
Die kurzfristige PU ist die absolute Preisuntergrenze: Sie deckt genau die variablen Kosten des Kostenträgers (= variable Stückkosten, in unserem Beispiel 0,50 Euro pro Flasche).

3. **Liquiditätsorientierte Preisuntergrenze** (in Anlehnung an die Idee der Berechnung eines *Cash-Points*):

$$\frac{\text{(Variable Kosten + zahlungswirksame Fixkosten)}}{\text{Absatzmenge}}$$

Glücklicherweise ergibt sich durch eine persönliche Bekanntschaft des Technischen Direktors der Brauerei mit einem Direktor eines großen Discounters, dass man das Bier dort im süddeutschen Vertriebsbereich (unter einem anderen Namen mit einem anderen Etikett), wo schönstes Wetter herrscht, verkaufen könnte, wenn die Brauerei nur einen möglichst günstigen Preis anbieten sollte.

Besondere Fragestellung bei diesem, nicht mehr lange lagerfähigen Gut: Wie weit kann die Brauerei gehen? Bis zur langfristigen oder bis zur kurzfristigen Preisuntergrenze oder gar noch weiter darunter?

Zweites Beispiel zur einfachen Deckungsbeitragsrechnung (mehrere Produkte):

*Gegeben sei ein beliebiger Produktionsbetrieb, welcher **zwei** Produkte herstellt (Produkte **A** und **B**):*

Tabelle 3: Einfache Deckungsbeitragsrechnung

(alle Angaben in Euro)	***Produkt A***	***Produkt B***	***A + B insgesamt***
Verkaufserlöse	***150.000***	***100.000***	***250.000***
– *variable Kosten (direkte Kosten)*	*100.000*	*70.000*	*170.000*
= ***Deckungsbeitrag***	***50.000***	***30.000***	***80.000***
– *Deckungsbedarf (Block fixer Kosten)*	*75.000*		*75.000*
= ***Nettoergebnis***	--	--	***5.000***

(Nur zur Wiederholung und Vertiefung:
Hier läge übrigens eine Umsatzrentabilität von 2 % vor.)

Drittes Beispiel: Mehrstufige DB-Rechnung

Es folgt nun eine exemplarische mehrstufige Deckungsbeitragsrechnung am Beispiel einer Badeanstalt mit mehreren Abteilungen (Schwimmhalle, Verwöhn-Wannenbäder und Saunalandschaft), die leider Defizite erwirtschaftet.

Es soll aufgezeigt werden, wie man bei reiner Vollkostenrechnung zu fehlerhaften Ergebnisse käme und nur bei Anwendung einer mehrstufigen Deckungsbeitragsrechnung erkennen kann, wo und auf welcher Stufe der Deckungsbeitragsrechnung Gewinne oder Defizite entstehen. Weil es – unter Vollkostenbetrachtung – so scheint, dass man die Saunalandschaft schließen sollte, die – im Gegensatz zu den beiden anderen Abteilungen – Verluste verursacht (vgl. Tabelle 4), wird dies auch durchgeführt, und man stellt erstaunt fest, dass sich der Verlust nach Schließung der Saunalandschaft erhöht, ja mehr als vervierfacht hat (vgl. unten folgende Tabelle).

Grundformel: Deckungsbeitrag (DB) = Erlös – variable Kosten
(kurz: DB = E – K_v) **(Gesamtkosten – variable Kosten = Fixkosten)**

Deckungsbedarf = *(kostendeckender)* **Erlös – variable Kosten**
(= Block fixer Kosten bzw. der „Fixkostenblock")

Tabelle 4: Gesamtergebnis auf Vollkostenbasis

	Schwimm-halle in €	**Verwöhn-bäder in €**	**Saunaland-schaft in €**	**Summen in €**
Erlöse	1.100.000	245.000	150.000	1.495.000
– **Gesamtkosten**	1.100.000	242.000	174.000	1.516.000
= **Gesamtergebnis**	**0**	**3.000**	**–24.000**	**–21.000**

Tabelle 5: Gesamtergebnis auf Vollkostenbasis nach Schließung der Sauna

<table>
<tr><th></th><th>Schwimmhalle in €</th><th>Verwöhnbäder in €</th><th>Summen in €</th></tr>
<tr><td>Erlöse</td><td>1.100.000</td><td>245.000</td><td>1.345.000</td></tr>
<tr><td>– variable (dir.) Kosten</td><td>242.000</td><td>109.200</td><td>351.200</td></tr>
<tr><td>= Deckungsbeitrag</td><td>858.000</td><td>135.800</td><td>993.800</td></tr>
<tr><td>– Deckungsbedarf (= Fixkostenblock)</td><td colspan="2">1.080.000</td><td>1.080.000</td></tr>
<tr><td>= Nettoergebnis</td><td>--</td><td>--</td><td>–86.200</td></tr>
</table>

Die Ursache liegt darin, dass nach Schließung der Sauna die Fixkosten tatsächlich fast überhaupt nicht gesunken sind, z. B. weil die Räume nicht ohne weitere Investitionen zu anderen Zwecken genutzt oder nicht einfach vermietet werden können, etwa wegen Tarifbindungen oder unkündbarer Arbeitsverträge; außerdem verursacht die geschlossene Sauna weiterhin Instandhaltungs-, Versicherungs- und andere Fixkosten.

Vor allem aber ***fehlt*** *– nach der Schließung der Sauna –* ***der Deckungsbeitrag der Sauna****, welchen die Sauna über die variablen Kosten hinaus (bis zu deren Schließung) selbst eingebracht hat, immerhin eine Summe von 65.200 Euro, nämlich genau die Differenz zwischen –21.000 Euro und –86.200 Euro!*

Weiterführung einer mehrstufigen DB-Rechnung/Direct Costing

Tabelle 6: Gesamtergebnis auf Basis einer einfachen DB-Rechnung (in Euro)

		Schwimm-halle	Verwöhn-bäder	Saunaland-schaft	Summen
	Erlöse	1.100.000	245.000	150.000	1.495.000
–	variable (= dir.) Kosten	242.000	109.200	84.800	436.000
=	**Deckungsbeitrag (I)**	**858.000**	**135.800**	**65.200**	**1.059.000**
–	**Deckungsbedarf** (= Fixkostenblock)	1.080.000			1.080.000
=	**Nettoergebnis**	--	--	--	**–21.000**

Tabelle 7: Gesamtergebnis auf Basis einer mehrstufigen DB-Rechnung (in Euro)

		Schwimm-halle	Verwöhn-bäder	Saunaland-schaft	Summen
	Erlöse	1.100.000	245.000	150.000	1.495.000
–	variable (= dir.) Kosten	242.000	109.200	84.800	436.000
=	**Deckungsbeitrag I**	**858.000**	**135.800**	**65.200**	**1059.000**
–	**K_{fix} der Leistungsarten**	294.000	162.000	45.000	501.000
=	**Deckungsbeitrag II**	**564.000**	**–26.200**	**20.200**	**558.000**
–	**Fixkosten für das gesamte Schwimmbad**	**579.000**			579.000
=	**Nettoergebnis (= DB III)**	--	--	--	**–21.000**

*Die Deckungsbeiträge **DB I** und **DB II sind** für Produktionsentscheidungen **von großer Bedeutung**, weil sie Einblick in die möglicherweise „abbaufähigen" Fixkosten geben und die Berechnung der Stückdeckungsbeiträge gestatten.*

Bei Überlegung über die Einstellung eines defizitbringenden Produktes oder der Einstellung einer defizitären Dienstleistungserbringung vergleiche man unbedingt erst den DB II je Stück für alle Produkte der Gruppe, um betriebswirtschaftlich klarer zu sehen!

Viertes Anwendungsbeispiel einer Deckungsbeitragsrechnung:

Eine Behindertenwerkstatt produziert hochwertige, allergiefreie, aus Naturmaterialien bestehende und in Handarbeit gefertigte Gesundheitskuschelbären, insg. 40.500 pro Monat (zu Gesamtkosten in Höhe von 855.000 Euro/Monat). Verkauft werden die Bären zu 75 Euro pro Stück, z. B. an (Kinder-)Krankenhäuser, Arztpraxen, kommunale und kirchliche Kinderheime sowie an eine (wachsende) Zahl privater Abnehmer, etwa an Sammler, Therapeuten und Apotheken. Wegen eines sportlichen Großereignisses im Hochsommer (Juli und August) muss die Produktion für zwei volle Monate auf je 36.000 Einheiten gedrosselt werden, wobei die Gesamtkosten – bei gleichbleibenden Fixkosten – um 90.000 auf nur mehr 765.000 Euro/Monat sinken.

1. *Berechnen Sie je die Gesamtkosten und die variablen Stückkosten pro Kuschelbär sowie jeweils die gesamten variablen Kosten und die gesamten Fixkosten für die Monate Juli und August!*

   Die Gesamtkosten pro Kuschelbär betragen:

   855.000 Euro / 40.500 Bären = 21,11 Euro/Bär

   (bzw. ***im Hochsommer****: 765.000 Euro / 36.000 Bären =* ***21,25 Euro/Bär)***

   Da die Fixkosten laut Angabe im Sachverhalt unverändert geblieben sind, kann die Gesamtkostendifferenz nur auf den variablen Kosten beruhen. Die variablen Stückkosten und die gesamten variablen Kosten kann man daher wie folgt berechnen und daraus die ***Fixkosten ableiten****:*

   90.000 / 4.500 *=* ***20,00 Euro*** *variable Stückkosten*

   36.000 × 20 *=* ***720.000,00 Euro*** *gesamte variable Kosten pro Monat*

   Die ***Fixkosten*** *betragen also* ***45.000 Euro*** *(765.000 – 720.000) pro Monat*

   (bzw. × 2 = 90.000 Euro für die zwei Sommermonate Juli und August!)*.*

2. *Viele Kliniken haben die Vorteile der „Bärenschmusetherapie" entdeckt; es können im September mehr Bären verkauft werden. Die Konkurrenz senkt gleichzeitig den marktüblichen Schmusebärenpreis auf durchschnittlich 64,50 Euro und nimmt der Werkstatt Marktanteile weg. Der Beschäftigungsgrad (die kapazitative Auslastung) sinkt in diesem Monat auf 60 % der normalen 40.500 Bären pro Monat. Infolge der sich ändernden Marktbedingungen muss auch der Verkaufspreis für die Bären auf 64,50 Euro gesenkt werden! Wie hoch läge nun der Deckungsbeitrag (nur Deckungsbeitrag I) pro Bär, und wo läge der erzielte Gesamtgewinn oder Verlust?*

Produktionsmenge:	***24.300 Bären*** *(60 % von 40.500 Bären)*
Gesamterlös:	***1.567.350 Euro*** *(24.300 Bären × 64,50 Euro/Bär)*
Gesamtkosten:	*20 Euro/Bär × 24.300 Bären (K_v) + 45.000 Euro (K_{fix}) =* ***531.000 Euro*** *(K_v = 486.000 Euro)*
Gesamtkosten/Bär:	***21,85 Euro/Bär*** *(531.000 Euro / 24.300 Bären = 21,851851 Euro/Bär)*
Deckungsbeitrag/Bär:	***44,50 Euro/Bär*** *(64,50 Euro/Bär – 20,00 Euro/Bär = 44,50 Euro/Bär)*
Gesamtgewinn/Monat:	***1.036.350 Euro*** *(1.567.350 Euro – 531.000 Euro = 1.036.350 Euro)*

3. *Wie ändert sich die Kosten- und Gewinnsituation, wenn wir im Oktober die Produktion erhöhen (Beschäftigungsgrad = 80 %) und zur Besserung der Absatzmöglichkeiten die Bären zu einem „Kampfpreis" von 63 Euro pro Bär verkaufen? Lohnt es sich?*

Gesamterlös = *40.500 Bären × 0,80 = 32.400 Bären;*
32.400 Bären × 63 Euro/Bär = ***2.041.200 Euro***

Gesamtkosten = *32.400 Bären × 20 Euro/Bär + 45.000 Euro =*
648.000 Euro + 45.000 Euro = ***693.000 Euro***

Gewinn = *2.041.200 Euro – 693.000 Euro =* ***1.348.200 Euro***

Stückdeckungsbeitrag = *63 Euro/Bär – 20 Euro/Bär =* ***43 Euro/Bär***

Fazit: ***Die Preissenkung lohnt sich (insgesamt), obgleich der (Einzel-)Deckungsbeitrag pro Bär sinkt!***

3.4 Anwendungsgebiete der Deckungsbeitragsrechnung

Die Teilkostenrechnung bzw. die Deckungsbeitragsrechnung ist ein wichtiges Controllinginstrument zur Vorbereitung und Unterstützung der Unternehmensleitung bei unternehmerischen Entscheidungen:

1. **Teilkostenrechnung als Entscheidungshilfe bei Betriebsschließungen**
   Hierzu wird auf die Überlegungen in Kap. 3.3 (siehe dort das dritte Beispiel zur Badeanstalt) verwiesen. Die Teilkostenrechnung hilft in diesen Zusammenhängen, Fehlentscheidungen aufgrund unbeachteter Fixkostenremanenz zu vermeiden.
   Die Teilkostenrechnung lässt sich auch auf zwei weitere betriebliche Entscheidungssituationen übertragen, nämlich die Entscheidung über die Übernahme von Aufträgen bei freien Kapazitäten (eigener Beschäftigungsgrad unter 100 %) und die Entscheidung über (wenigstens teilweisen) Fremdbezug oder (völliger) Eigenerstellung (**„*Make-or-buy*-Entscheidungen"**).
2. **Teilkostenrechnung als Entscheidungshilfe bei Übernahme von Zusatzaufträgen**
   Eine Übernahme von Aufträgen bei freien Kapazitäten zu Preisen, welche unterhalb des derzeitigen Verkaufspreises liegen (Zusatzaufträge), ist nur dann sinnvoll, wenn die Erlöse für diese Aufträge zumindest die variablen (Stück-)Kosten decken (zur Erreichung der – kurzfristigen – Preisuntergrenze). Jeder zusätzliche Auftrag erwirtschaftet (wenn der Verkaufspreis über den variablen (Stück-)Kosten liegt) einen Deckungsbeitrag zur Deckung der ohnehin anfallenden fixen Kosten. Es handelt sich auch hier nur um eine kurzfristige Betrachtungsweise. Die **Annahme eines Zusatzauftrages empfiehlt sich** stets dann, wenn sein Preis mindestens die variablen (Stück-)Kosten deckt, im besseren Fall sogar über den variablen (Stück-)Kosten

liegt, und ist – im Sinne der Arbeitsplatzerhaltung und Unternehmenssicherung – *stets* zu befürworten.
Geht man davon aus, dass bei Annahme eines Zusatzauftrags bisher verkaufte Produkte verdrängt werden („Engpasssituation“: die zur Verfügung stehende Kapazität reicht (hier: für den Zusatzauftrag) nicht aus), müssen die dadurch entgehenden (Stück-)Deckungsbeiträge (im Sinne von Opportunitätskosten) kompensiert werden.

3. **Teilkostenrechnung als Entscheidungshilfe bei unternehmerischen *Make-or-buy*-Entscheidungen (Eigenfertigung oder Fremdbezug)**
Bei Entscheidungen über einen **Fremdbezug** von Waren und Dienstleistungen **oder Eigenerstellung** (z. B. Druckerzeugnisse aus Hausdruckerei oder Fremdbezug, med. Konsiliaruntersuchungen im eigenen Haus, in einer fremden Klinik oder bei niedergelassenen Ärzten) sind die variablen Kosten der Eigenerstellung mit den Preisen für den Fremdbezug zu vergleichen.
Bei Fremdbezug stellen die variablen Kosten den Kostenbetrag dar, der bei Aufgabe der Eigenerstellung entfiele. Dieser ist mit dem zu zahlenden Preis zu vergleichen. Liegt der zu zahlende Preis unter den variablen Kosten (z. B. für Druckerzeugnisse in einer Kommunalverwaltung oder für Röntgenaufnahmen in einem kommunalen Krankenhaus), so kann die Fremdvergabe sinnvoll sein, weil die fixen Kosten unabhängig von Eigenerstellung oder Fremdbezug anfallen. Die entfallenden variablen Kosten sind höher als der zu zahlende Preis. Auch dies ist natürlich nur eine kurzfristige Betrachtungsweise, denn auf Dauer müssen nichtgenutzte fixe Kosten selbstverständlich abgebaut werden.[4]
4. **Teilkostenrechnung als Entscheidungshilfe bei der Bestimmung eines optimalen Produktionsprogramms**
Hier geht es um die Ausrichtung der Produktion in einem Mehrproduktunternehmen auf die rentabelsten Erzeugnisgruppen; die Rangfolge der Herstellung richtet sich nach der Höhe des erwirtschafteten (bei freien Kapazitäten: absoluten, in einer Engpasssituation: relativen, d. h. auf die benötigten Leistungseinheiten in der Engpassstelle bezogenen) (Stück-)Deckungsbeitrags.

Beispiel:
Es können zwei Produkte erstellt werden, die beide einen Stückdeckungsbeitrag von 10 Euro erwirtschaften. Das eine Produkt benötigt 10 min, das andere 5 min in der Produktion. Die zur Verfügung stehende Produktionszeit reicht nicht aus zur Produktion beider Produkte. Man berechnet daher den relativen (Stück-) Deckungsbeitrag, hier also 10 Euro/10 min = 1 Euro/min und 10 Euro/5 min = 2 Euro/min Das Produkt mit dem höchsten relativen (Stück-)Deckungsbeitrag wird favorisiert.

4 Für eine Untersuchung der Thematik umfassender produktbezogener *Make-or-buy*-Entscheidungen und deren Einfluss auf die langfristige Wettbewerbsfähigkeit einer Unternehmung mit Fallstudien aus der Industrie vgl. *Irle, Christof*: Rationalität von Make-or-buy-Entscheidungen in der Produktion (= Band 42 der Schriften des Centers for Controlling and Management (CCM), hrsg. von Professor Dr. Dr. h. c. Jürgen Weber, WHU – Otto-Beisheim-School of Management, Vallendar), Wiesbaden 2011.

3.5 Deckungsbeitragsrechnung auf der Basis relativer Einzelkosten

Der Deckungsbeitragsrechnung auf der Basis relativer Einzelkosten liegt eine andere Einteilung der Gesamtkosten zugrunde als dem *Direct Costing*. Es geht hier nicht um eine Unterscheidung von fixen und variablen Kosten, sondern um die **Trennung von Einzel- und Gemeinkosten**.

Zunächst ist eine **Kostenspaltung** der Gesamtkosten in Einzelkosten (EK) und Gemeinkosten (GK) durchzuführen (K_{ges} = EK + GK).

Da Gemeinkosten für mehrere **Bezugsgrößen** (Kostenträger, Dienstleistungen etc.) entstehen, werden sie im Rahmen der Deckungsbeitragsrechnung auf der Basis relativer Einzelkosten bei einer übergeordneten Größe als (relative) „Einzelkosten" erfasst bzw. zugerechnet, weil die Unterscheidung zwischen Einzel- und Gemeinkosten „relativ" in Abhängigkeit von der jeweils ausgewählten Bezugsgröße ist.

Ein erstes praktisches Beispiel:
*Entstehen bei einem **Desinfektionsgerät** in einem Klinikum, das ausschließlich für die Herstellung des Produktes/der Dienstleistung X verwandt wird, Wartungskosten, so können diese als Einzelkosten der Dienstleistung X verrechnet werden.*

*Wird das Desinfektionsgerät hingegen für die Herstellung zweier Produkte, z. B. der beiden Produkte X und Y eingesetzt, so werden die Wartungskosten zu **Gemeinkosten** der Erzeugnisse **X** und **Y**, so dass die Wartungskosten erst bei einer übergeordneten Bezugsgröße als „relative Einzelkosten" verrechnet werden können. In einem solchen Fall könnte man die Erzeugnisgruppe, die aus den beiden Produkten X und Y besteht, als gemeinsame Bezugsgröße benutzen und die Wartungskosten entsprechend weitgehend verursachungsgerecht zuordnen.*

Bei der **Deckungsbeitragsrechnung auf der Basis relativer Einzelkosten** wird für jeden (Teil-)Betrieb oder zum Beispiel für jede Abteilung eine **Bezugsgrößenhierarchie** gebildet, welche von dem Gesamtbetrieb bis hin zu den einzelnen Produkten bzw. Dienstleistungen reicht. Auf dieser Basis sind dann die angefallenen Kosten denjenigen Bezugsgrößen zuzurechnen, bei denen sie zum ersten Mal Einzelkosten darstellen. Bei einer **hierarchischen Gliederung und Zurechnung** könnten dann alle Kosten als (relative!) „Einzelkosten" verrechnet werden, so dass man auf die in der Vollkostenrechnung übliche Schlüsselung der Kosten verzichten kann. Die Ermittlung des Betriebsergebnisses wird, wie bei der Deckungsbeitragsrechnung üblich, stufenweise durchgeführt, indem – ausgehend von den Erlösen – auf den einzelnen Hierarchiestufen die passenden Einzelkostenbeträge in Abzug gebracht werden, die Deckungsbeiträge (Erlöse minus Einzelkosten) stufenweise ausgewiesen werden und schließlich das Periodenergebnis errechnet wird.

Bei dem folgenden **Beispiel aus einem kommunalen Krankenhaus** (es könnten ebenso Abteilungen oder Ämter einer Verwaltung oder die Abteilungen eines Rundfunksenders sein) besteht die Bezugsgrößenhierarchie aus den drei Stufen „Klinika", „Gebäude" und (Gesamt-)„Krankenhaus"; für alle Stufen werden jeweils Einzelkosten ausgewiesen und die Deckungsbeiträge resp. das Nettoergebnis ermittelt.

Beispiel:
Einzelkosten für beide Krankenhausgebäude und das Krankenhaus insgesamt:

Einzelkosten Altbau (= Gebäude A):	*292.500 €(Innere und Gynäkologie)*
Einzelkosten Neubau (= Gebäude N):	*457.000 €(Chirurgie und Urologie)*
Gemeinsame Einzelkosten für beide Gebäude (A und N):	*1.000.000 €(beide Gebäude: A + N) (eigentlich: Gemeinkosten!)*
gesamte Einzelkosten für die Gebäude:	*1.749.500 €*

Tabelle 8: Ausgangszahlen der einzelnen Klinika

Klinikum *(Abteilung)*	***Erlöse (in €)***	***Relative Einzelkosten der Klinika (in €)***
Chirurgie	*2.100.000*	*1.365.000*
Gynäkologie	*730.000*	*455.000*
Innere Klinik	*1.250.000*	*812.500*
Urologie	*975.000*	*617.500*
	5.055.000	***3.250.000***

Tabelle 9: DB-Rechnung auf Basis relativer Einzelkosten (nach Riebel)

(alle Beträge in Euro)	***Gebäude A („Altbau“)***		***Gebäude N („Neubau“)***		***Summen (in €)***
	Innere Klinik	***Gynäko-logie***	***Chirurgie***	***Urologie***	
Erlöse	***1.250.000***	***730.000***	***2.100.000***	***975.000***	***5.055.000***
– ***rel. Einzelkosten der Klinika***	*812.500*	*455.000*	*1.365.000*	*617.500*	*3.250.000*
Deckungsbeitrag I	***437.500***	***275.000***	***735.000***	***357.500***	***1.805.000***
– ***rel. Einzelkosten der Gebäude A und N***	*292.500*		*457.000*		*749.500*
= ***Deckungsbeitrag II***	***420.000***		***635.500***		***1.055.500***
– ***rel. Einzelkosten des ges. Krankenhauses***	*1.000.000*				*1.000.000*
= ***Nettoergebnis (DB III)***	--		--		***55.500***

Verständnisfragen: *Wie hoch liegen die gesamten Kosten des Krankenhauses? (Etwa bei 4.999.500?) Rentabilität? Umsatzrentabilität?*

DB-Rechnung auf der Basis relativer Einzelkosten (nach Prof. Riebel)
Ein **erster Vorteil** dieses Verfahrens gegenüber der „klassischen“ Deckungsbeitragsrechnung *(Direct Costing)* besteht darin, dass die Kosten nicht bloß nach dem Kriterium „Beschäftigung“ gegliedert werden, sondern die Möglichkeit besteht, Einzelkosten für jeden Kostenverursachungsprozess und jede hierarchische Ebene zu ermitteln.

Der **zweite Vorteil** dieses Verfahrens ist die Möglichkeit, die Bezugsgrößenhierarchie *entsprechend der Aufbauorganisation* (d. h. der hierarchischen Gliederung des Betriebes) und den Verantwortungsbereichen des Betriebes, z. B. Krankenhäuser oder Betriebe der öffentlichen Verwaltung, gliedern zu können, um (hoffentlich!) alle Kosten eindeutig den tatsächlich zuständigen Kostenstellenverantwortlichen zuordnen zu können.

Ein **dritter Vorteil** ist darin zu sehen, dass man – wegen des Verzichts auf Kostenschlüsselungen und -umlagen – Willkür und subjektive Einflüsse bei der Kostenverrechnung in engeren Grenzen halten kann.

Zweifel bezüglich der Aussagekraft von Teilkostenrechnungen sind vor allem dann angebracht, wenn bei den ersten Bezugsgrößen bzw. Produkten/Dienstleistungen zu wenige Kosten direkt zugerechnet werden können; je größer die übrigbleibenden Kostenblöcke, desto mehr leidet die Aussagekraft.

Ein zweites praktisches Beispiel (mit relativen Einzelkosten): Anwendung der Deckungsbeitragsrechnung bei der Semesterplanung einer Fortbildungsakademie[5]

Die Fortbildungsakademie für gehobene und höhere Beamte eines Bundeslandes möchte einen neuen Semesterplan ausarbeiten. Das Wintersemester dauert 16 Wochen. Im Fach Informationstechnologie (IT) könnte es organisatorische Probleme geben, weil der IT-Übungsraum zur Verbesserung der Raumausnutzung und zur Erhöhung der Einnahmen halbtags schon für einen dreijährigen Zeitraum an eine nahegelegene Privathochschule vermietet ist, weshalb für die Fortbildungsakademie in den kommenden Semestern nur noch 256 frei belegbare Stunden übrigbleiben. Im IT-Übungsraum befinden sich genau 16 Übungsplätze.

Geplant ist es, folgende Weiterbildungskurse zu folgenden Kursgebühren anzubieten (vgl. Tabelle 10):

Tabelle 10: Kursübersicht einer Fortbildungsakademie

Kursbezeichnung	***Anzahl Plätze***	***Dauer in Stunden***	***Gebühr/ Teilnehmer***
Grundkurs	*32*	*64*	*90,00 €*
Fortgeschrittene	*16*	*64*	*170,00 €*
Spezialkurs	*16*	*32*	*110,00 €*
Supervisor-Seminar	*8*	*16*	*115,00 €*

Für den Grundkurs wird eingeplant, dass stets zwei Teilnehmer gemeinsam an einem PC arbeiten können. Die Fortbildungsakademie rechnet mit dem Zustandekommen folgender Kurszahlen:

5 Beispiel in enger Anlehnung an *Odenthal, Franz Willy*: Planung des Semesterprogramms der VHS, in: Deutsche Verwaltungs-Praxis (DVP), 12/2002, S. 510–512.

Tabelle 11: Kurse und Kurszahlen

Kursbezeichnung	***Anzahl***
Grundkurs	*5*
Fortgeschrittene	*3*
Spezialkurs	*2*
Supervisor-Seminar	*4*

Alle IT-Kurse werden nicht von hauptamtlichen Lehrkräften gehalten, sondern von Lehrkräften, die für den jeweiligen Kurs einen Lehrauftrag erhalten. Pro Stunde wird ein Stundensatz von 40,00 € bezahlt; nur für das Supervisor-Seminar wird ein erhöhter Stundensatz von 50,00 € gezahlt. Weitere Einzelkosten sind vernachlässigbar gering. Über die Gemeinkosten liegen keine ausgewerteten Informationen vor.

Erarbeiten Sie das Semesterlehrprogramm unter kostenrechnerischen Gesichtspunkten!

Zunächst erscheint es zur Schaffung einer Ausgangsbasis sinnvoll, die je nach Kurs erreichbaren Erlöse zu ermitteln. Sie ergeben sich jeweils aus der Multiplikation der Teilnehmer mit der pro Teilnehmer zu entrichtenden Gebühr (vgl. Tabelle 12):

Tabelle 12: Erreichbare Planerlöse

Kursbezeichnung	***Plätze***	***Dauer in Stunden***	***Preis pro Teilnehmer***	***Kurserlös***
Grundkurs	*32*	*64*	*90,00 €*	*2.880,00 €*
Fortgeschrittene	*16*	*64*	*170,00 €*	*2.720,00 €*
Spezialkurs	*16*	*32*	*110,00 €*	*1.760,00 €*
Supervisor-Seminar	*8*	*16*	*115,00 €*	*920,00 €*

In einem nächsten Schritt wären die variablen Kosten pro Kurs zu ermitteln. Sie ergeben sich als Produkt aus Stunden mal den Kosten der Lehrkraft pro Stunde.

Tabelle 13: Ermittlung der variablen Kosten pro Kurs.

Kosten pro Lehrkraft	***pro Stunde***	***pro Kurs***
für Anfänger	*40,00 €*	*2.560,00 €*
für Fortgeschrittene	*40,00 €*	*2.560,00 €*
für Spezialkurs	*40,00 €*	*1.280,00 €*
für Supervisor-Seminar	*50,00 €*	*800,00 €*

In einem weiteren Schritt ist eine ***Prioritätenliste*** *anzulegen, aus der hervorgeht, welchen Kursen welche Priorität zugeteilt wird. Hierzu gibt es mehrere Möglichkeiten bzw. Modi zur Verteilung.*

Zur ***Gesamtbeurteilung*** *sollte dann auch der erreichbare Deckungsbeitrag, also die Differenz zwischen Erlösen und variablen Kosten ermittelt werden. Dabei wird erkannt, dass nur ein bestimmtes Verfahren das optimale Programm ergibt.*

Verteilungsmodus Nr. 1: Vergabe der Prioritäten nach der Höhe des Erlöses pro Kurs

Der Grundkurs liefert den höchsten Erlös, also wird er mit der höchsten Priorität versehen. Nach der Absatzschätzung könnten fünf Kurse abgesetzt werden. Die verfügbare Kapazität von 256 Stunden ist jedoch bei vier Kursen bereits erschöpft. Es ergibt sich ein möglicher Deckungsbeitrag in Höhe von 1.280 €.

Tabelle 14: Vergabe nach Maßgabe der Erlöse/Kurs und des Gesamt-DBs (in Euro)

Planung nach Maßgabe des Erlöses	***Erlöse***	***Einzel-kosten***	***Priorität***	***Anzahl Kurse***	***Belegte Kapazität in Std.***	***Deckungs-beitrag***
Grundkurs	*2.880,00*	*2.560,00*	*1*	*4*	*256*	*1.280,00*
Fortgeschrittene	*2.720,00*	*2.560,00*	*2*		*0*	*0,00*
Spezialkurs	*1.760,00*	*1.280,00*	*3*		*0*	*0,00*
Supervisor-Seminar	*920,00*	*800,00*	*4*		*0*	*0,00*
Summe					***256***	***1.280,00***

Verteilungsmodus Nr. 2: Vergabe der Prioritäten nach der Höhe des Deckungsbeitrags pro Kurs

Die nächste Möglichkeit besteht in der Vergabe der Prioritäten nach dem Deckungsbeitrag, den ein Kurs liefert. Bei diesem Entscheidungskriterium ist der Spezialkurs, der den höchsten Deckungsbeitrag liefert, mit der höchsten Priorität zu versehen. Von diesem Kurs werden zwei Kurse angeboten, weil die Absatzprognose nur zwei Kurse vorsieht. Der erzielbare Deckungsbeitrag steigt auf 1.920 €.

Tabelle 15: Ermittlung der Prioritäten nach Maßgabe des DBs pro Kurs (in Euro)

Planung nach Maßgabe der DB/ Kurs	***Erlös***	***Variable Kosten***	***De-ckungs-beitrag***	***Prio-rität***	***An-zahl Kurse***	***Belegte Kapazi-tät (in Std.)***	***De-ckungs-beitrag***
Grundkurs	*2.880,00*	*2.560,00*	*320,00*	*2*	*3*	*192*	*960,00*
Fortge-schrittene	*2.720,00*	*2.560,00*	*160,00*	*3*		*0*	*0,00*
Spezial-kurs	*1.760,00*	*1.280,00*	*480,00*	*1*	*2*	*64*	*960,00*
Super-visor-Seminar	*920,00*	*800,00*	*120,00*	*4*		*0*	*0,00*
Summe						***256***	***1.920,00***

***Die Lösung ist aber noch nicht optimal**, weil unberücksichtigt bleibt, wie der Engpass belastet wird.*

Verteilungsmodus Nr. 3: Vergabe der Prioritäten nach der Höhe des Deckungsbeitrags pro Stunde
*Die **optimale Lösung liefert der relative Deckungsbeitrag je belegte Stunde des Engpasses** als Entscheidungskriterium. Er wird als Differenz des Erlöses pro Stunde minus variable Kosten pro Stunde ermittelt. Nach den vergebenen Prioritäten sind zwei Spezialkurse, vier Supervisor-Seminare und zwei Grundkurse abzuhalten, **dann** wird die vorhandene Kapazität voll ausgeschöpft, und es kann ein **Gesamtdeckungsbeitrag** in Höhe **von 2.080 €** erreicht werden.*

Tabelle 16. Relative und Gesamt-Deckungsbeiträge

Planung auf Basis der relativen DB-Rechnung	***Erlös je Stunde[1]***	***Einzelkosten (je Stunde)***	***relativer DB/Std.***	***Priorität***	***Anzahl Kurse***	***Belegte Kapazität (in Std.)***	***Deckungsbeitrag insg.***
Grundkurs	*45,00 €*	*40,00 €*	*5,00 €*	*3*	*2*	*128*	*640,00 €*
Fortgeschrittene	*42,50 €*	*40,00 €*	*2,50 €*	*4*		*0*	*0,00 €*
Spezialkurs	*55,00 €*	*40,00 €*	*15,00 €*	*1*	*2*	*64*	*960,00 €*
Supervisor-Seminar	*57,50 €*	*50,00 €*	*7,50 €*	*2*	*4*	*64*	*480,00 €*
Summe						***256***	***2.080,00 €***

Anmerkung 1:
Der Erlös pro Stunde berechnet sich aus Erlös pro Teilnehmer/Kurs mal Teilnehmerzahl (bzw. Plätze) dividiert durch Stundenzahl. So ergibt sich beispielsweise für den Grundkurs:

90 Euro/Teilnehmer mal 32 Teilnehmer/Kurs durch 64 Stunden/Kurs = ***45 Euro/Std.***

3.6 Plankostenrechnung und Grenzplankostenrechnung

Die Plankostenrechnung dient der Ermittlung und der Vorgabe der Kosten einer zukünftigen Abrechnungsperiode, um möglichst verlässliche Sollwerte (Plankosten) für den Kostenvergleich vorzugeben, mit denen dann die Ist-Kosten verglichen werden.

Plankosten sind solche Kosten, bei denen die Mengen, Preise und Zeitansätze der Produktionsfaktoren, die man für eine geplante Ausbringung benötigt, **geplante Grö-**

ßen sind.[6] Bei der Festlegung der Plankosten geht man nicht (nur) von Vergangenheitswerten aus, sondern man bezieht sich auf betriebswirtschaftliche Überlegungen, produktionstechnische Berechnungen und Verbrauchsmessungen. Plankosten besitzen den Charakter von **Vorgaben**, die auf der Basis eines angestrebten optimalen Betriebsverlaufes für die jeweilige Planungsperiode determiniert werden.

Die Plankostenrechnung erleichtert die Kosten- und Wirtschaftlichkeitskontrolle und die Fundierung weiterer Entscheidungen im Managementbereich. Gerne wird mit **Soll-Ist-Vergleichen** gearbeitet, bei denen die Ist-Kosten mit den Plankosten verglichen werden. Abweichungen werden kontrolliert und analysiert, um Preis-, Verbrauchs- und Mengenabweichungen zu einer Überwachung und Steuerung der Kosten bzw. der Kostenentwicklung ermitteln zu können.

3.6.1 Starre Plankostenrechnung

Starre Plankostenrechnung:
Plankosten werden nur für einen (einzigen!) Beschäftigungsgrad, nämlich für eine feste, meist durchschnittliche, „Plan-Beschäftigung" berechnet; auch sämtliche anderen Einflussgrößen auf die Kostenhöhe, z. B. die Produktionsverfahren, die Qualität des Personals oder der Produktionsfaktoren werden rechnerisch konstant gehalten (Abweichung Plan – Ist = **Gesamtabweichung**).

Das Verfahren der starren Plankostenrechnung ist wegen seiner einfachen wie schnellen Handhabung beliebt, allerdings ist es nur dann anwendbar, wenn die Plan-Beschäftigung wenigstens in etwa der Ist-Beschäftigung entspricht oder allenfalls kurzfristige und geringfügige Abweichungen vorliegen. **Nachteilig** ist die fehlende Aufteilung in fixe und variable Kostenbestandteile. Bei der Abweichungsanalyse werden die fixen Kosten durch Bilden eines Plan-Kalkulations-satzes proportionalisiert. Tatsächlich ist eine klare Kostenkontrolle nicht möglich, weil die Abhängigkeit der Kosten vom Beschäftigungsgrad (= der kapazitativen Auslastung) der Unternehmung nicht berücksichtigt wird.

Praxisbeispiel: Pflegesatzvereinbarungen für Krankenhäuser
*Die **starre Plankostenrechnung** wird nach folgendem **Phasenschema** durchgeführt:*

- ***Kostenstellenbildung*** *(z. B. nach Abteilungen, Zuständigkeiten)*

↓

- ***Bezugsgrößenwahl*** *(Bezugsgröße der Kostenverursachung, z. B. Arbeitsstunden oder Maschinenlaufstunden)*

↓

6 Vgl. hierzu *Haberstock, Lothar*: Kostenrechnung II: (Grenz-)Plankostenrechnung mit Fragen, Aufgaben und Lösungen, bearbeitet von Volker Breithecker, 10., neu bearbeitete Aufl., Berlin 2008, *passim*.

- ***Bestimmung der Plan-Beschäftigung*** *(Beschäftigungsgrad, durchschnittliche Plan-Beschäftigung und Quantifizierung durch eine Planbezugsgrößenmenge)*

↓

- ***Festlegung*** *(zur Ermittlung von Plankalkulationen für alle Produkte oder Dienstleistungen einer Unternehmung/ einer Verwaltung)*

↓

- ***Abweichungsanalyse*** *Am Ende stets durchzuführen: eine **Analyse objektiver Abweichungsursachen**, wie z. B. Schadensfälle und höhere Gewalt, unvorhersehbare Marktänderungen auf Beschaffungs- und Absatzmärkten und Übernahme nicht eingeplanter (Zusatz-)Aktivitäten bzw. Verwaltungsaufgaben, **oder**: eine **Analyse subjektiver Abweichungsursachen**, wie z. B. Planungsfehler, nicht hinreichende Qualifizierung des Personals (etwa wegen fehlender Aus- und Weiterbildung), Organisationsmängel (etwa zu weit getriebene Arbeitsteilung oder Spezialisierung).*[7]

Hierzu ein einfaches Rechenbeispiel aus einer starren Plankostenrechnung:

Ist-Situation:

Kosten je Stück:	*6 €*
Inputmenge:	*2.200 Stück*
Istkosten:	*13.200 €*

(Angestrebte) Plan-Situation:

Kosten je Stück:	*5 € (–1 Euro)*
Inputmenge:	*2.000 Stück (–200 St.)*
Plankosten:	*10.000 € (–3.200 €)*

Tabelle 17: Abweichungsanalyse bei starrer Plankostenrechnung

	Plangröße	***Istgröße***	***Abweichung***
Kosten je Stück	*5 €*	*6 €*	*1 €*
Menge	*2.000*	*2.200*	*200*
Gesamtkosten	***10.000 €***	***13.200 €***	***3.200 €***

Gesamtabweichung: ***3.200 €***

7 Vgl. *Bachmann, Peter*: Controlling in der öffentlichen Verwaltung. Grundlagen, Verfahrensweisen, Einsatzgebiete, 2. Aufl., Wiesbaden 2009, S. 154–156.

*Wichtig für die Praxis ist eine Aufteilung der Gesamtabweichung in einen **Preiseffekt** und einen **Mengeneffekt.***

Hierzu eine graphische Darstellung der Preisabweichung (PAW) und der Mengenabweichung (MAW) am Beispiel eines beliebigen Produktions- oder Dienstleistungsbetriebs:

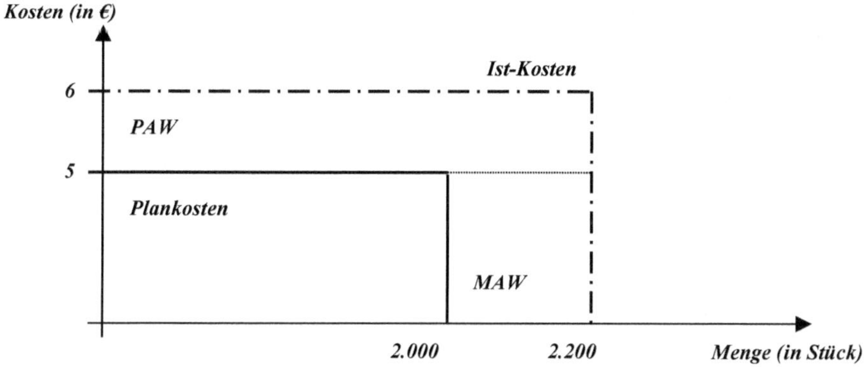

Abb. 8: Preis- und Mengeneffekt (starre Plankostenrechnung)

*Das kleinere (innere) Rechteck der Abbildung umfasst die **Plankosten**; das äußere (größere und gestrichelte) Rechteck stellt die Situation der **Ist-Kosten** dar.*

*Die **Preisabweichung (PAW)** ergibt sich als:*

***PAW** = (Ist-Preis minus Planpreis) × Ist-Menge, hier also:*

PAW** = (6 €/St. – 5 €/St.) × 2.200 St. = **2.200 €

Wenn die PAW auch den Teil zwischen Planmenge und Ist-Menge einschließt, dann erübrigt sich die Ermittlung und Aufteilung einer Abweichung höheren Grades. Außerdem macht die obige Berechnungsmethode es für die flexible Plankostenrechnung einfacher.

*Die **Mengenabweichung (MAW)** ergibt sich als:*

***MAW** = (Ist-Menge – Planmenge) × Planpreis, hier also:*

MAW** = (2.200 St. – 2.000 St.) × 5 €/St. = **1.000 €

*Beide zusammen (PAW + MAW) ergeben die **Gesamtabweichung** (GAW) i. H. v. **3.200,00 Euro**.*

Eine Anwendung der starren Plankostenrechnung (einschließlich Abweichungsanalyse) ist nur dann sinnvoll, wenn die Ist-Beschäftigung gleich der Plan-Beschäftigung ist. Eine zwischen Ist-Kosten und Plankosten entstehende Über- oder Unterdeckung lässt keine Aussage zur Wirtschaftlichkeit zu, weil keine Umrechnung auf die tatsächliche Beschäftigung erfolgt. Bei der starren Plankostenrechnung kann nur festgestellt werden, ob es eine Abweichung gibt, die man zwar mit Blick auf einen Preis- und einen Mengen-Effekt (wie oben dargestellt) unterteilen kann, allerdings ohne dass man dadurch eine Aussage bezüglich der Wirtschaftlichkeit treffen könnte.

In der starren Plankostenrechnung erfolgt (wie gesehen) keine Aufteilung der Kosten in variable und fixe Kostenbestandteile. Da mithin keine Soll-Kosten (auf welche im folgenden Kap. 3.6.2 einzugehen sein wird) vorliegen, können weder eine Beschäftigungs- noch eine Verbrauchabweichung berechnet werden. Eine genauere Analyse ist nur bei der flexiblen Plankostenrechnung möglich.

3.6.2 Flexible Plankostenrechnung auf Vollkostenbasis

Flexible Plankostenrechnung:
Durch die Trennung in fixe und variable Kosten wird es möglich, Plankosten für verschiedene Beschäftigungsgrade (**Soll-Kosten** = $K_{fix} + k_v \times x_i$) zu bestimmen.
Mit der **flexiblen** Plankostenrechnung ermittelt man nicht nur die Plankosten für einen bestimmten Beschäftigungsgrad, sondern man stellt die Veränderung jeder einzelnen Kostenart in Abhängigkeit von der Beschäftigung als lineare Funktion dar, denn auf diese Weise können für den Soll-Ist-Vergleich die Beschäftigungsabweichungen vollständig eliminiert werden.

Bei der flexiblen Plankostenrechnung werden neben den Plankosten auch noch **„Soll-Kosten"**, nämlich Plankosten, welche auf die Ist-Beschäftigung umgerechnet werden (bzw. Plankosten, die nach Maßgabe von Ist-Beschäftigungsgraden ermittelt wurden), berechnet. Voraussetzung der Ermittlung der **Soll-Kosten** ist zunächst eine Kostenspaltung (Trennung der Plankosten in fixe und variable Kostenbestandteile), weil nur die variablen Kosten auf Änderungen des Beschäftigungsgrades (= Veränderungen der kapazitativen Auslastung) reagieren und innerhalb vorgegebener Kapazitätsgrenzen die Fixkosten von Beschäftigungsschwankungen unabhängig sind.

Die **Soll-Kosten** (als auf die Ist-Beschäftigung umgerechnete Plankosten) werden wie folgt berechnet:

$$\textbf{Soll-Kosten} = \text{Plankosten}_{fix} + \frac{\text{variable Plankosten}}{\text{Plan-Beschäftigung}} \times \text{Ist-Beschäftigung}$$

Unter Beachtung dessen, dass man als Ergebnis der Rechenoperation „variable Plankosten / Plan-Beschäftigung“ den **variablen Plankostenverrechnungssatz** oder **variablen Plankostenkalkulationssatz** erhält:

Soll-Kosten = Plank.$_{fix}$ + var. Plankostenverrechnungssatz × Ist-Beschäftigung

Neben den Soll-Kosten lassen sich die verrechneten Plankosten berechnen. Hierzu berechnet man (wie in der starren Plankostenrechnung) einen Plankostenverrechnungssatz, der auf Vollkostenbasis ermittelt wird. Er beinhaltet mithin variable *und fixe* Kostenbestandteile:

$$\textbf{Plankostenverrechnungssatz} = \frac{\text{Plankosten}}{\text{Plan-Beschäftigung}}$$

bzw.

$$\textbf{Plankostenverrechnungssatz} = \frac{\text{Planmenge} \times \text{Planpreis } \textit{(= Plankosten!)}}{\text{Plan-Beschäftigung}}$$

verrechnete Plankosten = Plankostenverrechnungssatz × Ist-Beschäftigung

Die verrechneten Plankosten sind im Plan-Beschäftigungsgrad identisch mit den Soll-Kosten.

Kostenabweichungen unterschiedlicher Art

Mittels der Plankosten und der jeweiligen Istkosten können nun **fünf Arten von Kostenabweichungen** ermittelt und analysiert werden.

1. **Gesamtabweichung** = Verbrauchsabweichung und Beschäftigungsabweichung
   Berechnung (A_{ges}):

   Gesamtabweichung = Istkosten – verrechnete Plankosten *(dieser Periode)*

   ***(oder auch** (für Klausuren)): Beschäftigungsabweichung + Verbrauchabweichung)*

2. **Verbrauchsabweichung (A_v)** ist Preisabweichung *und* Mengenabweichung.
   Berechnung (A_v):

   Verbrauchsabweichung = Ist-Kosten *(Ist-Menge × Ist-Preis)* – **Soll-Kosten**

3. **Preisabweichungen** ergeben sich, wenn die Planpreise der Einsatzgüter mit den tatsächlichen Preisen dieser Güter nicht übereinstimmen.
   Berechnung (A_P):

   Preisabweichung = Ist-Kosten (***Ist**-Menge × **Ist**-Preis*)
   – ***(tatsächliche)*** **kontrollfähige Ist-Kosten**[8] *(= **Ist**-Menge × **Plan**preis)*

8 Kontrollfähige Ist-Kosten sind mit Planverrechnungspreisen bewertete Ist-Verbräuche, um Preisabweichungen aus der Kostenstellenrechnung herauszurechnen.

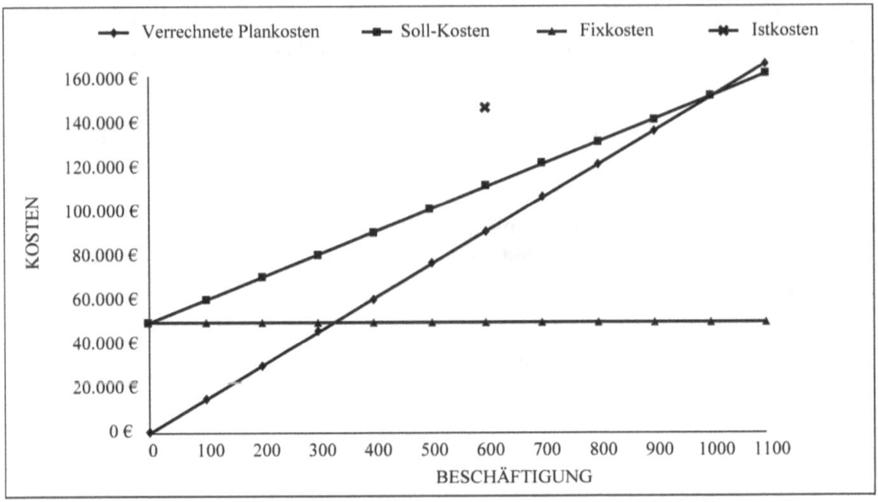

Abb. 9: Flexible Plankostenrechnung auf Vollkostenbasis[9]

4. **Mengenabweichungen** entstehen dann, wenn die geplanten und tatsächlich verbrauchten Faktormengen unterschiedlich hoch sind.
   Berechnung (A_M):

   Mengenabweichung = Input-Plan-Preis × (Input-Ist-Menge – Input-Soll-Menge)

   mit:

   Input-Soll-Menge = Ist-Beschäftigung × Input-Plan-Menge je Stück

   Zusammengefasst also:

   Mengenabweichung = Input-Plan-Preis × (Input-Ist-Menge – Ist-Beschäftigung × Input-Plan-Menge je Stück)

5. **Beschäftigungsabweichungen (*A_B*)** entstehen dann, wenn die **Ist**-Beschäftigung von der **Plan**-Beschäftigung abweicht.
   Berechnung (A_B):

   Beschäftigungsabweichung = Soll-Kosten - verrechnete Plankosten

9 Vereinfachte Abbildung in Anlehnung an: *Liebig, André*: Flexible Plankostenrechnung, Zwönitz 2024 (https://www.kostenrechnung-info.de/flexible_plankostenrechnung.html).

Kurzbewertung der flexiblen Plankostenrechnung auf Vollkostenbasis
Die flexible Plankostenrechnung auf Vollkostenbasis

- trennt Fixkosten und variable Kosten auf Kostenstellenebene,
- ermöglicht die Aufteilung der Gesamtabweichung in eine Verbrauchs- und Beschäftigungsabweichung,
- proportionalisiert jedoch die Fixkosten und ist daher keine Unterstützung für Entscheidungen auf Kostenträgerbasis.

3.6.3 Grenzplankostenrechnung als Weiterentwicklung

Es existiert eine Weiterentwicklung der flexiblen Plankostenrechnung als Teilkostenrechnung, die auch als **„Grenzplankostenrechnung"** bezeichnet wird.

Bei der **Grenzplankostenrechnung** wird sowohl in der Kostenstellen- als auch in der Kostenträgerrechnung eine konsequente Trennung zwischen fixen und variablen Kostenbestandteilen vorgenommen und auf eine Verteilung der fixen Kosten auf die einzelnen Kostenstellen verzichtet (**Verrechnung der Fixkosten *en bloc***). Die Grenzplankostenrechnung ist schon vor fünfzig Jahren von **Plaut** entwickelt und von *Kilger*[10] weiterentwickelt worden (durch Einbeziehung mehrstufiger Deckungsbeiträge).[11] Sie entspricht in ihrer Logik weitgehend der flexiblen Plankostenrechnung auf Vollkostenbasis, verzichtet aber konsequent auf die Berücksichtigung der fixen Kosten, die lediglich als „Periodenkosten" vorgegeben und nicht in die Plankosten einbezogen werden, so dass der Soll-Ist-Vergleich (künstlich) frei von Beschäftigungsabweichungen ist ($A_B = 0$, so dass die Verbrauchsabweichung A_V der Gesamtabweichung A_{ges} entspricht).

Nur die variablen Kosten dienen als Grundlage der Berechnungen in der Kostenträgerrechnung. Die Grenzplankostenrechnung liefert Planinformationen zur Optimierung kurzfristiger Entscheidungen, z. B. Annahme oder Ablehnung von Zusatzaufträgen, optimale Programmwahl, Eigenfertigung oder Fremdbezug und ermöglicht eine wirksame Kostenkontrolle.

Berechnungen in diesem Rechensystem:

$$\textbf{(Variabler) Plankostenverrechnungssatz} = \frac{\text{Variable Plankosten}}{\text{Plan-Beschäftigung}}$$

$$\textbf{Verrechnete Plankosten} = \text{(variabler) Plankostenverrechnungssatz} \times \text{Ist-Beschäftigung}$$

10 Vgl. hierzu im Detail: *Kilger, Wolfang/Pampel, Jochen R./Vikas, Kurt*: Flexible Plankostenrechnung und Deckungsbeitragsbeitragsrechnung, 13. Aufl., Wiesbaden 2012, *passim*.

11 Vgl. *Schild, Ulrich*: Lebenszyklusrechnung und lebenszyklusbezogenes Zielkostenmanagement: Stellung im internen Rechnungswesen, Rechnungsausgestaltung und modellgestützte Optimierung der intertem-poralen Kostenstruktur, Wiesbaden 2005, S. 112.

Wegen der Nichtberücksichtigung der Fixkosten folgt, dass die verrechneten Plankosten den Soll-Kosten entsprechen:

Verrechnete Plankosten = Soll-Kosten

Mithin ist die **Beschäftigungsabweichung** (= Soll-Kosten - verrechnete Plankosten) gleich null.

Die **Verbrauchsabweichung** (= Istkosten - Soll-Kosten) entspricht damit der Kostengesamtabweichung.

Graphisch lassen sich diese Zusammenhänge wie in Abb. 10 veranschaulichen:

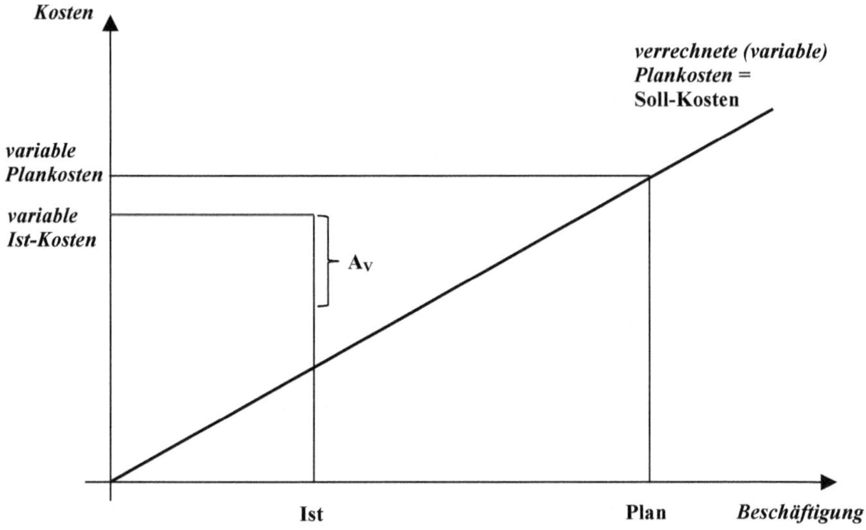

Abb. 10: Grenzplankostenrechnung

Aus den Erkenntnissen der Grenzplankostenrechnung entwickelte sich die Idee des **Fixkostenmanagements**, wie z. B. die Minderung der Kapazität in Prozent durch Abbau bzw. Untersuchungen von Zeiträumen für den Fixkostenabbau (einschließlich jener, die nicht überlebenswichtig sind, aber teils verkappte Sozialleistungen darstellen, wie Sportanlagen oder Schwimmbäder, die vom Management, meistens einem früheren Management, für die Mitarbeiter zur Verfügung gestellt wurden), und auch die Gemeinkostenwertanalyse (vgl. Kap. 3.7.2).

3.7 Zur „Gestaltung“ fixer und variabler Kosten

3.7.1 Fixkostenmanagement

Die Hauptaufgabe eines Kosten- und Erfolgscontrollings ist es, neben einer ohnehin laufenden Erfolgs- und Wirtschaftlichkeitskontrolle Auskunft darüber zu geben, wie flexibel eine Unternehmung auf sich ändernde Marktverhältnisse reagieren kann. Das **Fixkostenmanagement** ist als wichtiges Instrument des operativen und des strategischen Kosten- und Erfolgscontrollings zu betrachten.

Die ständige und rechtzeitige flexible Anpassung an sich permanent und unvermutet ändernde Marktverhältnisse ist die wichtigste Aufgabe des Fixkostenmanagements, durch welches eine passende („stimmige“) Beziehung zwischen den Fixkosten und den zu erbringenden Leistungen gesucht wird. Hierzu bedarf es kapazitativer Anpassungsmaßnahmen, wie z. B. des Abbaus von Fixkosten bis hin zu Produktionseinstellungen bzw. zum Verkauf nicht mehr benötigter Maschinen, Lagerhallen, Grundstücken und Gebäude. Hierzu gehören aber auch Anpassungen in der Lagerhaltung, wie z. B. Produktion auf Vorrat oder eine Produktion *just in time* (vollständiger oder fast vollständiger (evtl. mit „eiserner Reserve“) Verzicht auf Lagerhaltung und damit eine „Verlegung des Lagers auf die Straße“) oder Hinzunahmen von Zusatzaufträgen durch Dritte. Häufig haben Anpassungsmaßnahmen der Fixkosten bzw. des Fixkostenblocks aber auch mit Neueinstellungen oder Entlassungen von Mitarbeitern zu tun.

Das gefährlichste Hindernis eines Fixkostenabbaus ist die **Kostenremanenz**, denn nur mittels einer möglichst guten und langfristig orientierten Aufbau- und Abbaufähigkeit der Fixkosten, und zwar unter Berücksichtigung möglicher Beschäftigungsschwankungen und Produktionsspitzen, lassen sich Kostenremanenzen verringern.

3.7.2 Gemeinkostenwertanalyse (GWA)

Die Gemeinkostenwertanalyse (**GWA**) untersucht die Kostenträgergemeinkosten mit dem Ziel, diese so weit als möglich zu senken; es geht also um das **Erkennen und Entwickeln von Potentialen zur Reduzierung der Gemeinkosten**, z. B. bei Beschaffungskosten, Personalkosten, Verwaltungs- und Vertriebsgemeinkosten.

Die ursprünglich von der Unternehmens- und Organisationsberatung **McKinsey & Company** als Weiterentwicklung der **Overhead-Value-Analysis** konzipierte[12] Gemeinkostenwertanalyse wurde in Deutschland vor allem von dem *Verein Deutscher Ingenieure e. V.* (VDI) und von Unternehmensberatungen gefördert. Sie soll – als Instrument des operativen Gemeinkostencontrollings – ebenfalls dazu dienen, die Kosten und Nutzen der Leistungen in den untersuchten Unternehmensbereichen zu analysieren, um eine deutliche Kosteneinsparung ohne Nutzeneinbußen zu erreichen, und zwar v. a.

12 Vgl. das an den Erfordernissen der Praxis orientierte Buch von *Bezlers, Alfred*: Kommunale Kostenrechnung, Gebührenkalkulation und Controlling: Meine ersten 100 Tage als Controller, Norderstedt 2014, S. 112.

in sogenannten „indirekten Unternehmensbereichen“, wie z. B. in Forschungs- und Entwicklungsabteilungen, Vertriebs- und Verwaltungsabteilungen, in denen nur oder fast ausschließlich Gemeinkosten anfallen.

Die Gemeinkostenwertanalyse (GWA) ist ***kein* Instrument zur laufenden Gemeinkostenplanung und -kontrolle**, sondern sie wird in unregelmäßigen Abständen in Projektform durchgeführt.

Die **Durchführung der GWA** obliegt einem **Wertanalyse-Team** mit folgender idealtypischer Zusammensetzung:

1. **Lenkungsausschuss** (Unternehmensleitung, eventuell mit *externen* Chefberatern),
2. **Projektgruppen („Analyseteams“)**, z. B. für die Bereiche Beschaffung, F&E, Konstruktion, Produktion, Kosten- und Leistungsrechnung, Marketing/Vertrieb, Controlling.

Kritische Bewertung der Gemeinkostenwertanalyse

Die **Gemeinkostenwertanalyse (GWA)** ist ein teures Instrument, mit dem aber große Kostensenkungsziele definiert und erreicht werden können. Dennoch ist bei der Durchführung einer GWA mit heftigen Widerständen in der Belegschaft und von Arbeitnehmervertretern zu rechnen, was eine gute Vorab-Information der betroffenen Mitarbeiter (über Ziele und Inhalte der GWA bzw. des anstehenden GWA-Projektes), des Betriebsrats/Personalrats und anderer Betroffener verhindern kann. Dennoch werden in der Praxis hohe Moderationsanforderungen an die Projektleiter gestellt.

Bei der GWA geht es vor allem um eine Steigerung der Effektivität und Effizienz mittels Senkung der Gemeinkosten von in der Praxis in der Regel zwischen 10 und 20 %[13] (aber die Kündigungen gerade guter Mitarbeiter dürften zunehmen!).

Die GWA lässt sich in allen Leistungsbereichen einer Unternehmung einsetzen.

Die GWA lässt sich von den eigenen Mitarbeitern des Unternehmens ausführen und ist ein praxiserprobtes und methodisch ausgereiftes Instrument zur Kostensenkung, aber kein Instrument für die laufende Kostensenkung bzw. das laufende Kostenmanagement.

3.7.3 Prozesskostenrechnung (Activity Based Costing)

Der erhöhte nationale und internationale Wettbewerbsdruck führt dazu, dass Produktions- und Absatzprogramme zunehmend ungleicher und die Produktionsmengen bzw. der Beschäftigungsgrad (kapazitative Auslastung) als Grundlage für betriebswirtschaftliche Untersuchungen zunehmend unbrauchbarer werden, weil sich die Struktur der Wertschöpfung[14] selbst zunehmend verändert. Gerade auch der steigende Grad der Automatisierung führt dazu, dass die Fix- bzw. Gemeinkosten im Verhältnis zu den variablen Kosten bzw. Einzelkosten immer weiter ansteigen. Zur Proportionalisierung der

13 Vgl. *Bezler, Alfred*: Kommunale Kostenrechnung, Gebührenkalkulation und Controlling: Meine ersten 100 Tage als Controller, Norderstedt 2014, S. 112.

14 Vgl. hierzu: *Coenenberg, Adolf G./Fischer, Thomas M./Günter, Thomas/Brühl, Rolf*: Kostenrechnung und Kostenanalyse, 9., aktualisierte und überarbeitete Aufl., Stuttgart 2024, *passim*.

fixen Gemeinkosten auf einzelne Produkte wurde die Prozesskostenrechnung in den 1990er Jahren verstärkt in Unternehmen der deutschen und österreichischen Industrie eingeführt.

Auf jeden Fall ist und bleibt auch die Prozesskostenrechnung eine Vollkostenrechnung, bei der die Einzelkosten nicht untergehen, deren eigentlicher Verrechnungsgegenstand aber ausschließlich die Gemeinkosten darstellen. Mittels der Prozesskostenrechnung wird versucht, durch Analyse des Betriebsablaufs Teilprozesse und Hauptprozesse mit dem Ziel zu bestimmen, eine tatsächlich verursachungsgerechte Verteilung von Gemeinkosten auf die einzelnen Kostenträger (Produkte oder Dienstleistungen) zu erreichen. Es geht um eine leistungsorientierte Zurechnung der Gemeinkosten durch die Erfassung und Bewertung von Prozessen. Dies ist gerade in Dienstleistungs- und personalintensiven Betrieben wichtig; so machen z. B. im Gesundheitswesen die Gemeinkosten bis zu 95 %[15] der Gesamtkosten aus.[16]

Als **Kostenrechnungssystem**, welches insbesondere für Betriebe bzw. Betriebsbereiche mit einem hohen Anteil der Gemeinkosten an den Gesamtkosten entwickelt wurde (z. B. für die Industrie), handelt es sich um eine Vollkostenrechnung, welche in eine Kostenarten-, eine Kostenstellen- und eine Kostenträgerrechnung gegliedert ist. Die Prozesskostenrechnung ist ein **Kostenrechnungsinstrument**, welches die Kosten in den indirekten Leistungsbereichen, z. B. Beschaffung, Marketing/Vertrieb, durch Verrechnung auf Prozesse (kostenstellen*übergreifend* anstatt auf Kostenstellen) abbildet und eine **verursachungsgerechtere Verteilung** bzw. eine **leistungsgerechte Zuordnung** dieser Gemeinkosten ermöglichen soll und damit zu Effizienzsteigerungen führen kann. Nach der Deutschen Industrienorm *DIN EN ISO 9000:2000* versteht man unter „Prozess“ eine logische Abfolge von Tätigkeiten zur Verwirklichung von (wertschöpfenden) Ergebnissen und Zielen, mithin eine auf die Erbringung eines (bestimmten) Leistungsoutputs gerichtete **Kette von Aktivitäten**.

Die Prozesskostenrechnung wird in **Deutschland** und **Österreich** auch als **„Vorgangskalkulation“** bezeichnet; im englischsprachigen Raum werden die Bezeichnungen **„Activity Based Costing“** und **„Cost Driver Accounting“** verwendet.

Das **Ziel der Prozesskostenrechnung** ist die **Ermittlung prozessbezogener Kostengrößen** als Basis für eine Verteilung der Gemeinkosten auf die Kostenträger. In der Praxis geht es darum, die Gemeinkosten zu planen, aktiv zu steuern, eventuell auch verursachungsgerechter (nach Tätigkeiten und nicht nach Zuschlagssätzen!) in die Kostenträgerrechnung (Kalkulation) zu übernehmen und strategische Impulse zu geben.

Während also die klassische Kostenrechnung drei Stufen (Kostenarten-, Kostenstellen- und Kostenträgerrechnung) kennt, umfasst die Prozesskostenrechnung in der Regel **fünf Stufen der Prozesskostenrechnung**, die sich im Prinzip auf die drei Ur-

---

15 Vgl. *Fleßa, Steffen*: Grundzüge der Krankenhausbetriebslehre, Bd. 2, 2., aktualisierte und überarbeitete Aufl., München 2014, S. 128.

16 Vgl. zur Gemeinkostenproblematik im Gesundheitswesen: *Greiner, Wolfgang/Damm, Oliver*: Die Berechnung von Kosten und Nutzen im Gesundheitswesen, in: Schöffski, Oliver/Graf von der Schulenburg, Johann-Matthias (Hrsg.), Gesundheitsökonomische Evaluationen, 4., vollständig neu überarbeitete Aufl., Heidelberg, Dordrecht, London und New York 2012, S. 23–42.

sprungsstufen der klassischen (industriellen) Kostenrechnung (Kostenartenrechnung, Kostenstellenrechnung und Kostenträgerrechnung) zurückführen lassen:

1. **Kostenartenrechnung,**
2. **Kostenstellenrechnung**[17]**,**
2a. **Teilprozesse,**
2b. **Hauptprozesse und**
3. **Kostenträgerrechnung (Kalkulation).**

Tabelle 18: Prozesse, Kostentreiber und vorherrschende Kostenarten

Prozess	**Kostentreiber**	**dominierende Kostenarten**
Verbandsmaterial bestellen	Anzahl der Bestellungen, der Aus- und Einlagerungsvorgänge *(als Ausdruck und Maßstab der Teilevielfalt)*	Bestellkosten und Personalkosten
Anamnese	Anzahl der Patienten und Zeit	Personalkosten
Hüftgelenk röntgen	Anzahl der Patienten mit Hüftgelenk-verletzungen	Personalkosten und Materialkosten
Implantation eines Hüftgelenkes (TEP)	Anzahl der Patienten für eine Hüftgelenkseinsetzung, Operationslänge, Schweregrad und Dringlichkeitsstufe, z. B. Notfälle	Personalkosten und Materialkosten
Stationäre Pflege	Ärztlicher Dienst, Pflegedienst, Reinigungs-/Desinfektionsdienst	Personalkosten
Endabrechnung nach Entlassung	Anzahl der Patienten	Personalkosten der Abrechnungsabteilung

Nach der Bildung eines Projekt-Teams geht man bei der **Anwendung der Prozesskostenrechnung** in mehreren Schritten vor:

1. **Prozessanalyse:** Für jede einzelne Kostenstelle sind diejenigen Dienstleistungen zu bestimmen, deren Erfüllung der Bereich dient (= **Tätigkeitsanalyse**).
2. **Zuordnung von Kosten zu Prozessen:** Jedem Prozess sind alle von ihm verursachten Kosten zuzuordnen, und es werden sachlich zusammengehörige Teilprozesse zu Hauptprozessen zusammengefasst (im Sinne einer **„Prozesshierarchie“**).
3. **Identifikation der Kostentreiber** (Kostenbezugsgrößen, **„cost drivers“):** Für die einzelnen Prozesse sind die **Kostentreiber,** nämlich jene Faktoren, welche die Inanspruchnahme der entsprechenden Leistungen bestimmen,[18] z. B. Geräte (CT, Durchleuchtung), Filme, Kontrastmittel, und Plan-Prozessmengen zu ermitteln (= **Kosten-Bezugsgrößen**).

17 *De facto* wird die Kostenstellenrechnung hier durch eine Kostenprozessrechnung ersetzt.

18 **Kostentreiber (cost driver)** sind die Schuldigen für die Kostenverursachung im jeweiligen Prozess, also Maßgrößen, die das Kostenvolumen in den betroffenen Kostenstellen treiben. Typische Beispiele: Anzahl der Aus- und Einlagerungsvorgänge, Anzahl der Einzelteile eines Produkts oder Anzahl der Varianten.

4. Prozesskosten-Ermittlung: Mengen- und dann wertmäßige Ermittlung der Prozesskosten, d. h. **Ermittlung der Prozesskostensätze.**

5. Prozesskosten-kalkulation: Schließlich werden die Prozesskosten den Produkten/ Dienstleistungen (den Kosten**trägern**) im Rahmen der Kostenträgerrechnung belastet (Aufbau einer prozessorientierten Kalkulation. Bestehen direkte Bezüge, so können die Kosten prozentual auf die Produkte verteilt werden, z. B. Personalkosten der Klinikleitung).

Zu den **Anwendungsgebieten in der Praxis** gehören z. B. die Kalkulation von gesamten Behandlungsabläufen (*Diagnosis Related Groups (DRGs)*) in Krankenhäusern, einzelnen Teilprozessen, Wirtschaftlichkeitskontrollen und Abweichungsanalysen, und zwar mit folgenden **Vorteilen und Nachteilen der Prozesskostenrechnung:**

- Eine vergleichsweise hohe Kostentransparenz und Verständlichkeit, die eine weitgehend verursachungsgerechte Gemeinkostenverrechnung ermöglicht (Verrechnung auf Basis der Ressourcennutzung).
- Hohe Flexibilität (aber ein wohl enorm hoher Aufwand bei deren Einführung): Eine höhere Variantenvielfalt lässt sich mit der Prozesskostenrechnung verursachungsgerechter abbilden, weil Teilprozesse zugerechnet werden können.
- Möglichkeit der Kalkulation von Istkosten *und* Deckungsbeiträgen.
- (DRGs) in Krankenhäusern mit der Option auf weitere Optimierungen durch schrittweise Erweiterungen und Verfeinerungen.
- In der Praxis stößt die Prozesskostenrechnung auf vielfältige Schwierigkeiten, weil z. B. für einige Gemeinkostenbereiche wiederkehrende Prozesse nur schwer ausgemacht werden können, während gleichzeitig die Zahl der Einzelprozesse in vielen Betrieben bzw. Betriebsbereichen kaum überschaubar ist. Häufig ist auch kein eindeutiger Zusammenhang zwischen Kostentreibermenge und Kostenhöhe bestimmbar, denn leistungsmengenneutrale Gemeinkosten können sehr hoch liegen (z. B. bei den Energiekosten) und das gesamte Ergebnis bzw. Kostenbild verfälschen.
- Auf die Proportionalisierung bestimmter Kostenanteile – der leistungsmengenneutralen Kosten – kann nicht völlig verzichtet werden.
- Die Prozesskosten pro Stück verringern sich mit steigenden Produktionszahlen.
- Da die Prozesskoeffizienten nur Durchschnittswerte darstellen, unterliegen auch Kostensätze der Teilprozesse erheblichen Schwankungen.
- Kritisch ist fernerhin anzumerken, dass die – stillschweigend vorgenommene – Grundannahme, dass stets ein proportionaler Zusammenhang zwischen den Kostentreibern und den verursachten Kosten besteht, nicht zutreffen muss. Kritisieren lässt sich auch die Kostenverteilung leistungsmengenneutraler Prozesse über eine Zuschlagskalkulation und die Tatsache, dass eine Einführung der Prozesskostenrechnung mit einem erheblichen Aufwand (*in praxi* oft ein „*K.-o.-Kriterium*", das gegen die Einführung spricht) verbunden ist.
- In der Praxis führt der erhebliche Einführungsaufwand oft dazu, dass man die vielen Teilprozesse auf nur wenige Hauptprozesse reduziert (verdichtet), so dass es dann

sogar zu einer Rückführung auf „falsche“ Kostentreiber kommt, ähnlich wie bei der Vollkostenrechnung im Vergleich zur mehrstufigen Deckungsbeitragsrechnung[19].

3.7.4 Zero-Base-Budgeting (ZBB)

Ende der 1960er Jahre entwickelte **Texas Instruments Inc.**, ein Hersteller von Halbleitern, Computerbauteilen, Taschenrechnern und Chips in Dallas, Texas, das **Zero-Base-Budgeting**, auch **„Zero-Base-Planning“** oder, auf Deutsch, **„Budgetierung von Grund auf“** genannt.

Zero-Base-Budgeting (ZBB) umfasst einen Budgetierungsvorgang im Sinne eines Analyse- und Planungsprozesses, der zunächst **alles Bestehende grundsätzlich in Frage stellt**, indem von jedem Kostenstellenverantwortlichem gefordert wird, sein Budget vollständig und detailliert – von Grund (**zero base**) auf – zu rechtfertigen. Es ist ein Planungsvorgang, der *keinerlei Bezug mehr zu den Budgets der Vergangenheit aufweist.*

Es geht also um eine **optimale Ressourcenallokation im Unternehmen**, um damit eine bestmögliche Erfüllung des Unternehmenszwecks zu erreichen (Kostensenkungen/ Reallokationen der Ressourcen im Gemeinkostenbereich von weniger wichtigen auf wichtigere Aufgaben – im Sinne einer völligen Neuaufstellung des Budgets!).

Das **Ziel dieses Ansatzes zur Senkung und Steuerung der Gemeinkosten** ist es, die Kosten in den budgetierten Bereichen zu senken (vor allem in verwaltungsintensiven Bereichen mit nur schwer quantifizierbaren Leistungen ohne marktbezogene Einnahmen), indem alle Gemeinkostenbereiche auf ihre Notwendigkeit hin (Wirtschaftlichkeit der Leistungserstellung, Art und Umfang der Leistungen) untersucht und grundsätzlich sogar in Frage gestellt werden.

Man beginnt also nicht bei „normalen“ oder üblichen Zahlen, z. B. den Zahlen des Vorjahres oder den Durchschnittszahlen der letzten zehn Jahre, sondern im Rahmen des *Zero-Base-Budgeting (ZBB)* stets – tatsächlich – bei der **Basis „Null“.**

In der praktischen Anwendung dieses Instrumentes verläuft der Prozess des *ZBB* stets in **drei Hauptphasen**:

1. ***ZBB*-Vorbereitungsphase:**
   Projektorganisation, Auswahl der Projekt-Mitarbeiter sowie Festlegung der zu budgetierenden Untersuchungsbereiche.
2. ***ZBB*-Analysephase:**
   Aufgliederung der Untersuchungsbereiche: Bestimmung von Teilaufgaben in Entscheidungseinheiten, z. B. Mitarbeiter, Kostenstellen, Klinika, Abteilungen, und Ableitung operationaler Teilziele, die aus den strategischen und operativen Unternehmenszielen abgeleitet werden, schließlich Bildung von Entscheidungspaketen.
3. ***ZBB*-Realisierungsphase:**
   Aufstellung einer Rangordnung der Entscheidungspakete, Genehmigung durch den sogenannten „Budgetschnitt“, Maßnahmenplanung, Ableitung der Budgets, Umsetzung und spätere Kontrolle.

19 Vgl. hierzu die „Verwöhnbäder“ im DB-Beispiel der Tabellen 5 bis 8 im obigen Kap. 3.3.

Vereinfachtes Beispiel für eine Zero-Base-Budgetierung:
Im Folgenden soll am Beispiel einer Personalabteilung eine vereinfachte Zero-Base-Budgetierung durchgeführt werden. Als exemplarische Teilaufgaben werden „Personalverwaltung", „Personalplanung" und „Personalentwicklung" definiert. Für jede dieser Teilaufgaben werden drei Leistungsniveaus, nämlich „niedrig", „mittel" und „hoch" definiert.

- ***Leistungsniveau „niedrig"*** *(Basisstufe)* *bedeutet dabei, dass die Aufgaben auf einem niedrigeren Niveau als bisher durchgeführt werden (im Sinne einer bloßen* ***Grundstufe*** *bzw. einer* ***Mindesthöhe der Leistungserfüllung****).*
- ***Leistungsniveau „mittel"*** *(Normalstufe)* *bedeutet: Aufgabenerfüllung wie bisher (entspricht einer* ***„Normalstufe"*** *der Leistungserbringung).*
- ***Leistungsniveau „hoch"*** *(Verbesserungsstufe)* *bedeutet, dass das Leistungsniveau gegenüber der gegenwärtigen Situation (Normalstufe) erhöht wird; es handelt sich daher um eine* ***Verbesserungsstufe****.*

Für jede der definierten Stufen soll nun in der Personalabteilung die kostengünstigste Alternative erstellt werden. Beim Leistungsniveau der Grund- bzw. ***Basisstufe*** *müssten die Kosten aufgrund der Reduzierung der Aufgabenerfüllung geringer sein als die bisher angefallenen Kosten; bei der* ***Normalstufe*** *sollten sie auf Basis von Rationalisierungsbemühungen auch geringer sein als die bisherigen Kosten.*

In der ***Verbesserungsstufe*** *muss von einer Erhöhung der Kosten gegenüber der bisherigen Situation ausgegangen werden. Für die einzelnen Teilaufgaben innerhalb der Personalabteilung ist nun für jedes Leistungsniveau die kostengünstigste Organisation zu ermitteln.*

Eine ***kostengünstigste Organisation*** *wird im Rahmen der Zero-Base-Budgetierung als* ***„Entscheidungspaket"*** *bezeichnet. Es wird davon ausgegangen, dass die Verantwortlichen für die einzelnen Teilaufgaben innerhalb der Personalabteilung ein Interesse daran haben, die kostengünstigsten Verfahren bei jedem Leistungsniveau herauszufinden. Die Chance, dass ihnen tatsächlich Mittel zur Durchführung des Leistungsniveaus zugewiesen werden, z. B. in einem Krankenhaus, oder in einer Leistungsverwaltung, steigt.*

Die nachfolgende Tabelle 19 zeigt die jeweils günstigsten Kosten, die sich bei den einzelnen Teilaufgaben und den unterschiedlichen Leistungsniveaus ergeben:

Tabelle 19: Kosten in Abhängigkeit unterschiedlicher Leistungsniveaus

Teilaufgaben	***Kosten** (in T€) Leistungsniveau „niedrig"*	***Kosten** (in T€) Leistungsniveau „mittel"*	***Kosten** (in T€) Leistungsniveau „hoch"*
Personalverwaltung	*200*	*200 + 50*	*250 + 50*
Personalplanung	*20*	*20 + 20*	*40 + 20*
Personalentwicklung	*150*	*150 + 150*	*300 + 100*

*Nun kann eine **Rangordnung der Entscheidungspakete** durch ein Entscheidungsgremium gebildet werden. In diesem Gremium könnten die Personalabteilung, aber auch die „Abnehmer" ihrer Leistungen (die Leiter der Fachabteilungen) vertreten sein. Für die Bildung einer Rangfolge gilt, dass stets die Grundstufe der jeweiligen Teilaufgabe nachgefragt sein muss, bevor ein höheres Leistungsniveau die Möglichkeit zur Durchführung erhält.*

Die Rangfolge der Entscheidungspakete wird in der nachfolgenden Tabelle beispielhaft wiedergegeben. Wir wollen annehmen, dass in dieser Periode der Personalabteilung ein Budget in Höhe von 600.000 Euro (T € 600) zur Verfügung gestellt wird.

Tabelle 20: Rangordnung der Entscheidungspakete

Entscheidungspakete	***T € Einzelwerte***	***T € kumulierte Werte***
Personalverwaltung niedrig	*200*	*200*
Personalplanung niedrig	*20*	*220*
Personalentwicklung niedrig	*150*	*370*
Personalverwaltung mittel	*50*	*420*
Personalplanung mittel	*20*	*440*
Personalentwicklung mittel	***150***	***590***
Personalverwaltung hoch	*50*	*640*
Personalplanung hoch	*20*	*660*
Personalentwicklung hoch	*100*	*760*

*Die **Budgetschnittlinie** (in der Tabelle die schwarze gestrichelte Linie **bei den Werten 150 bzw. 590**) gibt an, welche Teilaufgaben mit welchem Leistungsniveau als letzte durchgeführt werden können; es ergibt sich dreimal das Leistungsniveau „mittel" (mit 590.000 Euro). In obiger Tabelle verläuft die Budgetschnittlinie **nach** dem Entscheidungspaket „Personalentwicklung mittel", denn dann sind die zur Verfügung stehenden Budgetmittel (T€ 600) fast, abgesehen von einem kleinen Kostenpuffer (10.000 Euro), völlig ausgeschöpft.*

Alle Entscheidungspakete und damit die entsprechenden Teilaufgaben mit den angegebenen Leistungsniveaus bis zu dieser Linie können durchgeführt wer-

den. In unserem Falle könnte mithin durchgängig ein mittleres Leistungsniveau erreicht werden.

Eine Anwendung in der Praxis erscheint immer dort möglich, wo schwer quantifizierbare Leistungen ohne marktbezogene Einnahmen erbracht werden, z. B. in Querschnittseinheiten, aber auch in Facheinheiten.

Auf jeden Fall liegt der **Vorteil des *ZBB*** darin, dass die Unternehmensleitung auf allen Hierarchieebenen zu einer expliziten Definition der Unternehmensziele und der daraus abgeleiteten Ziele gezwungen wird und damit verhindert wird, dass Unwirtschaftlichkeiten „auf ewig“ fortgesetzt werden. Hierbei wird es – wegen des hohen Zeitaufwands für die Durchführung eines *ZBB* – eher um mittel- bis langfristige als um kurzfristige Kosteneinsparungen gehen, daher wäre ein *ZBB* in akuten Krisensituationen kein geeignetes Instrument. Das *ZBB* ist transparent und gut strukturiert, methodisch ausgereift und weniger auf bloße Kostensenkung als auf eine bessere Erfüllung strategischer Ziele hin ausgerichtet, indem alle Gemeinkostenstrukturen erfasst werden.

Andererseits entsteht sicherlich der **Nachteil**, dass es – wegen des Aufbruches „traditioneller“ organisatorischer Strukturen und der gewollten Durchleuchtung aller überlieferten (vielleicht verkrusteten) Gemeinkostenstrukturen – *zu einer erheblichen Unruhe im Unternehmen kommt*, weil tatsächlich „alles“ in Frage gestellt wird und dies den Mitarbeitern nicht immer behagen (und zu einer ungewollten Fluktuation guter Mitarbeiter führen!) dürfte. Dennoch lässt sich die primäre Zielsetzung des *ZBB*, für eine optimale Ressourcenallokation im Unternehmen zu sorgen, den betroffenen Beschäftigten leichter vermitteln als die mitunter drakonischen Kostensenkungsziele einer Gemeinkostenwertanalyse (vgl. den folgenden Abschnitt).

3.7.5 Unterschiede zwischen GWA und Zero-Base-Budgeting

Im Vergleich zur Gemeinkostenwertanalyse ist das *Zero-Base-Budgeting umfassender angelegt*, denn über das Ziel der Gemeinkostensenkung hinaus wird bei dem *Zero-Base-Budgeting* eine optimale Allokation der Ressourcen in den indirekten Unternehmensbereichen angestrebt, um damit eine bestmögliche Erfüllung der Unternehmensziele zu erreichen.

Wie das *Zero-Base-Budgeting* gliedert sich die Gemeinkostenwertanalyse grundsätzlich in **drei Hauptphasen** zur Ermittlung der Ist-Kosten, die dann – entsprechend den Anforderungen des Projektes und den besonderen Vorgaben des Auftraggebers – weiter unterteilt werden können bzw. müssen, nämlich in die

- **Vorbereitungsphase,**
- **Analysephase-** und
- **Umsetzungsphase.**

Der (Gemeinkosten-)**Wertanalyseplan** nach **DIN 1325-1 und DIN 12973 bzw. VDI 2800-2806** sieht **sechs „Grundschritte“** vor, die dann noch jeweils in bis zu **vier**

„Teilschritte" unterteilt werden (1. Vorbereitende Maßnahmen, 2. Ermittlung des Ist-Zustandes, 3. Überprüfen des Ist-Zustandes [z. B. Überprüfung der Kosten und der Leistungserfüllung], 4. Ermittlung von Lösungen, 5. Prüfung der Lösungen, 6. Verwirklichung der Lösungen).

3.7.6 Cost Engineering als kostensenkende Produkt- und Produktionsgestaltung

Einer der effektivsten Hebel zur Senkung der Kosten ist jener der kostensenkenden Produkt- und Produktionsgestaltung (**Cost Engineering**), durch welche bis zu einem Viertel der Kosten gesenkt werden können.

Durch Optimierung der Produktionsprozesse lassen sich (weitere) 15 % und durch Veränderungen der gesellschaftlichen und politischen Rahmenbedingungen – soweit durch ein Unternehmen gestaltbar, und sei es durch die Verlagerung einzelner Produktionsstätten oder des gesamten Unternehmens in andere Länder (*Outsourcing*) – weitere 15 % optimieren.[20]

Durch eine optimale Kooperation der technischen Projektierung und eines wirklich betriebswirtschaftlichen Kostenmanagements mit dem Ziel, schon während des Projektierungsprozesses durch Schaffung und Verbesserung eines Kostenbewusstseins finanzielle Risiken oder mangelnde Wirtschaftlichkeiten im Sinne eines Controllings frühzeitig zu erkennen, lassen sich mithin erhebliche Kosteneinsparungspotentiale realisieren.

Für die Anwendung wissenschaftlicher Methoden und Techniken im Rahmen der Kalkulation (Kostenträgerrechnung), der Wirtschaftlichkeitsanalyse (Investitionsrechnungen) und des Controlling hat sich – mangels einer guten oder besseren Übersetzung – in Theorie und Praxis der Begriff **„Cost Engineering"** etabliert.[21] Die Begriffe „Kostenmanagement" oder „Kostengestaltung" scheinen nur auf einen Teil, nämlich den kaufmännisch-betriebswirtschaftlichen des Begriffsinhalts des Begriffs „*Cost Engineering*" zu verweisen, und im Begriff „*Cost Engineering*" werden der betriebswirtschaftliche und der technische Aspekt gleichzeitig bzw. direkt hintereinander genannt.

Immer klarer und immer zwingender wird es, dass man in der Praxis, wie z. B. der **Bundesverband Materialwirtschaft, Einkauf und Logistik e. V. (BME)** auf seinem 5. **„BME Value Day"** im Jahre 2014 diskutierte, für das *Cost Engineering* eine ordentliche Produktions-, Wert- und Kostenanalyse entlang der gesamten Wertschöpfungskette durchführen muss, so dass *de facto* Einkauf, Materialwirtschaft und Produktion, Forschung und Entwicklung sowie die Kunden (darin) integriert werden, um langfristig als privater oder öffentlicher Betrieb überleben zu können.

---

20 Vgl. *Wildemann, Horst*: In der Produktklinik sinken die Kosten (Beitrag zur Serie „Der Betriebswirt"), in: Frankfurter Allgemeine Zeitung (FAZ) vom 12.11.2012, S. 12.

21 Vgl. a. a. O.

3.8 Das Problem „versunkener“ Kosten: Sunk-Costs-Fallacy

In der Ölindustrie basiert die Entscheidung, eine Ölquelle, wie z. B. eine Bohrinsel weit draußen in der Nordsee oder in der Karibik, stets auf der Basis der erwarteten Einzahlungen (*expected earnings* oder *cash flow*) zu kalkulieren, und nicht darauf, wieviel Geld bereits in die Ölbohroperation und die Errichtung der Bohrinsel geflossen ist.

Sunk Costs umfassen alle Auszahlungen bzw. (zahlungswirksamen) Kosten, die bereits entstanden sind, nicht mehr zurückzuholen sind und überhaupt nicht mehr in zukünftige Entscheidungsprozesse einfließen sollten.

> ***Praxisbeispiel:***
> *Ein Unternehmen schließt einen Mietvertrag (Jahresmiete 20.000 Euro, zahlbar zum 2. Januar eines jeden Jahres im Voraus) für eine große Lagerhalle ab. Der Vertrag kann nur zum Jahresende für das Folgejahr gekündigt werden; außerordentliche Kündigungsrechte werden nicht eingeräumt. Sollte – wegen Fertigstellung eines Neubaus – die Lagerhalle ab März nicht mehr benötigt werden, so erweisen sich die 20.000 Euro (bzw. deren Rest) als* ***Sunk Costs****, weil ohne vorliegende Kündigung kein Cent der 20.000 Euro zurückzuerhalten ist.*

Sunk Costs kommen häufig in Abteilungen oder Bereichen für Forschungs- und Entwicklung (F&E) vor oder für nicht mehr (in vollem Umfang) benötigte Gegenstände des Anlagevermögens. Bei exportorientierten Unternehmen gehören die Kosten für Marktforschung- und Marktanalysen, die Kosten für die Suche nach Geschäfts- oder Joint-Venture-Partnern dazu, für rohstoffabbauende Unternehmen (Erzabbau) sämtliche Kosten, wie Reise- und Hotelunterbringungskosten, Kosten für Probebohrungen etc., für eine Bohrstelle oder ganze Bohrinseln, die am Ende aufgegeben werden müssen, weil es sich nicht lohnt.

Das besondere Problem ist, dass Kostenverantwortliche dazu neigen, weiterhin Geld auszugeben und kostbare Zeit verschwenden. Die Ursache liegt in der menschlichen Neigung, Dinge (unabhängig von den damit verbundenen Kosten) zu Ende zu bringen.[22] Daher wird an Herstellungsprozessen und Produkten reparierend und verbessernd gearbeitet, obwohl diese nicht ordentlich laufen bzw. die Produkte später nicht die Chance erfahren, wirklich mit Gewinn auf dem Markt veräußert zu werden. Stattdessen sollte man überlegen, die Verlusterwirtschaftung sofort zu beenden, um damit nicht weiterhin Geld in eine falsche Richtung, nämlich für dem Untergang geweihte, nicht gewinnträchtige Projekte auszugeben. Diese Neigung ist auch auf öffentlichen Großbaustellen zu finden, wo Projekte schon eine fünfjährige Verspätung der Fertigstellung aufweisen, inzwischen den Kapazitätsanforderungen nicht mehr gerecht werden und schon an modernen Brandschutzvorschriften scheitern. Kostenverantwortliche würden – sinn-

22 Vgl. *Windscheid, Leon*: Unser falscher Umgang mit Kosten. Darf noch ein bisschen mehr Geld aus dem Fenster geworfen werden? In: Manager Magazin vom 3.4.2017, Düsseldorf 2017 (http://www.manager-magazin.de/unternehmen/karriere/leon-windscheid-buchauszug-das-heimnis-der-psyche-a-1141091.-html).

gemäß – vielleicht sagen: „Jetzt haben wir schon so viel Geld (umsonst) hineingesteckt, jetzt müssen wir das ganze doch ins Laufen bringen!“, und dann wird nochmals – unter Nichtbeachtung irgendwelcher „veralteter“ Budgetgrenzen – Geld ausgegeben, möglicherweise wieder umsonst.

Diese – absolut übliche und normale – menschliche Neigung wird in der Literatur als der Effekt der *Sunk Costs* oder als *„Sunk-Cost-Fallacy“* (Irrtum) bezeichnet – auf „US-amerikanisch“: *„Throwing good money after bad.“*[23]

Niemals mehr zurückholbare Kosten sollten deshalb nicht Entscheidungskennzahl zukünftiger Investitionsentscheidungen sein bzw. gänzlich aus zukünftigen Entscheidungsprozessen herausgenommen werden.

Praxisbeispiel 1: Eine kommunale Wirtschaftsförderungsgesellschaft

Die Wirtschaftsförderungsgesellschaft einer Großstadt lässt ein Büro- und Geschäftsgebäude bauen. Die Gesamtkosten für den Bau belaufen sich auf 20 Mio. Euro.

Die Wirtschaftsförderungsgesellschaft erwartet, die Immobilie nach Fertigstellung für 24 Mio. Euro verkaufen zu können. Nachdem von den 20 Mio. Euro Gesamtkosten bereits Planungskosten in Höhe von 1,8 Mio. Euro angefallen sind, fallen die Immobilienmarktpreise, und es kann nur noch von einem Verkaufserlös von 14,5 bis maximal 16 Mio. Euro ausgegangen werden.

Die Wirtschaftsförderungsgesellschaft steht nun vor der Entscheidung, das Projekt fortzuführen oder eben nicht. Führt sie es fort, so hat sie noch Kosten von 18,2 Mio. Euro zu erwarten; an Erlösen sind jedoch nur noch 14,5 bis 16 Mio. Euro zu erwarten. Aus diesem Grund wird sie es wohl nicht fortführen, denn die bereits investierten 1,8 Mio. Euro stellen Sunk Costs dar und sollten für ihre Entscheidung keine Rolle (mehr) spielen.

Praxisbeispiel 2: Eine Rundfunkanstalt (A. ö. R.)

Eine Rundfunkanstalt mietet für die Zeit des Neubaus von Filmstudios eine größere Lagerhalle und unterschreibt einen Vertrag, der sie dazu verpflichtet, zu jedem Jahresanfang in der ersten Januarwoche 27.000 Euro zu zahlen. Im Vertrag wird festgelegt, dass es vor dem Ende des Jahres (zum 31. Dezember des Jahres) kein Kündigungsrecht – auch kein außerordentliches – gibt.

Vertraglich gibt es keine legale Möglichkeit, diesen Vertrag vor dem Ende des Kalenderjahres zu kündigen. Benötigte die Rundfunkanstalt als Mieter die Lagerhalle z. B. schon ab Ende Februar nicht mehr, dann wären diese Ausgaben Sunk Costs, weil es keine legale Möglichkeit gibt, die 27.000 Euro oder auch nur einen Teil dieses Betrages zurückzuerhalten.

---

23 Vgl. zu dieser Regel den Beitrag von *Weimann, Joachim*: Denkfehler, die uns Geld kosten (35). Gestern vergessen, in: Frankfurter Allgemeine Zeitung (FAZ) vom 13.10.2012 (http://www.faz.net/aktuell/finanzen/meine-finanzen/denkfehler-die-uns-geld-kosten/denkfehler-die-uns-geld-kosten-35-gestern-vergessen-11925042.-html).

4. Kosten- und Investitionscontrolling

4.1 Grundlagen: Finanzierung und Investition

Unter „Finanzierung“ werden alle unternehmerischen Maßnahmen verstanden, welche der Bereitstellung von (lang- oder kurzfristigem) Kapital dienen. Die Hauptaufgabe der Finanzierung ist die Aufrechterhaltung der jederzeitigen Zahlungsfähigkeit (Liquidität) einer Unternehmung. Hierzu bedarf es im Rahmen einer Finanzplanung einer vollständigen Übersicht über alle Einzahlungen und Auszahlungen unter besonderer Berücksichtigung der verschiedenen Zahlungszeitpunkte (im Rahmen des Liquiditätsmanagements).

Schaut man in die Passiva einer Bilanz, so lassen sich – nach der *Rechtsstellung* der Kapitalgeber – zunächst Eigenkapitalfinanzierung und Fremdkapitalfinanzierung unterscheiden. Noch brauchbarer ist oft eine Unterscheidung nach der *Herkunft*, nämlich in Außenfinanzierung (Zufluss des Kapitals von außen, also nicht aus dem betrieblichen Leistungsprozess selbst) und in Innenfinanzierung (Finanzierung des Betriebes aus eigener Kraft, z. B. über Gewinnthesaurierung). Außenfinanzierung kann z. B. durch Beteiligungen (Erhöhung des Eigenkapitals durch Ausgabe neuer Aktien, Aufnahme neuer Gesellschafter), Bankkredite oder Lieferantenverbindlichkeiten erfolgen.

Der Begriff „Investition“ umfasst die Anschaffung oder Herstellung materieller oder immaterieller Güter, deren Verwendung dem Unternehmen einen (längerfristigen) Nutzen stiften soll; werden diese in einem Investitionsobjekt freigesetzt, so spricht man von „Desinvestition“. Investitionen stellen Vermögenswerte dar, in welchen Kapital langfristig gebunden ist. Hierunter fallen die Positionen des Anlagevermögens, z. B. Sachanlagen (Grundstücke, Gebäude, Maschinen, Fuhrpark etc.) oder Finanzanlagen (z. B. Aktien), d. h. Sach- und Finanzinvestitionen.[1]

Ersatzinvestitionen dienen vor allem dem Ersatz technisch oder wirtschaftlich verbrauchter Vermögensgegenstände oder sorgen oft auch für mögliche Kosteneinsparungen, wie z. B. Energieeinsparungen.

> ***Beispiel:***
> *In dem – nach dem Flugzeug-Attentat auf die beiden Zwillingstürme des World Trade Center – wieder höchsten Gebäude in Manhattan, New York City, dem Empire State Building aus den 1930er Jahren, fand zwischen 2010 und 2013 eine Generalüberholung statt, welche insgesamt rund 551 Millionen Dollar kostete. Hiervon entfielen rund 21 Millionen auf eine Heizungserneuerung und Energiesparmaßnahmen, wie die Verbesserung der Isolation und die Verklebung der Fenster mit Spezialfolien, die den Energieverbrauch insgesamt um etwa 38 % senkten und dafür sorgten, dass sich die Innovationsmaßnahme durch die damit*

---

1 Vgl. zum Investitionsbegriff *Heesen, Bernd*: Investitionsrechnung für Praktiker, Fallorientierte Darstellung der Verfahren und Berechnungen, Wiesbaden, 3. Aufl. 2016, S. 1.

ermöglichten Einsparungen in nur fünf Jahren von selbst bezahlt machen, d. h. amortisieren würden.[2]

Erweiterungsinvestitionen ermöglichen eine quantitative, evtl. auch qualitative Ausweitung des betrieblichen Leistungsprogrammes, mit Rationalisierungsinvestitionen will man die Kosten der Leistungserstellung senken und mit Modernisierungsinvestitionen ein verbessertes Leistungsprogramm (z. B. in einer Klinik oder einer Rundfunkanstalt) erreichen.

Während die **Kostenrechnung (KLR)**, welche primär nur etwas über die Wirtschaftlichkeit einer Kostenperiode aussagt, eher gegenwarts- oder sogar vergangenheitsorientiert ist (im Sinne einer Orientierung der am Erfolg ausgerichteten Rechnungsgrößen „Kosten" und „Leistungen", z. B. Kosten- oder Rentabilitätsvergleichsrechnung), ist dic **Investitionsrechnung** (Wirtschaftlichkeitsrechnung) **auf zukünftige oder laufende Maßnahmen, Programme oder Investitionen hin ausgerichtet** (im Sinne einer Orientierung an den *liquiditätsausgerichteten* Rechnungsgrößen der Auszahlungen und Einzahlungen, wie z. B. bei der Kapitalwertmethode). Auch die Methoden zur Berechnung des Wertes eines ganzen Unternehmens (vgl. den Abschnitt zur Unternehmensbewertung) kann man im Kern als (erweiterte) Investitionsrechnung sehen. Wirtschaftlichkeitsrechnungen sind kein Allheilmittel zur Beurteilung zukünftiger Situationen, aber als **Entscheidungshilfsmittel** können sie einen zusätzlichen Beitrag zur einer erhöhten Rationalität und Transparenz betriebswirtschaftlichen Handelns leisten. Im Rahmen der **Investitionsplanung** werden mögliche Investitionsalternativen konkretisiert und beschrieben, bewertet (vor allem mittels der Verfahren der Investitionsrechnung) und meistens in eine bestimmte Rangfolge gebracht, bevor die Entscheidung für oder gegen eine Investitionsmaßnahme gefällt wird.

Die eigentliche **Aufgabe des Investitionscontrollings** besteht meist in der Koordination innerhalb des Investitionsbereichs und der Abstimmung mit der Planung anderer Unternehmensbereiche nach Maßgabe des gesamtunternehmerischen Zielsystems. Als **Instrumente der Investitionsplanung und des Investitionscontrollings** kann man **vier Gruppen von Verfahren der Investitionsrechnung** (bzw. Wirtschaftlichkeitsrechnung) unterscheiden:

1. Statische Verfahren (mit fiktiver durchschnittlicher Wirtschaftsperiode) (**Basis:** Kosten und Leistungen)	Kostenvergleichsrechnung, Gewinnvergleichsrechnung, (statische) Amortisationsrechnung und Rentabilitätsrechnung
2. Dynamische Verfahren (Berücksichtigung des Zeitbezugs mit Zeitreihen) (**Basis:** Ein- und Auszahlungen)	Kapitalwertmethode, Annuitätenmethode, Methode des internen Zinsfußes

2 Vgl. hierzu *Unterreiner, Viktoria*: Das Empire State Building wird umgekrempelt. Das höchste Gebäude New Yorks wird für 20 Millionen Dollar saniert. Das Ziel: Moderne Büros und 40 Prozent weniger Energiekosten, in: Welt am Sonntag vom 17.10.2010, S. 89.

3. Simultanmodelle	EDV-gestützte Modelle zur simultanen Bewertung von Investitionsmaßnahmen und deren Auswirkungen auf mehrere betriebliche Bereiche
4. Nutzen-Kosten-Methoden	Kosten-Nutzen-Analyse (= *Cost-Benefit-Analysis),* Nutzwertanalyse, Kosten-Wirksamkeits-Analyse

4.2 Statische Verfahren der Investitionsrechnung[3]

Statische Verfahren gehen im Wesentlichen von Kosten-, Nutzen- oder Rentabilitätsvergleichen aus; mit ihnen lassen sich nur einzelne Rechnungsperioden oder ganz kurze Zeiträume berücksichtigen. Bei den statischen Verfahren geht man von bestimmten impliziten Annahmen aus, wie z. B. der Annahme, dass der Nutzen der Investitionsalternativen identisch sein muss (eine reine Input-, hier: Kostenbetrachtung wäre dann auch wenig sinnvoll).

Während die **Kostenvergleichsrechnung** in einseitiger Weise die jährlichen Kosten einer Investition erfasst bzw. die Kosten des *ersten* Jahres als maßgeblich für die erwartete gesamte Nutzungsdauer betrachtet werden, werden in der **Gewinnvergleichsrechnung** die Gewinne – als Differenz zwischen Leistungen und Kosten – berücksichtigt. Die (statische) **Rentabilitätsrechnung** stellt einem auf diese Weise ermittelten Gewinn das eingesetzte Kapital gegenüber, und mit der (statischen) **Amortisationsrechnung** wird derjenige Zeitraum ermittelt, innerhalb dessen das eingesetzte Kapital durch (zahlungswirksame!) Gewinne oder Kosteneinsparungen wiedergewonnen wird.

4.2.1 Kostenvergleichsrechnung (KVR)

Bei der Kostenvergleichsrechnung, die sich für die Neuanschaffung größerer Bürogeräte, Großrechenanalgen und anderer technischer oder medizinischer Anlagen bewährt hat, werden zwei oder mehr geplante bzw. mögliche Investitionsmaßnahmen hinsichtlich ihrer Anschaffungsauszahlungen und ihrer späteren fixen und variablen Kosten miteinander verglichen. Auszuwählen ist die Maßnahme mit den geringsten (jährlichen) Betriebskosten; alle übrigen (mittel- und langfristigen) Wirkungen der miteinander zu vergleichenden Investitionsmaßnahmen bleiben unberücksichtigt, denn man geht davon aus, dass sie gleich hoch sind.

---

3 Die folgenden Darstellungen setzen ein Mindestwissen betriebswirtschaftlicher Grundbegriffe voraus und müssen sich auf das für eine Einführung in das Controlling bzw. Investitionscontrolling erforderliche Maß mit einem Schwerpunkt auf statische und dynamische Investitionsrechenverfahren beschränken. Eine ordentliche und praxisorientierte Darstellung der Investitionsrechnung in der Öffentlichen Verwaltung bietet z. B. *Ott, Steven*: Investitionsrechnung in der öffentlichen Verwaltung. Die praktische Bewertung von Investitionsvorhaben, Wiesbaden 2011.

In der Regel trifft man in der Praxis zwei Sorten von Problemen an, nämlich ein **Auswahlproblem** und ein **Ersatzproblem**. Beim **Auswahlproblem** ist zu beurteilen, welche der alternativen Investitionsmaßnahmen die kostengünstigste ist; beim **Ersatzproblem** soll herausgefunden werden, ob eine bereits umgesetzte Maßnahme („Altinvestition", z. B. ein noch fahrtüchtiger PKW, der aber einen sehr hohen Benzin- und Ölverbrauch aufweist) zu einem bestimmten Zeitpunkt durch eine Ersatzinvestition ersetzt werden sollte oder ob es betriebswirtschaftlich ratsam erscheint, den Ersatzzeitpunkt noch etwas hinauszuzögern.

Die **Anwendung der Kostenvergleichsrechnung** soll am **Beispiel eines Auswahlproblems** im Sinne eines **Alternativenvergleichs** möglicher Investitionsmaßnahmen erläutert werden. Hierzu werden die jährlichen Betriebskosten der zu vergleichenden Alternativen ermittelt und auf Basis der Kosten eines Jahres – in der Regel des ersten Jahres – die Durchschnittskosten während der Maßnahmenlaufzeit abgeschätzt.

Zunächst sind stets die einmaligen **Anschaffungs- oder Herstellungskosten (AHK)** zu ermitteln, bevor dann die durchschnittlichen jährlichen Betriebskosten (in der Praxis nimmt man oft einfach die Kapital-, Sach-, Personal- und Verwaltungsgemeinkosten des ersten Betriebsjahres) ermittelt und – schließlich – in einer übersichtlichen Tabelle miteinander verglichen werden.

Rechenbeispiele[4] zur Kostenvergleichsrechnung:
Für ein älteres Hochschulgebäude wird der Umbau der aus dem Jahre 1986 stammenden Allesbrenner-Heizung (Öl-, Papier-, Kohle-, Koks- und Holzverbrennung) auf eine moderne Gasheizung erwogen, zumal der bisher auf einer halben Stelle beschäftigte „Heizer" demnächst in Ruhestand geht und die Hochschulleitung überdies mit stark steigenden Instandhaltungskosten rechnet.

Die alte Heizung ist bereits voll abgeschrieben; für die neu einzubauende Gasheizung sowie die diversen erforderlichen Baumaßnahmen (Fundamentierung, neue Wände und feuerfeste Sicherheitstüren) wird mit einer voraussichtlichen Nutzungsdauer von 25 Jahren gerechnet.

Der Anschaffungswert der Gasheizungsanlage beträgt 45.000,00 €; diverse bauliche Maßnahmen sind im Wert von 5.000,00 € erforderlich. Die (kalkulatorischen) Zinsen sind mit jährlich 10 % anzusetzen.

Zum Betrieb der bisherigen Allesbrenner-Heizungsanlage ist ein Heizer erforderlich, dessen anteilige jährliche Durchschnittskosten mit 20.000,00 € anzusetzen sind. Die automatische Gasheizung verursacht dagegen lediglich Personalkosten in einem „vernachlässigbar geringen" Umfang.

Der vorhandene Heizungsraum ist mit einem Holz- und Papierlager zusammen 50 qm groß und verursacht je Quadratmeter jährliche Kosten in Höhe von 60,00 €. Bei Einbau der Gasheizung reichte ein Raum von 10 qm aus, während die übrigen 40 qm für andere Zwecke, z. B. für Lagerung alter Prüfungsakten, verwen-

4 Rechenbeispiele in Anlehnung an die Beispiele in *Reichard, Christoph*: Betriebswirtschaftslehre der öffentlichen Verwaltung, 2., völlig neu bearbeitete und erweiterte Aufl., Berlin 1987, Reprint 2010, *passim*.

det werden könnten. Zur Vereinfachung wird außer Acht gelassen, dass hierdurch zum Beispiel eine Ersparnis für bisher angemieteten oder eigenen Lagerraum entstehen kann.

An Brennstoffkosten sind für die Allesbrenner-Heizung jährlich 40.000,00 € und für die Gasheizung 50.000,00 € zu veranschlagen. Für die alte Heizung ist derzeit mit jährlichen Instandhaltungskosten von 2.500,00 € zu rechnen; für die Gasheizung sind die jährlichen Instandhaltungskosten mit einem Pauschalsatz von 2 % des Anschaffungswertes (ohne bauliche Maßnahmen) anzusetzen. Verwaltungsgemeinkosten sind mit einem Pauschalsatz von 10 % auf die ermittelten Personalkosten zu berechnen. Sonstige Kosten entstehen nicht. Die Heizfläche beträgt 3.000 qm.

Aufgabenstellung: *Analysieren und strukturieren Sie die Daten, beurteilen Sie, ob die alte Heizung beibehalten oder ob auf Gasheizung umgestellt werden soll, und beurteilen Sie die angegebenen Daten!*

Lösungsskizze zur Kostenvergleichsrechnung (schematische Darstellung)

	Auszahlungs-/Kostenart	***Alternative 1 (Allesbrenner)***	***Alternative 2 (Gasheizung)***
	AHK für die Anlage	--	*45.000,00 €*
	bauliche Maßnahmen	--	*5.000,00 €*
=	*Summe Anschaffungszahlungen*	--	*50.000,00 €*
Jährliche Betriebskosten:			
1.	*Kapitalkosten*		
1.1	*Abschreibungen (4 %)*	--	*2.000,00 €*
1.2	*Kalk. Zinsen (auf ½ AHK!)*[5]	--	*2.500,00 €*
2.	*Sachkosten*		
2.1	*Raumkosten*	*3.000,00 €*	*600,00 €*
2.2	*Verbrauchsmaterial*	*40.000,00 €*	*50.000,00 €*
2.3	*Instandhaltung*	*2.500,00 €*	*900,00 €*
3.	*Personalkosten*	*20.000,00 €*	--
4.	*Verwaltungsgemeinkosten*	*2.000,00 €*	--
Summe jährliche Betriebskosten		***67.500,00 €***	***56,000,00 €***
Minderkosten (Einsparung)			*11.500,00 €*
Kosten in € je Leistungseinheit *(zu beheizende qm Heizfläche)*		***22,50***	***18,67***

5 Die Berechnung der durchschnittlichen Kapitalbindung beziehungsweise des durchschnittlich gebundenen Kapitals erfolgt nach folgender Formel: Durchschnittlich gebundenes Kapital = (AHK + Liquidationserlös) / 2.

4.2.2 Variante der KVR: „Kritische Menge“

Die Berechnung einer „kritischen Menge“ ermittelt die Menge, ab welcher die eine von in der Regel zwei Alternativen besser ist als die andere. Dies soll mit einem praktischen Beispiel veranschaulicht werden.

Beispiel:
Für das Dekanatsbüro einer Hochschule soll ein neues Photokopiergerät (mit Leasingvertrag/operating leasing) angeschafft werden. Für die Durchführung einer entscheidungsvorbereitenden Tischvorlage soll eine Kostenvergleichsrechnung (Alternativenvergleich) auf der Basis der folgenden Daten zur Verfügung gestellt werden:

- *monatliche Leasinggebühr Modell **A**: 140,00 €,*
- *monatliche Leasinggebühr Modell **B**: 300,00 €,*
- *Preis pro Kopie Modell **A**: 0,10 €,*
- *Preis pro Kopie Modell **B**: 0,06 €.*

Zu berechnen wäre nun, bis zu welcher Menge Modell A billiger ist und ab welcher Menge Modell B – trotz der höheren Leasinggebühr (der höheren Fixkosten) – billiger wird.

Berechnung der kritischen Menge:

Lösung graphisch:	*Y-Achse: Kosten (K_{ges}), X-Achse: Menge (hier: der Kopien)*
Übungshinweis:	*Erstellen Sie eine grafische Lösung zu dieser Aufgabe!*
Lösung mathematisch:	*Gleichsetzung der beiden Kostenfunktionen für **A** und **B** und Auflösung nach X bzw. der zu findenden Menge gleicher Kosten.*

$$140 € + 0{,}10 €/\text{Kopie} \times X = 300 € + 0{,}06 €/\text{Kopie} \times X$$

$$\rightarrow 0{,}04 €/\text{Kopie} \times X = 160 €$$

$$\rightarrow X = 160 € / 0{,}04 €/\text{Kopie} = \underline{\underline{4.000 \text{ Kopien}}}$$

Es lässt sich aus dem vorstehenden Beispiel folgende allgemeine Formel zur Bestimmung der kritischen Menge herleiten:

Formel zur Berechnung der „kritischen Menge“:

$$\frac{\text{Fixkosten Maßnahme A} - \text{Fixkosten Maßnahme B}}{\text{variable Stückkosten B} - \text{variable Stückkosten A}}$$

Für unser Beispiel gilt mithin:

$$\textbf{\textit{Kritische Menge}} = \frac{(140-300)}{(0{,}06-0{,}10)} = \frac{-160}{-0{,}04} = \underline{\underline{4.000 \text{ Kopien}}}$$

Ab einer (durchschnittlich zu kopierenden) Menge von 4.001 Kopien lohnt es sich, trotz der erheblich höheren Fixkosten, das Modell B auszuwählen.

Erste, kritische Beurteilung der Kostenvergleichsrechnung:
- schnelle und übersichtliche Ergebnisfindung bei relativ geringem Rechenaufwand,
- Verrechnung nur der durchschnittlichen Kosten (in der Regel des ersten Nutzungsjahres nach der Anschaffung),
- Erlöse bzw. Rückflüsse werden nicht berücksichtigt, doch die kostengünstigste Alternative ist nicht zwangsläufig auch die gewinnbringendste Alternative,
- eine eindeutige Erfassung und Zurechnung der Kosten ist nicht immer möglich.

4.2.3 Amortisationsrechnung

Bei der Amortisationsrechnung wird die Amortisationsdauer des Kapitaleinsatzes berechnet, d. h. derjenige Zeitraum, in welchem die einmalige Anschaffungsauszahlung einer Investitionsmaßnahme durch (spätere) laufende Einzahlungsüberschüsse gedeckt wird. Üblicherweise wird die Amortisationsrechnung als Durchschnittsrechnung durchgeführt, indem die Anschaffungs- oder Herstellungskosten (AHK) durch die durchschnittlichen jährlichen Einzahlungsüberschüsse geteilt werden.

Die **Formel für die Berechnung der Amortisationsdauer** lautet in allgemeiner Form:

$$\textbf{Amortisationsdauer} = \frac{\text{Anschaffungs- oder Herstellungskosten}}{\text{durchschnittlicher Rückfluss pro Jahr}}$$

Bei der Berechnung des durchschnittlichen Rückflusses sind zwei Probleme zu beachten:

Zum einen sind Abschreibungen nicht zahlungswirksam, weswegen sie unbeachtet bleiben müssen. Zum anderen sind kalkulatorische Zinsen im Falle der kalkulatorischen Eigenkapitalzinsen ebenfalls nicht zahlungswirksam. Allerdings geht man aus Vereinfachungsgründen (unter anderem deshalb, weil man in der Praxis kaum nachvollziehen kann, wofür ein Kredit aufgenommen wurde oder was mit den liquiden Mitteln, denen Eigenkapital gegenübersteht, finanziert wurde – kein „Projektkredit") und aus dem Gedanken heraus, dass entgangene Zinsen eine entgangene Einzahlung darstellen – mithin sozusagen eine Auszahlung – davon aus, dass Zinsen zahlungswirksam sind. (Kalkulatorische) Zinsen werden mithin nicht unbeachtet gelassen, sondern fließen in die Berechnung ein, als seien sie (voll) zahlungswirksam.

Dies vorausgeschickt, lässt sich die Amortisationsdauer wie folgt berechnen:

$$\textbf{Amortisationsdauer} = \frac{\text{Anschaffungskosten oder Herstellungskosten (AHK)}}{\text{durchschnittlicher Gewinn pro Jahr + Abschreibungen}}$$

Eventuell wäre in der Praxis noch ein **Liquidationserlös** mitzuberücksichtigen. Der tatsächliche Kapitaleinsatz wäre in diesem Falle einfach nach der Formel „AHK *minus* Liquidationserlös" zu berechnen. Der Liquidationserlös wird nicht als Kapitaleinsatz der Investitionen gewertet und verringert mithin den wiederzugewinnenden Kapitaleinsatz.

Eine Anwendung der Amortisationsrechnung kommt vor allem bei Ersatzinvestitionen in Betracht, um die Amortisationszeit einer Investitionsmaßnahme in Bezug auf die Einsparungen gegenüber einer bereits vorhandenen, d. h. bereits realisierten Maßnahme zu bestimmen. Der Amortisationsrechnung muss in diesem Fall *zwingend* eine Kostenvergleichsrechnung vorausgehen, um die Kosten alternativer Maßnahmen und potentielle Einsparungen zu bestimmen.

Die oben genannte Formel zur Errechnung der Amortisationsdauer wird für die nunmehr zu lösende Problematik angepasst wie folgt:

$$\textbf{Formel zur Errechnung der Amortisationsdauer:} \quad \frac{\textbf{Anschaffungs- oder Herstellungskosten}}{\textbf{Minderkosten + AfA}\text{ (der Ersatzinvestition)}} = \underline{\underline{\textbf{Dauer}}}\ \textbf{(Jahre)}$$

(Hinweis: Die Korrektur der Abschreibung (AfA) der Ersatzinvestition ist (auch in diesem Fall) erforderlich, weil sie vorher in der KVR schon (gewinn- bzw. ergebnismindernd) berücksichtigt worden war.)

Für das oben dargestellte Beispiel (Umbau der Heizung einer Hochschule) ergibt sich als Amortisationsdauer:

$$\frac{\textbf{50.000 €}}{\textbf{11.500 € + 2.000 €}} = \underline{\underline{\textbf{3,7 Jahre}}}$$

Kritische Beurteilung der Amortisationsrechnung

- Die Amortisationsrechnung ist eine Zusatzrechnung zur Kostenvergleichsrechnung, die keine eigentlichen Wirtschaftlichkeitsaussagen liefert, sondern Zusatzinformationen im Hinblick auf das mit einer Investition verbundene Investitionsrisiko sowie für die Finanzierung gibt, denn je schneller sich eine Investition amortisiert, desto geringer wird das mit einer Investitionsmaßnahme verbundene Risiko und desto leichter wird eine Fremdfinanzierung; hierin liegt die wichtige Information der statischen Amortisationsrechnung.

- Die Amortisationsrechnung trifft keine Aussage über die Ertragskraft einer Investitionsmaßnahme für ihre gesamte Laufzeit, sondern nur bis zum Zeitpunkt der Wiedergewinnung des Kapitals.
- Es wird keine Rendite, sondern ein Risikomaß ermittelt bzw. eine Risikobewertung erleichtert.

4.2.4 Rentabilitätsrechnung

Hier wird die Rentabilität bzw. die Verzinsung einer Investitionsmaßnahme ermittelt und interpretiert, allerdings in einer statischen Betrachtungsweise, welche von einer (stets gleich hohen) Durchschnittsverzinsung während der gesamten Laufzeit ausgeht.

Allgemein wird unter „Rentabilität“ eine Verhältniszahl verstanden, mit der die Vorteilhaftigkeit einer Investition beurteilt wird.

Eine Formel zur Berechnung der Rentabilität lässt sich zum Beispiel wie folgt darstellen:

$$\textbf{Rentabilität} = \frac{\text{durchschnittlicher Gewinn pro Periode vor Zinsen} \times 100^{6}}{\text{durchschnittlicher Kapitaleinsatz}}$$

Bei der Rentabilitätsberechnung bleiben Zinsen unbeachtet, weil man andernfalls nur die über den Zinssatz, welcher der Zinsberechnung zugrunde gelegt wurde, hinausgehende Verzinsung berechnen würde.[7]

Bei der Betrachtung einer einzelnen Investition wird die Rentabilität mit einer Mindestverzinsung verglichen. Bei Entscheidungen zwischen mehreren Investitionen wird zugunsten der Alternative, welche die höchste Rentabilität aufweist, entschieden, diese Rentabilität jedoch wieder mit der geforderten Mindestverzinsung verglichen.

In der Praxis wird die Rentabilitätsberechnung als Ergänzung zur Kostenvergleichsrechnung angewandt. Bei dieser Zusatzrechnung zur Kostenvergleichsrechnung geht es vor allem um mögliche Einsparungen bei Ersatzinvestitionen.

---

6 In den Formeln zur Rentabilitätsberechnung ist die abschließende Multiplikation mit 100 nur um der Klarheit willen geschehen; ohne Multiplikation entstünde als Rechenergebnis für das im Folgenden dargestellte Beispiel der Berechnung der Rentabilität einer Heizungserneuerung „0,56“. Dieser Wert entspricht 56 % (nach erfolgter Multiplikation mit 100).

7 Vgl. *Klümper, Bernd/Möllers, Heribert/Zimmermann, Ewald*: Kommunale Kosten- und Wirtschaftlichkeitsrechnung. Fachbuch mit Beispielen und praktischen Übungen und Lösungen, 20., vollständig überarbeitete Aufl., Witten 2019, S. 393.

1. Schritt: Ermittlung möglicher Minderkosten in einer Kostenvergleichsrechnung
2. Schritt: Berechnung der Kostenersparnis-Rentabilität:

$$\textbf{Formel: } \frac{\textbf{Minderkosten + kalkulatorische Zinsen} \times \textbf{100}}{\textbf{durchschnittlich gebundenes Kapital}^{8}}$$

Die Zinsen werden deshalb zu den Minderkosten addiert, weil die ursprünglich um die Zinsen geschmälerte Einsparung wieder um den Zinsbetrag erhöht werden muss.

Für das oben (im Rahmen der Kostenvergleichsrechnung) angeführte Beispiel der Anschaffung einer neuen Heizanlage als Ersatzinvestition lässt sich die Kostenersparnis-Rentabilität daher wie folgt berechnen:

$$\textbf{Rentabilität} = \frac{(11.500{,}00\ € + 2.500{,}00\ €) \times 100}{25.000\ €} = \underline{\underline{\textbf{56 \%}}}$$

Die Kostenersparnis-Rentabilität, wie sie vorstehend berechnet wurde, ist – wie alle Rentabilitätswerte – keine absolut aussagekräftige Zahl. Auch der vorstehend berechnete Wert muss mit einer Mindestverzinsung verglichen werden.

Kritische Beurteilung der Rentabilitätsrechnung

- Die Rentabilitätsrechnung ist letztlich nur eine nivellierende Durchschnittsrechnung auf rein statischer Basis; langfristig gesehen ist sie zu ungenau.
- Aussagekräftig ist diese Form der statischen Berechnung nur bei gleicher Nutzungsdauer und vergleichbarem Kapitaleinsatz.

Allgemeine kritische Beurteilung statischer Investitionsrechnungsverfahren

- Problematische Unterstellung der Sicherheit der Daten und Zeiten.
- Wegen der Rechnung mit durchschnittlichen Kosten keine Berücksichtigung des tatsächlichen (zeitlichen) Anfalls der Zahlungen.
- Gerade bei besonders unterschiedlichen Zahlungsstrukturen können allenfalls Näherungswerte bestimmt werden, die – trotz begrenzten Aussagewertes – in der Praxis aber durchaus akzeptiert werden können.

4.3 Dynamische Verfahren der Investitionsrechnung

Da die statischen Verfahren in der Regel auf Durchschnittsgrößen (eines ersten und einzigen Jahres) basieren, wird vernachlässigt, dass eine Einzahlung umso vorteilhafter ist, je früher sie erfolgt, während es günstig ist, Auszahlungen so weit als möglich in die Zukunft zu verschieben (Zinseszinseffekt!).

8 Hier erfolgt die Berechnung der durchschnittlichen Kapitalbindung beziehungsweise des durchschnittlich gebundenen Kapitals nach der bereits bei der Kostenvergleichsrechnung dargestellten Formel: Durchschnittlich gebundenes Kapital = (AHK + Liquidationserlös) / 2.

Hier geht es um Wirtschaftlichkeitsberechnungen für komplexe Situationen und über mehrere Jahre hinweg. Es wird die „Dynamik“ zukünftiger Investitionswirkungen erfasst, d. h. Auswirkungen zeitlicher Unterschiede zwischen aus einer Investition resultierenden Einzahlungen und Auszahlungen bzw. Kosten und Leistungen.

Häufig gibt es bei langfristigen Investitionen eine einmalige (große) Investitionsauszahlung, z. B. für den Bau eines Bahnhofs, eines Flughafens, einer Schwimmhalle für Bewegungstherapie in einem Krankenhaus oder für den Bau eines großen Aufnahmestudios bei einem Rundfunksender, und späterhin laufende Rückflüsse, die sich aus der Differenz zwischen den (regelmäßig) anfallenden Einzahlungen und Auszahlungen errechnen.

Zwei – bei der praktischen Anwendung nicht zu übersehende – Größen sind, wie auch bei den Abschreibungen, ein möglicher Liquidationserlös am Ende der geplanten Nutzungsdauer, z. B. wenigstens ein Schrottverwertungserlös, und mögliche Entsorgungskosten.

Warum dynamische Verfahren der Investitionsrechnung?
Im Gegensatz zu den statischen Verfahren wird also die „Dynamik“ zukünftiger Wirkungen einer Investitionsmaßnahme, d. h. zeitliche Unterschiede im Anfall der sogenannten „Einzahlungen“ (Kapitalrückflüsse) und „Auszahlungen“ (zahlungswirksame Kosten) untersucht und näher bestimmt. Da gerade öffentliche Investitionen (beispielsweise beim Bau einer Kindertageseinrichtung, eines Schwimmbades oder eines Theaters, im Bereich der Bildung oder im Krankenhauswesen) oft lang (5–10 Jahre) bis sehr lang (über 10 Jahre) andauern und die Zeiten der mit ihnen verbundenen Aus- und Einzahlungen mitunter sogar jahrzehntelang auseinanderliegen (z. B. beim Bau eines Großflughafens oder eines Universitätsklinikums), wäre hier eine statische Betrachtungsweise völlig unangemessen. Bei der dynamischen Investitionsrechnung interpretiert man die Investitionsauszahlungen und die laufenden investitionsbedingten Rückflüsse (Differenz zwischen (regelmäßig) anfallenden Ein- und Auszahlungen) als Zahlenreihe (Zahlungsstrom). Da aber zu unterschiedlichen Zeitpunkten Zahlungen stattfinden, muss man einen gemeinsamen rechnerischen Bezugspunkt finden, z. B. – wie es in der Praxis oft geschieht – den Zeitpunkt der Entscheidung über die auszuwählende Investitionsmaßnahme, mithin vor Maßnahmenbeginn, um die Zahlungen zeitlich „gleichnamig“ bzw. miteinander vergleichbar zu machen.

Durch Anwendung der Formeln der geometrischen Reihe bzw. der Zinseszins- und Rentenrechnung kann man die verschiedenen Zeitwerte durch Abzinsung (**Diskontierung**) auf einen einheitlichen Zeitpunkt hin, d. h. auf den Zeitpunkt „Null“ – in unserem Falle also den Zeitpunkt der Entscheidung bzw. der Auswahl vor Beginn der Investitionsmaßnahme – umrechnen.

Auf einfachste Weise kann man eine **Abzinsung vornehmen**, indem man die Zeitwerte zukünftig fälliger Zahlungsbeträge mit dem entsprechenden Abzinsungsfaktor (aus der Tabelle der Abzinsungsfaktoren im Anhang 6) multipliziert. Wegen ihrer leichten Handhabbarkeit sind diese Tabellen in der betrieblichen Praxis sehr beliebt, auch wenn moderne Kalkulationsprogramme eine mathematisch genaue Berechnung (mittels exakt berechneter Werte) heutzutage deutlich erleichtern.

Nachstehend wird eine einfache Formel für die Abzinsung dargestellt und auf ein Beispiel angewendet:

$$\textbf{Formel Abzinsungsfaktor} = \frac{1}{\left(1 + \frac{\textbf{Zinsfuß}}{100}\right)^n}$$

$$= 1 / (1 + \textbf{Zinssatz})^n$$

$$= (1 + \textbf{Zinssatz})^{-n}$$

Man kann also mit einem Zinsfuß ***p*** (von lateinisch *pes* = Fuß) von z. B. 3 rechnen und muss in der Formel dann mit 3/100 weiterrechnen, oder man rechnet mit einem Zinssatz von 3 % (was nichts anderes ist als 3 dividiert durch 100, also 3/100).

Einfaches Beispiel zur Berechnung eines einzelnen Abzinsungsfaktors bei einer Laufzeit n = 3 Jahre und einer Verzinsung von 5 %:

(5 % Verzinsung und 3 Jahre): $\frac{1}{(1 + 0{,}05)^3}$

also hier: 1 : 1,157625 = 0,86384

(Vgl. ***Abzinsungsungsfaktorentabelle****, Anhang 6.)*

Mit dem Abzinsungsfaktor wird eine in drei Jahren fällige einzelne Zahlung auf den heutigen Zeitpunkt umgerechnet. Mit anderen Worten ist der gegenwärtige Wert der künftigen Zahlung mittels Multiplikation dieser Zahlung mit dem Abzinsungsfaktor zu ermitteln.

Beträgt die künftige Zahlung beispielsweise 100.000 €, so beläuft sich der heutige Wert dieser Zahlung auf 100.000 € × 0,86384 = 86.384 €.

4.3.1 Kapitalwertmethode

Mittels der Kapitalwertmethode wird der gegenwärtige Wert einer künftigen Zahlungsreihe (der „Barwert“) berechnet. Grundsätzlich und stark vereinfachend kann man den Barwert als **„Investitionsgewinn“**, der aus einer Investitionsmaßnahme – über die gesamte geplante Nutzungsdauer (n Jahre) hinweg gerechnet – insgesamt zufließt, bezeichnen.

Daher gilt: Ist der **Kapitalwert positiv**, so liegt ein „Investitionsgewinn“ in Höhe des Kapitalwerts vor; ist der Kapitalwert gleich null, so lohnt sich eine Investition (noch), solange es keine (bessere) Investitionsalternative (oder bessere Anlagemöglichkeit) gibt. Ist der **Kapitalwert negativ**, so wäre die betriebswirtschaftliche Unvorteilhaftigkeit der Investitionsmaßnahme „bewiesen“. Die Differenz zwischen den abgezinsten Einzahlungen und den abgezinsten Auszahlungen entspricht dem **Kapitalwert (C_0)** einer Investition.

Als kurze **Entscheidungsregel** lässt sich also festhalten:

Wenn gilt „Barwert der Einzahlungen – Barwert der Auszahlungen $\geq$ 0“ bzw. (sog. „Kapitalwertkriterium“) „$C_0 \geq 0$“, lohnt sich eine Investition.

Zudem ist bei Auswahlentscheidungen stets die Investition zu wählen, bei welcher der Kapitalwert am größten ist.

Beispiel zur Ermittlung des Kapitalwertes für eine Ersatzinvestition:
Nachdem im vergangenen Jahr die Stromversorgung durch die örtlichen Stadtwerke mehrmals – teilweise stundenlang – ausgefallen ist, plant die Leitung des Energieversorgungszentrums eines kommunalen Großkrankenhauses und akademischen Lehrkrankenhauses eine Erweiterungsinvestition, nämlich ein großes eigenes Notstromaggregat mit Dieselantrieb und zugehörigem eigenem Dieselnotfalltank zur ständigen Sicherstellung der Stromversorgung für OP-Säle, Kreißsäle und für mögliche Energiespitzenbedarfe. Der in der Regel nicht benötigte Strom wird regelmäßig an ein lokales Energieversorgungsunternehmen verkauft:

Anschaffungsauszahlung zum Zeitpunkt t_0	=	***120.000,00 €***
Zusätzliche Betriebsauszahlungen pro Jahr	=	***20.000,00 €***
Zusätzliche Betriebseinzahlungen pro Jahr	=	***50.000,00 €***
Nutzungsdauer der Investition in Jahren	=	***5***
Angenommener Kalkulationszinsfuß	=	***6***

*(**Achtung**: **Abzinsungsfaktoren** sind aus der Tabelle im **Anhang 6** zu ersehen!)*

Tabelle 21: Berechnung des Kapitalwertes mit Berechnungsschema

Jahr	*Abzinsungsfaktor (bei 6 %)*	*Auszahlungen (in €)*		*Einzahlungen (in €)*	
		Zeitwerte	*Barwerte*	*Zeitwerte*	*Barwerte*
0	*1,0000*	*120.000*	*120.000*	--	--
1	*0,9434*	*20.000*	*18.868*	*50.000*	*47.170*
2	*0,8900*	*20.000*	*17.800*	*50.000*	*44.500*
3	*0,8396*	*20.000*	*16.792*	*50.000*	*41.980*
4	*0,7921*	*20.000*	*15.842*	*50.000*	*39.605*
5	*0,7473*	*20.000*	*14.946*	*50.000*	*37.365*
Summe der Barwerte:		***204.248 €***		***210.620 €***	

*Der **Kapitalwert** entspricht stets der Summe der Barwerte der Einzahlungen („**Investitionsrückflüsse**“) abzüglich der Summe der Barwerte der Auszahlungen („zahlungswirksame Kosten“), hier also:*

Kapitalwert = 210.620 € – 204.248 € = 6.372 €

In mathematischer Ausdrucksweise, als Summenformel dargestellt:

$$C_0 = \sum_{t=0}^{n} (E_t - A_t) \times (1 + i)^{-n}$$

i = **Zinsfuß : 100**
A_t = **Auszahlungen in Periode t**
E_t = **Einzahlungen in Periode t**

bzw.

$$C_0 = \sum_{t=0}^{n} (E_t - A_t) \times \frac{1}{(1 + i)^n}$$

In der Praxis beginnt ein Investitionsprojekt oft mit einer (ersten) Anschaffungsauszahlung bzw. Investitionsauszahlung (**I_0**), welcher noch keine Einzahlungen gegenüberstehen. Diese Zahlung zum absoluten Beginn einer Investitionsmaßnahme (Zeitpunkt „t_0") muss natürlich nicht abgezinst werden, weil der Abzinsungsfaktor für t = 0 ohnehin den Wert „1,0" annimmt. Im Falle eines solchen Verlaufs einer Investitionsmaßnahme kann mit einer vereinfachten Kapitalwertformel gearbeitet werden:

$$C_0 = I_0 + \sum_{t=1}^{n} (E_t - A_t) \times (1 + i)^{-n}$$

Gegebenenfalls wäre in beide Formeln noch ein zu erwartender Liquidationserlös in Periode n (L_n) zu integrieren und mit abzuzinsen, **also:**

$$\frac{+ L_n}{(1+ i)^n}$$

Kapitalwertberechnung mittels Rentenbarwertfaktoren

Fallen über mehrere Perioden hinweg gleich hohe Beträge an, so kann die Abzinsung rechentechnisch weiter vereinfacht werden. Ein mehrfach anfallender, stets gleichbleibend hoher Betrag wird finanzmathematisch als „Rente" bezeichnet. Falls die Laufzeit, die Periodendauer und die Höhe des Zinssatzes (in etwa) feststehen, kann mittels der **Rentenbarwertfaktoren-Tabelle** der jeweilige Rentenbarwert-Faktor bestimmt werden, was die Rechnung erheblich vereinfacht.

Zur Berechnung des Kapitalwertes der Zahlungsreihe muss lediglich der regelmäßig wiederkehrende und gleich hoch bleibende Betrag mit dem Rentenbarwertfaktor multipliziert werden, um so den Kapitalwert zu erhalten.

Den jährlich gleich hoch bleibenden Einzahlungsüberschuss kann man auch als „Rente" interpretieren. Bei fünfmaligem Anfalle dieser „Rente" („R" = jährlicher Zahlungsüberschuss, bezüglich welchem – insofern modellhaft vereinfachend – unterstellt wird, dass sämtliche jährlichen Ein- und Auszahlungen sich auf denselben Zeitpunkt eines Jahres, nämlich auf „heute" – Berechnungszeitpunkt – plus 1, 2, 3, 4 bzw. 5 Jahre beziehen) und einem Zinsfuß von 6 ergibt sich aus der entsprechenden Tabelle (*hier:* die **Tabelle der Rentenbarwertfaktoren („RBW") im Anhang** 7) ein Rentenbarwertfaktor von 4,2124, der im Übrigen auch durch eine Addition der Abzinsungsfaktoren für die Jahre 1 bis 5 gewonnen werden kann.

***Kapitalwert** für das obige Beispiel eines Energieversorgungszentrums eines kommunalen Großkrankenhauses und akademischen Lehrkrankenhauses (unter Anwendung des Rentenbarwertfaktors errechnet):*

Kapitalwert** = **–120.000 + 30.000 × 4,2124 = 6.372 €

Als Formel (unter Nutzung des Rentenbarwertfaktors gemäß Tabelle):

$$\mathbf{C_0 = -I_0 + R \times RBW\ (5\ Jahre,\ 6\ \%)}$$

bzw.

$$\mathbf{C_0 = -I_0 + R \times \frac{(1+i)^n - 1}{i \times (1+i)^n}}$$

(mit: i = Zinsfuß : 100).

Bei dieser exakten Berechnung ergibt sich ein Kapitalwert in Höhe von 6.370,91 €.

Kritische Beurteilung der Kapitelwertmethode

- Die „Wiedergewinnungsprämisse" der Kapitalwertmethode unterstellt, dass sich das freigesetzte Kapital tatsächlich (genau) zum Kalkulationszinsfuß verzinst, was in der Praxis nicht der Fall sein dürfte.
- Bei einem Vergleich mehrerer Investitionsalternativen mithilfe der Kapitalwertberechnung bzw. der Methode des internen Zinses sind unterschiedliche Ergebnisse möglich, denn bei dem Kapitalwert handelt es sich um einen absoluten Gewinn, beim internen Zinsfuß (hierzu siehe Kap. 4.3.3) um Rendite (Rentabilität).

4.3.2 Annuitätenmethode

Bei Anwendung der Annuitätenmethode werden die tatsächlich anfallenden Einzahlungen und Auszahlungen einer Investition in jährlich gleich hohe durchschnittliche Zahlungsreihen, die „Annuitäten" umgerechnet. Es wird also der Kapitalwert gleichmäßig auf die Jahre der Nutzung verteilt („periodisiert").

Eine Investition ist dann „vorteilhaft", wenn die Annuität der Einzahlungen größer als die Annuität der Auszahlungen ist, d. h. wenn die Annuität des Kapitalwertes positiv ist. Inhaltlich besagt eine positive Annuität, dass – neben der Kapitalverzinsung in Höhe des Kapitalmarktzinses – jährlich ein gleichbleibend hoher Gewinn anfällt.

Der Berechnung von Annuitäten im Rahmen der dynamischen Investitionsrechnung muss also eine Kapitalwertberechnung vorausgegangen sein, um den Barwert der Einzahlungen und Auszahlungen zu bestimmen. Sie ist also eine Zusatzmethode oder auch eine Variante der Kapitalwertmethode, welche eine zusätzliche Perspektive bzw. eine zusätzliche Interpretationsalternative bietet.

Zur Berechnung des sogenannten Annuitätsfaktors geht man vom reziproken Wert (dem Kehrwert) des Rentenbarwertfaktors (RBF) aus, der im Anhang 7 nachgeschlagen werden kann. Er wird auch **„Wiedergewinnungsfaktor"** genannt.

$$\textbf{Formel: } \frac{1}{\textbf{RBW}} \text{ bzw. } \frac{i \times (1+i)^n}{(1+i)^n - 1}$$

(mit: i = Zinsfuß : 100).

So werden also die tatsächlichen jährlichen Einzahlungen und Auszahlungen in durchschnittliche, jeweils gleich hohe Zahlungen, die Annuitäten, umgewandelt. Auf diese Weise kann man einen bereits bekannten bzw. vorher errechneten Kapitalwert in eine Annuität umwandeln.

Formel: Barwertsumme der Einzahlungen × Annuitätenfaktor
minus
Barwertsumme der Auszahlungen × Annuitätenfaktor

oder natürlich: **Kapitalwert x Annuitätenfaktor** = Differenz der beiden Annuitäten, die nach obiger Formel ausgerechnet wurden.

Ausgehend von den Zahlen des Rechenbeispiels der Kapitalwertmethode berechnet sich der Annuitätenfaktor wie folgt:

$$\frac{1}{\textbf{RBF}}\textbf{, also: } \frac{1}{4{,}2124} = \underline{\underline{0{,}2374}}$$

Zur Berechnung der Einzahlung-Annuität muss der Barwert der Einzahlungen (vgl. die Zahlen aus der Tabelle 21 zur Berechnung des Kapitalwertes) mit dem Annuitätenfaktor multipliziert werden. Entsprechend muss zur Berechnung der Auszahlung-Annuität der Barwert der Auszahlungen (vgl. ebenfalls Tabelle 21) mit dem Annuitätenfaktor multipliziert werden, also (Wertangaben in €):

Einzahlungs-Annuität = 210.620 € × 0,2374 = **50.001,19 €** *(leicht aufgerundet)*

minus

Auszahlungs-Annuität = 204.248 € × 0,2374 = **48.488,48 €** *(leicht aufgerundet)*

50.001,19 € – 48.488, 48 € = 1.512,71 €

Bei **direkter Umwandlung des Kapitalwertes** (als Differenz der Summe der Barwerte der Einzahlungen minus Summe der Barwerte der Auszahlungen) **in eine Annuität** ergibt sich, zum Vergleich, also:

6.372 € × 0,2374 = 1.512,71 € *(leicht abgerundet)*

Für Entscheidungsträger ist die Bedeutung eines durchschnittlichen Periodenerfolges (Annuität) in der Regel leichter erfassbar als die eines Barwertes des gesamten Investitionszeitraumes (der gesamten Zahlungsreihe).

Kritische Beurteilung der Annuitätenmethode

- Das Ergebnis ist kein selbstständiges Kriterium für die Vorteilhaftigkeit einer Investitionsmaßnahme, soweit die Laufzeiten bzw. die Nutzungsdauer aller Investitionsalternativen gleich sind (man kommt letztlich zum selben Ergebnis wie die Kapitalwertmethode).
- In der betriebswirtschaftlichen Theorie ist die Verwendung dieser Methode bei unterschiedlichen Laufzeiten umstritten.

4.3.3 Methode des internen Zinsfußes

Schließlich wollen wir denjenigen Zinsfuß ermitteln, bei welchem der Kapitalwert einer Investitionsalternative genau gleich null ist (Errechnung einer Art Mindestverzinsung). Der interne Zinsfuß ist derjenige Zinssatz, bei dessen Anwendung die Summe der abgezinsten Einzahlungsüberschüsse gleich der anfänglichen Investitionsauszahlung ist.

Es gilt eine Investition dann als vorteilhaft, wenn sie sich höher „verzinst" als es dem vorgegebenen Kalkulationszinsfuß entspricht. Ein solcher (vorgegebener) Zinsfuß gilt hier gleichsam als Mindestzinsfuß, der wenigstens erreicht werden muss bzw. übertroffen werden soll, um eine bestimmte Investitionsmaßnahme zu rechtfertigen. Gesucht ist bei der Methode des internen Zinsfußes also derjenige Zinsfuß, bei welchem der Kapitalwert gleich null ist. Dieser Kapitalwert ist dann gegeben, wenn die Summe der diskontierten Einzahlungen und Auszahlungen gleich null ist (die Nullstelle der Kapitalwertfunktion).

Der so ermittelte Zinssatz ist mithin durchaus als eine Art **Effektivverzinsung des Investitionsobjektes** zu verstehen.

Formel:

$$\sum_{t=0}^{n} (\mathbf{E}_t - \mathbf{A}_t) \times (1 + i)^{-n} = 0!$$

(mit i = Zinsfuß : 100).

Der so ermittelte Zinsfuß muss z. B. mit dem aktuellen Kapitalmarktzins verglichen werden; denn wenn der Kapitalmarkt einen höheren Zinssatz böte, so wäre es vorteilhafter, die für die Investitionsauszahlung geplante Geldsumme dort anzulegen als die Investition zu tätigen. Stehen mehrere Investitionsobjekte zur Auswahl, so ist stets diejenige die beste, welche den höchsten internen Zinsfuß aufweist. Dieser Zinsfuß sollte größer als der Kapitalmarktzinssatz sein, weil sonst der Kapitalwert negativ, also kleiner 0 würde.

Näherungsmethode A *(„Such- und Probierweg")*
Es wird von dem oben errechneten Kapitalwert in Höhe von 6.372 € (bei 6 %) ausgegangen. **Zu suchen ist derjenige Zinssatz, bei dem der Kapitalwert der Investition gleich null wird.** Hierzu ist – im „Probierverfahren" – ein höherer Zinssatz zu finden, bei dem der Kapitalwert negativ würde, um dann – mittels Näherungsverfahren – den internen Zinsfuß zu determinieren.

Unter Verwendung des Rentenbarwertfaktors zur Berechnung des Kapitalwertes ergäbe eine „Probe" mit dem Zinssatz von 8 %, also mit einem Rentenbarwertfaktor (RBW) von 3,9927, einen „soeben" negativen Kapitalwert von –219 €:

$$\textbf{Kapitalwert} = \mathbf{-120.000\ € + 30.000\ € \times 3{,}9927 =} \ \underline{\underline{\mathbf{-219\ €}}}$$

Der tatsächliche interne Zinsfuß dürfte also bei etwa 7,9 liegen.

Näherungsmethode B *(„Abzinsungsfaktorenweg")*

Beispiel:
Ein Anleger (ein im Ort praktizierender Zahnarzt) ist mit der Höhe seiner Verzinsung für sein Festgeldkonto in Höhe von 5,5 % nicht zufrieden. Nach einem Gespräch mit seinem Kundenbetreuer bei der ***Deutschen Apotheker- und Ärztebank eG*** *(nächste Filiale in Würzburg) wird ihm folgendes Angebot unterbreitet:*

Bei einer Anlage von 100.000 € für 2 Jahre zahlt ihm die Bank nach Ablauf dieser Frist einschließlich Zins- und Zinseszins 118.810,00 € zurück.

Wie hoch ist der interne Zinsfuß? Lohnt es sich im Vergleich zur bisherigen Geldanlage, das Geld zu investieren (festzulegen)?

Zum Verständnis der nachfolgenden Berechnung sollte der Leser noch einmal überlegen, wie mit dem Abzinsungsfaktor gerechnet wird. (Hinweis: Künftige Zahlung mal Abzinsungsfaktor gleich heutiger Wert → Abzinsungsfaktor gleich heutiger Wert/künftige Zahlung.)

Die Antwort auf die vorstehend gestellte Frage ergibt sich aus folgender Berechnung:

$$\textbf{\textit{Abzinsungsfaktor}} = \frac{\textbf{\textit{100.000 €}}}{\textbf{\textit{118.810 €}}} = \underline{\underline{\textbf{\textit{0,8416799}}}} \ \textit{(also etwa } \underline{\textbf{\textit{0,8417}}}\textit{)}$$

Schlägt man in der Abzinsungsfaktoren-Tabelle (vgl. Anhang 6) nach, so findet sich zum Abzinsungsfaktor 0,8417 für 2 Jahre ein Zinssatz von 9 %!

Näherungsmethode C *(„Rentenbarwertfaktorenweg")*

Beispiel:
*Wir planen eine **Erweiterungsinvestition** in Höhe von **120.000,00 €** (Summe Anschaffungsauszahlungen incl. Anschaffungsnebenkosten) und rechnen mit einem jährlichen Einzahlungsüberschuss von 30.000,00 € bei einer voraussichtlichen Nutzungsdauer von fünf Jahren (vgl. oben zur Ausgangssituation bei der Berechnung des ersten Kapitalwertes). Mithilfe des Rentenbarwertfaktors lässt sich der interne Zinsfuß gemäß folgender Herleitung ermitteln:*

$$C_0 = -I_0 + R \times RBW = 0 \rightarrow$$

$$I_0 = R \times RBW \rightarrow$$

$$I_0/R = RBW$$

Für unser Beispiel folgt demnach:

$$\textbf{Rentenbarwertfaktor} = \frac{120.000,00\ €}{30.000,00\ €} = \underline{\underline{4,0000}}$$

Ein Blick in die Tabelle der Rentenbarwertfaktoren (Anhang 7) zeigt uns, dass bei einer Laufzeit von fünf Jahren sich bei einem Zinssatz von 7,50 % ein Rentenbarwertfaktor von 4,0459, bei einem Zinssatz von 8 % ein Rentenbarwertfaktor von 3,9927 und bei einem Zinssatz von 8,5 % ein Rentenbarwertfaktor von 3,9406 ergibt.

Der Interne Zinsfuß dürfte also ziemlich genau bei 8 (präziser: etwas darunter, nämlich bei „gut" 7,9) liegen.

Kritische Beurteilung der Methode des internen Zinsfußes

- Gerade bei hohen Renditen ist die Unterstellung der Wiederanlageprämisse, dass sich das freigesetzte Kapital zum Internen Zinsfuß verzinst, unrealistisch.
- Kapitalwertmethode und Interne Zinsfußmethode können in Einzelfällen zu unterschiedlichen Ergebnissen führen.

Allgemeine kritische Beurteilung dynamischer Investitionsrechnungsverfahren

- Die Grundannahme eines vollkommenen Kapitalmarktes ist realitätsfremd.
- Die Daten über Einzahlungs- und Auszahlungsströme sind ungewiss, auf Dauer unsicher und können nur geschätzt werden.
- Mögliche Liquiditätsprobleme werden nicht berücksichtigt, weil unterstellt wird, dass der Investor stets zu einem gleich guten Zinsfuß in beliebiger Menge Geld ausgeben und einnehmen kann.
- Mögliche Verbundwirkungen zwischen Investitionsmaßnahmen und konkreten Finanzierungsmöglichkeiten der Praxis bleiben in der Regel unberücksichtigt.
- Zurechnung von Einzahlungs- und Auszahlungsströmen auf einzelne Investitionsmaßnahmen (Investitionsobjekte) sind nicht immer möglich oder nicht praktikabel.

Der **Controller beschäftigt sich – im Idealfalle – mit allen Phasen eines Investitionsprozesses** (Investitionsplanung, Investitionsentscheidung, Investitionsdurchführung und Investitionskontrolle im Sinne einer Projekt- und Budgetkontrolle), doch liegt der Schwerpunkt der Controllertätigkeit vor allem auf dem Gebiet der **Unterstützung der Investitionsplanung**, z. B. durch Hilfe bei der Entwicklung von Investitionsrichtlinien, bei der Bereitstellung von computergestützten Investitionsrechenprogrammen und der Koordination des Bündels der Einzelinvestitionen sowie auf dem Gebiet der **Investitionskontrolle**, indem das Controlling die Daten für die Investitionskontrolle der Entscheidungsträger bzw. Entscheidungsverantwortlichen zur Verfügung stellt.

4.4 Investitionsrechnung an Beispielen verschiedener Branchen

Nützliche Beispiele für Investitionsrechnung in Dienstleistungsunternehmen bieten der öffentliche Dienst, zum Beispiel **Public-Private-Partnership-Projekte** (**PPP**) und der **Krankenhausbereich**. Wegen der besonderen Art der Finanzierung von Krankenhäusern in der Bundesrepublik Deutschland, welche sich regelmäßig zum Teil durch Kostenübernahmen der öffentlichen Hand finanzieren[9] (**„duale Finanzierung“**), gestaltete sich eine Anwendung statischer und dynamischer Verfahren in der Vergangenheit oft als schwierig.

In der Realität des deutschen Krankenhauswesens, aber zum Beispiel auch großer Rundfunkanstalten bzw. Fernsehanstalten, lassen sich viele Investitionsentscheidungen grundsätzlich ungeachtet der Amortisierung großer Investitionen treffen; zum Teil bedingt der öffentliche Versorgungsauftrag sogar die Investition auch unabhängig von wirtschaftlichen Gesichtspunkten.[10]

Da aber der Anteil der staatlichen Finanzierungsübernahmen an den Gesamtinvestitionskosten, d. h. die staatliche **„Investitionsquote“** im Krankenhauswesen zurückgeht,[11] ist zum einen ein zunehmender Teil der Investitionskosten in staatlichen Krankenhäusern auf klassische Weise vom Träger durch eigene Mittel zu finanzieren, zum

9 Vgl. – auf Bundesebene, eine länderspezifische Betrachtung soll hier unterbleiben – § 4 Gesetz zur wirtschaftlichen Sicherung der Krankenhäuser und zur Regelung der Krankenhauspflegesätze (Krankenhausfinanzierungsgesetz – KHG) in der Fassung der Bekanntmachung vom 10.4.1991 (BGBl. I S. 886), zuletzt geändert durch Art. 5 des Gesetzes vom 22.12.2023 (BGBl. I Nr. 406).

10 Vgl. zur Problematik der Krankenhausfinanzierung und dem Spannungsverhältnis zwischen öffentlichem Gesundheitsauftrag und Wirtschaftlichkeitsgesichtspunkten *Bär, Stefan/Pohlmann, Markus*: Kurswechsel im Krankenhaus. Auf dem Weg zu einer markt- und profitorientierten Dienstleistungsorganisation?, in: Bode, Ingo/Vogd, Werner (Hrsg.): Mutationen des Krankenhauses. Soziologische Diagnosen in organisations- und gesellschaftstheoretischer Perspektive, Wiesbaden 2016, S. 229–250, S. 242 f.

11 Vgl. zur Entwicklung der Finanzierung von Krankenhäusern *Simon, Michael*: Die ökonomischen und strukturellen Veränderungen des Krankenhausbereichs seit den 1970er Jahren, in: Bode, Ingo/Vogd, Werner (Hrsg.): Mutationen des Krankenhauses. Soziologische Diagnosen in organisations- und gesellschaftstheoretischer Perspektive, Wiesbaden 2016, S. 29–45, S. 37 m. w. N., welcher den starken Rückgang der staatlichen Investitionsförderung darstellt.

anderen ist eine verstärkte Privatisierung festzustellen.[12] Dies hatte eine verstärkte Einführung der besprochenen Investitionsverfahren, insbesondere der dynamischen Verfahren, zur Folge.[13]

Im Bereich der **kommunalen Haushaltswirtschaft** haben Überlegungen der Investitionsrechnung Eingang in das kommunale Haushaltsrecht gefunden. Beispielhaft sei dies am kommunalen Haushaltsrecht des Bundeslandes Nordrhein-Westfalen dargestellt.

Gemäß § 13 KomHVO NRW soll unter mehreren in Betracht kommenden Möglichkeiten durch einen Wirtschaftlichkeitsvergleich die für die Kommune wirtschaftlichste Lösung gefunden werden. Die mildeste Form einer solchen Berechnung ist eine einfache Kostenberechnung; bei wichtigeren Maßnahmen (was hierunter fällt, ist örtlich vom kommunalen Vertretungsorgan, bspw. dem Stadt- bzw. Gemeinderat, festzulegen) ist eine umfangreiche Rechnung vorzunehmen, welche neben den Anschaffungs- oder Herstellungskosten auch die Folgekosten einbezieht. Derartige Entscheidungen beziehen sich beispielsweise auf die Frage, ob man einen Dienstwagen kaufen oder leasen soll. Aber auch (*a priori*) größere Investitionsvorhaben wie der Neubau eines Rathauses, einer Schule oder einer anderen öffentlichen Einrichtung unterfallen der genannten Norm und bedürfen einer entsprechenden wirtschaftlichen Überprüfung der bestehenden Entscheidungsalternativen.

4.5 Nutzen-Kosten-Methoden

4.5.1 Kosten-Nutzen-Analysen

Im Gegensatz zu den Verfahren der statischen und dynamischen Wirtschaftlichkeitsrechnung, welche lediglich Kosten und Leistungen bzw. Einzahlungen und Auszahlungen berücksichtigen, versucht man mittels der **Kosten-Nutzen-Analysen** (*Cost-Benefit-Analysis* (*CBA*)), alle Faktoren, also nicht nur monetäre, einzubeziehen (= **„multiattributive Investitionsrechnung“** auf entscheidungstheoretischer Basis).

Mittels der Verfahren der Kosten-Nutzen-Methoden soll es gelingen, mit den vorhandenen finanziellen Mitteln einen möglichst hohen gesamtgesellschaftlichen Nutzen zu erzielen. Es ist dann jene Investitionsmaßnahme zu wählen, bei der die Differenz zwischen gesamtgesellschaftlichem Nutzen und den Kosten am höchsten ist.

12 Vgl. *Simon, Michael*: Die ökonomischen und strukturellen Veränderungen des Krankenhausbereichs seit den 1970er Jahren, in: Bode, Ingo/Vogd, Werner (Hrsg.): Mutationen des Krankenhauses. Soziologische Diagnosen in organisations- und gesellschaftstheoretischer Perspektive, Wiesbaden 2016, S. 29–45, S. 38.

13 Vgl. zum Investitionscontrolling in Krankenhäusern, speziell auch zur Entscheidungsphase bei Investitionen, *Schüring, Stefan*: Investitionsmanagement und -controlling in deutschen Krankenhäusern: Eine empirische Untersuchung gestalterischer Elemente im situativen Kontext, in: von Eiff, Wilfried/Prinz, Aloys/Senninger, Norbert/Steinmeyer, Heinz-Dietrich (Hrsg.), Münsteraner Schriften zu Medizinökonomie, Gesundheitsmanagement und Medizinrecht, Bd. 8, Berlin 2014, S. 63–76, S. 68.

Bei den Verfahren der Kosten-Nutzen-Analyse wird versucht, für die Kosten und Nutzen eine monetäre Bewertung zu benutzen, also z. B. eine Bewertung in Euro, um damit alle Arten von Nutzen miteinander vergleichbar, gewissermaßen auf monetäre Weise „gleichnamig" zu machen.

So könnte man z. B. den Wert der öffentlichen Sicherheit (*Was ist eine neue Polizeiwache in einem Ort „wert"?*), den Wert einer Landesverteidigung, den Wert eines Flughafens mit nachfolgender Lärmbehinderung, Erhöhung des Verkehrsaufkommens, Verringerung des Baumbestandes, aber auch die Verbesserung der Einkaufsmöglichkeiten, bessere Erreichbarkeit öffentlicher Gebäude oder eine Erhöhung der örtlichen Attraktivität für Investoren und Touristen zu ermitteln versuchen.

In der Regel unterscheidet man zwischen **internem** und **externem Nutzen** einer Investitionsmaßnahme (auch: **„interne"** und **„externe Effekte"**). Effekte, die sich bei dem Personenkreis niederschlagen, für welchen die Maßnahme eigentlich gedacht ist bzw. der die Maßnahme durchführt und sich der aus ihr erwachsenden Vorteile bedienen kann, nennt man „interne Effekte" (bzw. „Nutzen", bspw. gemessen in Flug- und Anfahrtszeitersparnis, oder bewertet anhand von Einsparungen bei Bauausgaben, Wartung und Unterhaltung). Die externen und indirekten Effekte tragen (oft) jene, für welche die „Segnungen" der Maßnahme grundsätzlich nicht gedacht waren, beispielsweise Auswirkungen in Form von Lärmbelästigungen, Setzrissen in Gebäuden, Verkehrsbehinderung oder Landschaftsverschandelung aufgrund der Einrichtung neuer Freizeiteinrichtungen, der Schaffung neuer Einkaufsmöglichkeiten oder Verbesserungen der Verkehrsinfrastruktur.

Alle Nutzen und Kosten, die man messen und einigermaßen exakt bewerten kann, nennt man **„tangible Effekte"** (etwa Gebäude- und Zufahrtsstraßenbaukosten); solche Effekte, die man nicht oder fast nicht quantifizieren oder bewerten kann, nennt man **„intangible Effekte"**. Je mehr intangible Effekte in eine Nutzen-Kosten-Bewertung miteinbezogen werden können, desto brauchbarer wird die Nutzen-Kosten-Bewertung.

Kennt man möglichst „alle" entstehenden Nutzen und Kosten einer Investitionsmaßnahme, z. B. einen Krankenhausneubau, so kann man abschließend mittels Anwendung der Kapitalwertmethode versuchen, eine Alternativenauswahl vorzunehmen.

Bewertung der Kosten-Nutzen-Analysen (KNA)

Da versucht wird, eine monetäre Bewertung vorzunehmen, um Kapitalwerte (als „Nutzenüberschüsse") berechnen zu können, wird es wegen der vielen intangiblen Effekte, also der nicht oder nicht exakt quantifizierbaren und bewertbaren Effekte, zu nicht eindeutigen und schon gar nicht zu intersubjektiv überprüfbaren Entscheidungen kommen.[14]

Diverse der schon in großen öffentlichen Projekten angewandten Bewertungsmaßstäbe sind äußerst fragwürdig und zumindest völlig unzureichend, etwa die Bewertung eines Menschenlebens bloß nach Maßgabe seines noch erzielbaren Einkommens

14 Vgl. zur Problematik der Bewertung nicht-monetärer Werte Busse von *Colbe, Walther/Witte, Frank*: Investitionstheorie und Investitionsrechnung, 5., vollständig überarbeitete Aufl., Berlin 2018, S. 308 f.

oder wie bei der Londoner Airport-Studie, bei welcher man *alle* Gebäude, auch eine historische Kathedrale aus dem Mittelalter, einfach nur mit einem Feuerversicherungswert bewertet hat.

Häufig werden externe oder irgendwelche „außergewöhnlichen" Effekte nur als Merkposten „unter dem Strich" (als Merkposten, der nicht weiter beachtet wird) „nachrichtlich" vermerkt.

4.5.2 Nutzwertanalyse

Aus der berechtigten Kritik der Kosten-Nutzen-Analyse heraus wurde die Nutzwertanalyse entwickelt. Investitionsprojekte werden hier im Hinblick auf das zu berücksichtigende oder zu erreichende Ziel hin bewertet.

Es werden Zielerreichungen gewichtet (man kommt zu „Zielerreichungsgraden"), um dann aus der Summe der Einzelwerte einen Gesamtwert, den Nutzwert, errechnen zu können.

In einem ersten Schritt der Nutzwertanalyse (NWA) muss ein **Globalziel**, z. B. „Bestimmung eines optimalen Standortes für einen Großflughafen oder für ein Großklinikum" bestimmt und in Teilziele und Subziele (Unterziele) im Rahmen einer Zielhierarchie entwickelt werden, bei der jedes Teil- bzw. Unterziel ein Instrument zur Erfüllung eines in der Hierarchie höherstehenden Zieles ist.

Durch – subjektive – Bewertung der einzelnen Stufen der Hierarchie enthält jedes Teilziel bzw. Unterziel eine Gewichtung, z. B. eine Punktzahl von 0 bis 100, wenn es gelingt, die Subziele im Verhältnis zum Globalziel prozentual zu gewichten, d. h. zu bewerten. Das Ergebnis der Gewichtung ist eine Hierarchie von mit Zielgewichten bewerteten Teilzielen.

Nach Aufstellung des Zielsystems (der **Zielhierarchie**) und der **Zielgewichtung** werden in einem letzten Schritt die einzelnen Zielkriterien nach dem Grad ihrer Zielerreichung gewichtet, z. B. mit einem Punktesystem, das von 0 = totale Zielverfehlung über 3–4 = mittelgute Zielerreichung bis 5 = volle Zielerreichung reicht.

Der Teil-Nutzwert eines jeden Teil- bzw. Subziels lässt sich schließlich dadurch ermitteln, dass man das Zielgewicht und den Zielerreichungsgrad miteinander multipliziert, um somit die Teilnutzwerte der einzelnen Teil- bzw. Subziele ermitteln zu können.

Durch Addition aller Teilnutzwerte der verschiedenen zur Auswahl stehenden Investitionsalternativen ermittelt man dann die Gesamtnutzwerte der Alternativen und kann nun die Entscheidung treffen, welche der zur Entscheidung anstehenden Auswahlalternativen den Zuschlag erhält.

Erste Bewertung der Nutzwertanalyse

1. Der Auswahl- bzw. Entscheidungsprozess – mit seinen zugrunde liegenden Bewertungen – wird nachvollziehbar und intersubjektiv überprüfbar gehalten.

2. Die vielen subjektiven Elemente in dem Bewertungs- und Entscheidungsprozess können, müssen aber nicht zu einer objektiv richtigen Entscheidung führen.[15]
3. Durch Aufspaltung bzw. Zerlegung einer oftmals sehr komplexen (Gesamt-) Entscheidung wird das Entscheidungs- und Auswahlproblem in sehr viele kleine und übersichtliche Einzelentscheidungen übergeführt.
4. Gerade durch die Aufspaltung in viele Teilentscheidungen ist es möglich, einen relativ großen Personenkreis, wie z. B. Betroffene, Unternehmensangehörige, Sachverständige, Lokalpolitiker usw., am Entscheidungsprozess zu beteiligen. Hierdurch wird die letztlich gefällte Entscheidung für ein bestimmtes Projekt auch leichter durchsetzbar werden, als wenn nur wenige Angehörige einer Funktionselite die Entscheidung fällen.

4.5.3 Kosten-Wirksamkeits-Analyse

Als Mischform von Kosten-Nutzen- und Nutzwertanalyse ist die **Kosten-Wirksamkeits-Analyse (KWA)** entstanden. Im Rahmen der Kosten-Wirksamkeits-Analyse werden sämtliche internen, also direkten Kosten, z. B. die Anschaffungs- und Herstellkosten sowie die laufenden Betriebskosten – und möglichst auch die indirekten Kosten – erfasst und durch eine Bewertung mit Geldeinheiten gewichtet.

Die aufgrund der intangiblen Effekte entstehenden Kosten, welche nicht erfassbar sind **(„Intangibles“)**, werden dann als „negative Nutzen“ betrachtet und gemeinsam mit den übrigen Nutzendimensionen zu einer Nutzwertanalyse zusammengefasst.

Anders als bei der Kosten-Nutzen-Analyse oder der Nutzwertanalyse, die als Ergebnis einen einzelnen Wert aufweisen, ist es bei der Kosten-Wirksamkeitsanalyse zwingend notwendig, die Kosten der einzelnen Alternativen dem jeweils dazugehörigen Nutzwert (hier „Wirksamkeit“ oder „Wirksamkeitsgrad“ genannt) gegenüberzustellen.

Bewertung der Kosten-Wirksamkeits-Analyse

In der Literatur wird die Kosten-Wirksamkeits-Analyse als „Aufguss“ anderer Methoden bezeichnet.[16] Der Vorteil liegt in der Einbeziehung der Kosten, wobei aber die bei der Kosten-Nutzen-Analyse anzutreffenden Methoden zur Bewertung entfallen.

Diese Methode eignet sich für die Bewertung von Maßnahmen mit einer Vielzahl von Vor- und Nachteilen, die sich direkt oder indirekt auf einzelne oder mehrere Personen auswirken können.

15 Zu den ersten beiden Kritikpunkten (und auch weiterführend) vgl. *Busse von Colbe, Walther/Witte, Frank*: Investitionstheorie und Investitionsrechnung, 5., vollständig überarbeitete Aufl., Berlin 2018, S. 326.

16 Zur Kritik vgl. auch *Busse von Colbe, Walther/Witte, Frank*: Investitionstheorie und Investitionsrechnung, 5., vollständig überarbeitete Aufl., Berlin 2018, S. 313.

5. Instrumente des Strategischen Controllings

5.1 ABC-Analyse und XYZ-Analyse

Mit der ABC-Analyse nimmt man eine Dreiteilung vor, um wichtige, weniger wichtige und nebensächliche Teile einer Gesamtmenge, z. B. eines Lagerbestandes, eines Verkaufssortiments oder eines Dienstleistungsangebotes, abzugrenzen.

Besonders häufig wird sie in der Materialwirtschaft angewandt. Mit der **ABC-Analyse** klassifiziert man z. B. die Materialien für einen rationellen Einsatz materialwirtschaftlicher Aktivitäten, wie z. B. eine ABC-Klassifizierung aller Bestellpositionen nach ihrem Bestellwert, eine ABC-Klassifizierung der Lieferanten nach ihrem Bestellvolumen, ABC-Analysen der Materialarten nach ihren Jahresbestellmengen, nach der Häufigkeit von Reklamationen, nach der Häufigkeit von Lagerbewegungen, erwarteten Preisänderungen etc.

A-Teile sind also solche Materialien mit geringem mengenmäßigem, aber **hohem** Wertanteil (Edelmetalle, z. B. der Platingruppe für Katalysatoren), **B-Teile** mit **mittlerem** Wert- und Mengenanteil (Edelstahlplatten und Edelstahlschrauben) und **C-Teile** mit **geringem Wert-**, aber hohem **mengen**mäßigem Anteil (wie z. B. Wasser in der Aluminiumverhüttung).

Das **Hauptaugenmerk** genießen natürlich die **A-Teile**, dann die B- und schließlich die C-Teile.

Durch eine am Umsatz orientierte ABC-Analyse können die für eine Unternehmung wichtigen Produkte ermittelt werden, nämlich diejenigen, welche einen signifikanten Umsatz haben bzw. einen großen Umsatzanteil. Darauf aufbauend lassen sich betriebliche Entscheidungen treffen.[1]

Während die ABC-Analyse etwa einen Materialverbrauch oder einen Lagerbestand nach dessen **Wert** klassifizieren soll, fragt man im Rahmen einer **XYZ-Analyse,** wie z. B. das Material **im Zeitablauf** verbraucht wird, also nach Verbrauchsschwankungen und damit nach **Prognosegenauigkeiten für Bedarfsprognosen.**

So nennt man **X-Material** solches mit einem *relativ konstanten Verbrauch* bei geringer Schwankungsbreite, also Material mit **hoher Prognosegenauigkeit** bzw. Prognosesicherheit.

Bei dem **Y-Material** *schwankt der Verbrauch stärker*, eventuell mit saisonalen Schwankungen oder mit einem erkennbaren Trend, also mit nur **mittlerer Prognosegenauigkeit** bzw. Prognosesicherheit.

Stark schwankendem und unvorhersehbar schwankendem Verbrauch unterliegt das **Z-Material,** für das natürlich eine sehr **geringe Prognosegenauigkeit** bzw. Prognosesicherheit gilt.

---

1 Vgl. *Meffert, Heribert/Burmann, Christoph/Kirchgeorg, Manfred, Marketing*: Grundlagen marktorientierter Unternehmensführung Konzepte – Instrumente – Praxisbeispiele, 12., überarbeitete und aktualisierte Aufl., Wiesbaden 2015, S. 435.

5.2 Die Gap-Analyse

Bei der *Gap*-Analyse werden Zukunftsprojektionen für mögliche Geschäftsverläufe einer Unternehmung miteinander verglichen. Mit ihr – als Instrument des strategischen Controllings – lassen sich unternehmerische Planungsgrößen („Lückenindikatoren"), wie z. B. Umsatz, Gewinn oder *ROI*, für einen bestimmten Planungszeitraum, z. B. ein Jahrzehnt, als Sollgrößen mit der tatsächlichen Entwicklung abgleichen.

Durch Vergleich der rechnerisch fortgeführten Ist-Werte mit den Plan- bzw. Wunschwerten erhält man eine voraussichtliche unternehmerische Entwicklung, um hierdurch Abweichungen der derzeitigen Entwicklung von einem geplanten unternehmerischen Zielpfad feststellen zu können (Lücke) und daraus unerwünschte Entwicklungen und mögliche Probleme so frühzeitig zu erkennen (Frühwarnfunktion des Controllings), dass das Controlling der Unternehmensleitung rechtzeitig Gegenmaßnahmen vorschlagen kann.[2] Die sich ergebende Differenz nennt man „Lücke" (englisch „*gap*"), die in eine operative und eine strategische Lücke aufgeteilt werden kann.

Operative Lücke (Leistungslücke)

Die **operative Lücke** als Abweichung zwischen dem derzeitig erreichten Basisgeschäft und dem potentiellen Basisgeschäft, welche sich durch kurzfristige und realistische Ausnutzung von Rationalisierungsmöglichkeiten (→ Kostensenkungseffekte) auf der einen Seite sowie erhöhte Marketingmaßnahmen (Werbung, vermehrter Einsatz von Personal im Vertrieb, hierdurch Generierung stärkerer Umsätze bei den Bestandskunden, zugleich auch Neukundenakquise) und die daraus folgende Umsatzsteigerung auf der anderen Seite verringern oder gar schließen lässt, wird auch **„Leistungslücke"** genannt.

Strategische Lücke (Wettbewerbslücke)

Geht man über diese kurzfristig auf realistische Weise zu erreichenden Rationalisierungserfolge hinaus, so muss man alle weiteren strategischen Potentiale, die über die bloßen Rationalisierungspotentiale und kurzfristigen Leistungssteigerungen hinausgehen, voll ausschöpfen.

Die vom potentiellen Basisgeschäft zum Sollwert (als Obergrenze der maximalen Entwicklung) reichende Lücke lässt sich nur mittels zusätzlicher strategischer Maßnahmen schließen, indem neue Produkte oder strategische Geschäftseinheiten unter Berücksichtigung aller (zukünftig) verfügbaren Potentiale des Unternehmens realisiert werden; es geht also um ein zu erwartendes Neugeschäft.

Ablauf der Erstellung einer Gap-Analyse

- Eintragung des strategischen Ziels in ein Koordinatensystem,

2 Vgl. zu den Anwendungsmöglichkeiten der *Gap*-Analyse *Buchholz, Liane*: Strategisches Controlling. Grundlagen – Instrumente – Konzepte, 3., vollständig aktualisierte Aufl., Wiesbaden 2020, S. 184.

- graphische Darstellung der Entwicklung vor und nach Einsatz operativer (Rationalisierungs-)Maßnahmen,
- Bestimmung der operativen und der strategischen Lücke,
- Erarbeitung operativer Maßnahmen zur Schließung der Leistungslücke,
- Erarbeitung strategischer Maßnahmen zur Schließung der strategischen Lücke und
- Definition von „Meilensteinen“, um eine regelmäßige Überprüfung der operativen und strategischen Maßnahmen ermöglichen zu können.

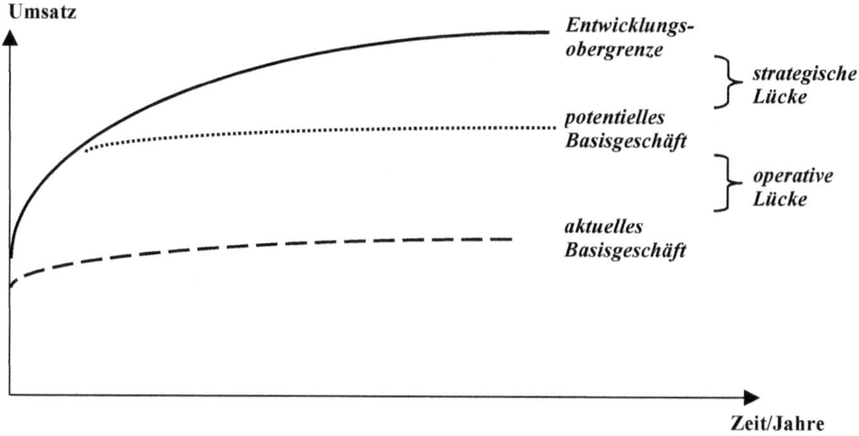

Abb. 11: Gap-Analyse

Als (Zwischen-)Ergebnis der *Gap*-Analyse bei einem deutschen Automobilhersteller könnte man z. B. folgende Maßnahmen zur Schließung der strategischen Lücke vorschlagen: Leichtere und eher nur optische Überarbeitung bestehender, älterer Modelle („*Facelifting*“), Segmentierung, Diversifikation, Neuprodukteentwicklung, Erschließung neuer Märkte (z. B. Export deutscher Fahrzeuge in aufstrebende asiatische Märkte).

Die **Gap-Analyse** eignet sich für eine erste, noch grobe, strategische **Erstanalyse**, der sich z. B. eine gründliche Portfolio-Analyse anschließen sollte. Im Marketing würde man hier z. B. eine Produkt-Markt-Matrix (nach Igor Harry **Ansoff** auch „Ansoff-Matrix“ genannt[3]) empfehlen.

3 Vgl. hierzu die Spezialliteratur zum strategischen Marketing, z. B. *Meffert, Heribert/Burmann, Christoph/ Kirchgeorg, Manfred*: Marketing: Grundlagen marktorientierter Unternehmensführung Konzepte – Instrumente Praxisbeispiele, 12., überarbeitete und aktualisierte Aufl., Wiesbaden 2015, S. 254.

5.3 Portfolio-Management

5.3.1 Erfahrungskurven und Produkt-Lebenszyklus

Mit der Portfolio-Analyse können die Erfolgspotentiale eines Unternehmens auf eine sehr anschauliche Art und Weise abgeleitet werden. Sie ist ein Controlling-Instrument zur aktiven Zukunftsgestaltung. Der Grundgedanke ist, dass eine Unternehmung eine optimale Mischung von **„strategischen Geschäftsfeldern“ (SGF)** im Hinblick auf Risikostreuung, Ertragschancen, Wachstumsmöglichkeiten und Finanzierbarkeit erreichen sollte. **Strategische Geschäftsfelder** sind **Produkt-Markt-Kombinationen**, welche sich klar abgrenzen lassen und für welche eine einheitliche Strategie entwickelt werden kann.

Ein strategisches Geschäftsfeld kann man durch **Kombinationen** der **Geschäftsfelddimensionen** Kunden- und Produktgruppen, Kundenbedürfnisse, Technologien und Absatzkanäle bilden.

- **Kundengruppen** umfassen unterschiedliche Branchen (z. B. Automobilbau, Maschinenbau),
- **Produktgruppen** wären z. B. Eisendraht, Eisenstangen und Eisenband, wobei Produktgruppen natürlich auch Dienstleistungen (z. B. Herrenhaarschnitt, Damenhaarschnitt, Kinderhaarschnitt) umfassen können.
- Zu den **Kundenbedürfnissen** gehören sämtliche kundenseitige Anforderungen an das Unternehmen, z. B. Zertifizierung als Öko-Betrieb, Auftreten als Komplettanbieter, oder an die Produkte und Dienstleistungen, z. B. Preis und Qualität.
- Zu den **Technologien** gehören physikalische, chemische, technische oder biologische und mikrobiologische Verfahren (z. B. Joghurt oder Käsereifung) im Wertschöpfungsprozess.
- Als **Absatzkanäle** kommen Direktverkauf (im Laden oder auch über das Internet) oder indirekter Verkauf über den Handel in Frage.

Die Portfolio-Analyse baut auf dem Produkt-Lebenszyklus-Ansatz und dem Ansatz der Erfahrungskurve auf. In der Erfahrungskurve geht es um Lerneffekte in der Produktion und um den Zusammenhang zwischen Stückkosten eines Produktes und der produzierten Menge (vgl. Abb. 12).

Das Konzept der **Erfahrungskurve** besagt, dass mit jeder Verdopplung der kumulierten Produktionsmenge die Stückkosten um einen gewissen prozentualen Satz, z. B. um 20–30 %,[4] sinken. Die **Ursachen** sind vor allem **Fixkostendegressionseffekte** („Gesetz der Massenproduktion“). Mit jeder Verdoppelung der kumulierten Produktionsmenge eines Produktes oder auch einer Dienstleistung sinken die Herstellkosten je Stück. Wegen der Fixkostendegressionseffekte, innovativer und weiter optimierter Produktionsverfahren sowie Reife- und Veredelungsprozesse, z. B. nach ablauforga-

4 Vgl. *Macharzina, Klaus/Wolf, Joachim*: Unternehmensführung: Das internationale Managementwissen. Konzepte – Methoden – Praxis, 10., vollständig überarbeitete und erweiterte Aufl., Wiesbaden 2018, S. 363.

nisatorischer Rationalisierung im Fertigungsablauf und wegen der zunehmenden Fertigkeit der Mitarbeiter des Produzenten, z. B. bei handgefertigten Produkten (Lerneffekte einerseits, also weniger Zeitbedarf pro Stück bei steigender Produktionsmenge, *und* zunehmende Vermeidung von („Anfänger-")Fehlern andererseits) um einen Prozentsatz x, erfahrungsgemäß etwa 20–30 % (in Einzelfällen, z. B. Handarbeit, kann der Prozentsatz sogar noch deutlich höher liegen).

Zum Erfahrungskurveneffekt ist anzumerken, dass – gerade mit Blick auf aktuelle Entwicklungen im Dienstleistungsbereich – die Aussage getroffen werden kann, dass dieser nicht nur im handwerklichen oder gewerblichen Bereich anzutreffen ist. Zum einen ist auf den Umstand der sich in jüngerer Zeit ausbreitenden gemeinschaftlichen Führung von Arztpraxen, Rechtsanwaltssozietäten und Wirtschaftsprüfungsgesellschaften hinzuweisen,[5] zum anderen mag dieser Effekt auch maßgeblich gewesen sein bei der Bestimmung im Haushaltsrecht Nordrhein-Westfalens, dass eine Gemeinde ihre Finanzbuchhaltung auch außerhalb der eigenen Verwaltung durchführen lassen (vgl. hierzu die Regelung in § 94 GO NRW) oder sich (gemäß § 102 II GO NRW) für die Durchführung der Jahresabschlussprüfung Externer unter bestimmten Voraussetzungen auch einer anderen örtlichen Rechnungsprüfung bedienen kann. Durch die von einer zentralen Stelle in hoher Zahl erfolgenden Vorgänge (Zahlungsannahmen, Rechnungsbegleichungen, Erfassung von Belegen usw. einerseits bzw. Rechnungsprüfung andererseits) erfolgt eine effizientere Bearbeitung. Dieser Gedanke hat mittlerweile nicht nur Eingang ins Gesetz gefunden, sondern wird in den Kommunen auch umgesetzt.[6]

In der untenstehenden Abbildung – z. B. für eine Schuhmanufaktur (Handarbeit) – wird klar, dass mit steigender Produktionszahl weniger Fehlschnitte, weniger Abfall und eine höhere Arbeitsgeschwindigkeit (Lerneffekt) entstehen und so die Kosten pro Stück im Laufe der Zeit sinken bzw. bei steigender Produktionsmenge immer geringer werden.

5 Vgl. ebenda.

6 Vgl. hierzu z. B. Gemeinde Rheurdt (Hrsg.): „Öffentlich-rechtliche Vereinbarung über die Wahrnehmung der Aufgaben der Finanzbuchhaltung im Bereich der Zahlungsabwicklung und Forderungsvollstreckung der Gemeinden Kerken und Rheurdt (Buchhaltung Kerken/Rheurdt) durch die Gemeinde Issum (Finanzbuchhaltung Issum)", Rheurdt 2016. (https://www.rheurdt.de/www/Sitzungsdienst.nsf/HTML/732F7D25A4015CB0C1257F1D00368A3D/$FILE/%C3%96ffentlich-rechtliche%20Vereinbarung%20Issum%20Kerken%20Rheurdt%20ab%2001.01.2016%20Stand%2016.12.2015_1.pdf).

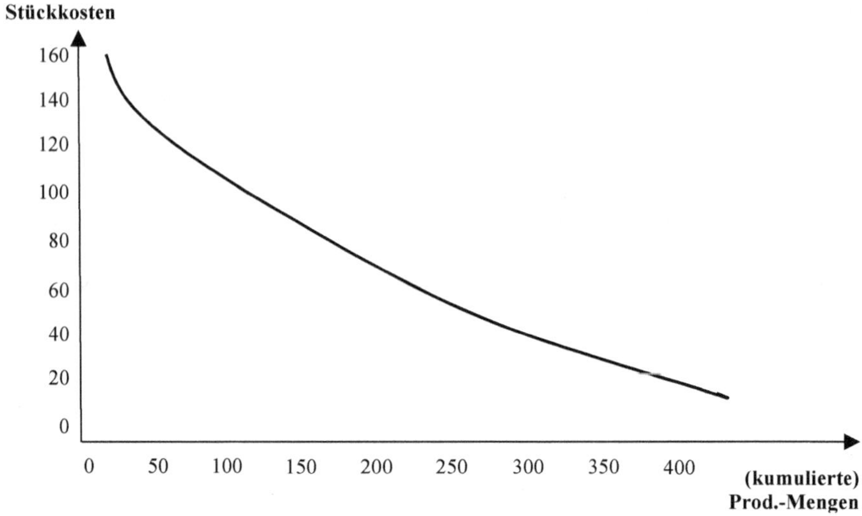

Abb. 12: Erfahrungskurvenzyklus (Boston[7]*-Effekt)*

Das **Produkt-Lebenszyklusmodell** stellt die **Kosten-, Umsatz- und Gewinnentwicklung** eines **Produktes im Zeitablauf** dar (von der Entscheidung, überhaupt ein Produkt herstellen zu wollen, bis hin zur Marktdegeneration bzw. zur Produktelimination), und zwar im Sinne eines gesetzmäßigen Ablaufs des Absatzes eines Produktes mit einer idealtypischen Abfolge von Entwicklungsphasen (vgl. die folgende Abb. 13). Auf der Basis heute möglicher Analysen gigantischer, von den Kunden produzierter Datenmengen können Anregungen für zukünftige Produkte abgeleitet werden (**prädiktive Produktentwicklung**), weil z. B. 75 % der Kunden den Kauf eines Neuwagens vorher im Internet über einen Konfigurationsassistenten zusammenstellen und Unternehmen mit Neuproduktentwicklungen immer schneller werden und dadurch die früher bisweilen ein ganzes Jahrzehnt dauernden (Automobil- oder Pharmaindustrie) Produkt-Lebenszyklen immer kürzer werden.[8] Immer kürzere Produkt-Lebenszyklen aber zwingen die Anbieter, mit ihren neu entwickelten Produkten schneller als früher beim Kunden anzukommen. In immer knapperer Zeit sind auf diese Weise die Amortisierung ihrer Kosten im Entstehungszyklus und der ersten zwei Teilphasen im Marktzyklus zu erreichen und auch Pioniergewinne zu erzielen, bevor die Imitatoren (und die Konkurrenz im Allgemeinen) durch zunehmenden Wettbewerb die Preise drücken. Dies führt zunehmend dazu, dass auch noch nicht vollends ausgereifte, ständig weiterzuentwickelnde Zwi-

7 Benannt nach der *Boston Consulting Group*, welche den Begriff der Erfahrungskurve in den 1960er Jahren einführte.

8 Zur prädiktiven Produktentwicklung vgl. *Wildemann, Horst*: Agilität – das Gegenteil von Planerfüllung (Beitrag zur Serie „Der Betriebswirt“), in: Frankfurter Allgemeine Zeitung (FAZ) vom 9.10.2017, S. 16.

schenprodukte auf den Markt kommen und diese von den Kunden sogar akzeptiert werden, wie z. B. bei Hard- und Software in der IT-Branche oder bei Smartphones.[9]

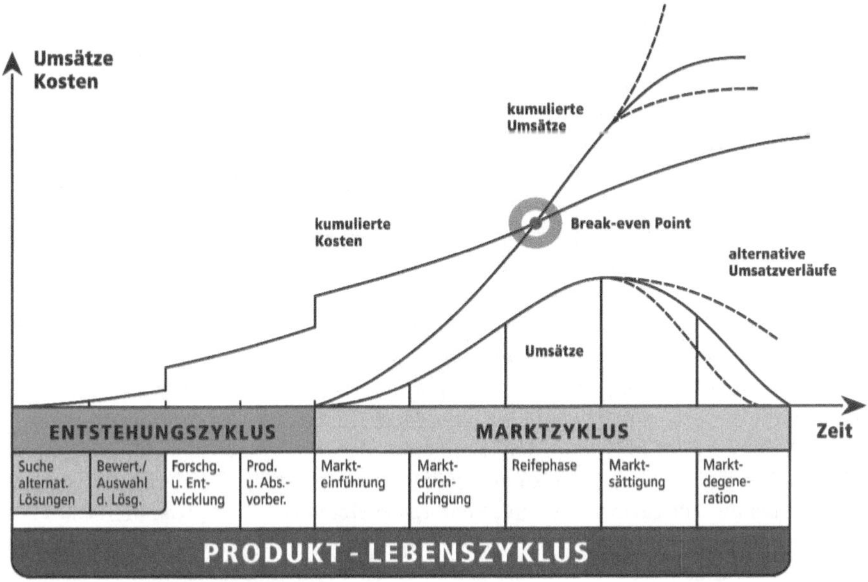

Abb. 13: Produkt-Lebenszyklus in der Gesamtschau[10]

Im Bereich der öffentlichen Verwaltungen stellt sich das Problem, dass Produkte bzw. Dienstleistungen in der Regel durch Gesetze vorgegeben sind. Die Pflichtaufgaben der Behörden dominieren. Allerdings ist auch an den Bereich der freiwilligen Aufgaben, die ja zum Kernbereich der grundgesetzlich geschützten kommunalen Selbstverwaltungsgarantie gehören, zu denken, hier vor allem im Freizeit- und Kulturbereich.

Die Produkte und Dienstleistungen kommunaler Verwaltungen in diesen Bereichen unterliegen einem Wandel. Anders als in der Privatwirtschaft können Kommunalverwaltungen ihre Angebotspalette indes nicht nur nach rein betriebswirtschaftlichen Grundsätzen ausrichten. Vielmehr gilt es, die Besonderheiten der Gemeinden zu beachten:

- Umsatz zu Marktpreisen am Markt unter Wettbewerbsbedingungen gibt es nur in kleinen Teilbereichen, z. B. im Bereich der Musikschulen und der Volkshochschulen mit Angeboten, die auch privat offeriert werden (können). Aufgaben im Bereich Kultur und Sport bedürfen, um überhaupt einer breiten Bevölkerungsschicht angeboten

9 Vgl. ebenda.

10 In teilweiser Anlehnung an Abbildungen bei *Bischof, Peter*: Produktlebenszyklen im Investitionsgüterbereich. Produktplanung unter Berücksichtigung von Widerständen bei der Markteinführung, Bd. 2 der Reihe „Innovative Unternehmensführung“, Göttingen 1976, S. 35, und *Pfeifer, Werner/Bischof, Peter*: Produktlebenszyklus als Basis der Unternehmensplanung, in: Zeitschrift für Betriebswirtschaft (ZfB), 1974, 44. Jg., S. 635–641, S. 637.

werden zu können, einer staatlichen Förderung, sind also *a priori* nicht an Gewinnerzielung ausgerichtet, weil es um Kulturförderung und Bildungsförderung geht.
- Kommunen sind grundsätzlich nicht gewinnorientiert. Vielmehr dienen sie dem Wohl der Einwohner (vgl. § 1 GO NRW) und haben auf deren wirtschaftliche Leistungsfähigkeit bzw. Kräfte (vgl. §§ 10 und 77 GO NRW) Rücksicht zu nehmen.
- Eine Gemeinde steht nicht unter Existenzdruck, was sich unter anderem darin manifestiert, dass sie keine Insolvenzfähigkeit hat (vgl. § 128 GO NRW). Ganz im Gegenteil besteht aufgrund der Steuererhebungskompetenz die Möglichkeit, fehlende Erträge und Einzahlungen zwangsweise zu generieren. Die Notwendigkeit, ein „Auslaufprodukt" bzw. eine wenig oder nicht nachgefragte Dienstleistung zu ersetzen, besteht (grundsätzlich – auf die Problematik der zunehmenden kommunalen Schulden und defizitärer Haushalte soll hier nicht eingegangen werden) nicht.

Das Konzept des Produkt-Lebenszyklus kann indes auch im öffentlichen Dienstleistungsbereich Anwendung finden, wenn es nämlich gilt, Ressourcen (Personal, Sachmittel und liquide Mittel) anders (ggf. sogar optimiert) zu verteilen und anderen Bereichen, die an Relevanz gewinnen, zuzuordnen. Ein Beispiel ist der demographische Wandel. Dieser führt in Kommunen zu einem geänderten Angebot, welches ersetzend oder auch ergänzend erfolgen kann. Städtebauliche Planungen, Verkehrs(wege)gestaltung bis hin zur Errichtung von „Seniorenspielplätzen" sind (exemplarische) Anwendungsfelder des Produkt-Lebenszykluskonzepts, das es ermöglichen kann, die Notwendigkeit, Produktvariationen durchzuführen oder neue Produkte anzubieten, rechtzeitig zu erkennen.

5.3.2 Marktattraktivitäts-Marktwachstums-Portfolio (BCG)

Fast alle Varianten der Portfolio-Analyse haben zum Ziel, die Chancen und die Risiken strategischer Geschäftseinheiten durch eine Reihe von Geschäftsfelddimensionen zum Ausdruck zu bringen. Bildet man aus solchen Geschäftsfelddimensionen zwei Hauptkategorien, so kann ein Koordinatensystem bzw. eine **Matrix** aufgestellt werden, in welcher sich die Strategischen Geschäftsfelder auf übersichtliche Weise darstellen lassen.

Nach einer seit vielen Jahren systematisch und regelmäßig betriebenen Marketinguntersuchung, der **PIMS-Studie** (***Profit Impact of Market Strategies***) gehören zu den Determinanten des unternehmerischen Erfolgs die beiden Erfolgsfaktoren **(„Kategorien") Marktanteil** und **Marktwachstum.**[11] Auf Basis dieser Informationen werden vor allem zwei Fragen beantwortet:

1. **Welche Determinanten wirken auf den *ROI* und den Cash-Flow ein?**
2. **Wie verhalten sich *ROI* und Cash-Flow bei einer Strategieänderung?**

11 Vgl. *Macharzina, Klaus/Wolf, Joachim*: Unternehmensführung. Das internationale Managementwissen. Konzepte – Methoden – Praxis, 10., vollständig überarbeitete und erweiterte Aufl., Wiesbaden 2018, S. 372 f. mit einer detaillierten Übersicht zu den Determinanten des *ROI* (S. 373).

Eines der bekanntesten Portfolios ist das ebenfalls aus zwei Kategorien bestehende, von der nordamerikanischen Unternehmens- und Organsisationsberatungsgesellschaft Boston Consulting Group (BCG) entwickelte Marktwachstums-/Marktanteilsportfolio.

Kategorie 1: Relativer Marktanteil
„Relativer Marktanteil" bedeutet hier: „Anteil an einem ganz bestimmten Markt", genauer: der eigene (absolute) Marktanteil gemessen an der Summe der Marktanteile *des* größten oder – besser – der *drei* größten Konkurrenten.

Gemeint ist hier also *nicht* der absolute Marktanteil, z. B. 30 % des deutschen Strommarktes, der bayerischen Geriatrie-Patienten oder des österreichischen Marktes für Feinwaschmittel, sondern das Verhältnis des eigenen Marktanteiles zum Marktanteil des oder der (drei) größten Wettbewerber. Es geht um **Kostenvorteile** oder **Kostennachteile** als Folge des Erfahrungskurveneffekts (der Kostendegression) und der aktuellen Position im Produkt-Lebenszyklus.

$$\textbf{relativer Marktanteil in \%} = \frac{\text{eigener (absoluter) Marktanteil}}{\text{Summe der absoluten Marktanteile der } \textit{drei} \text{ größten Konkurrenten}} \times 100$$

$$\textbf{oder}, \textit{alternativ:} = \frac{\text{eigener Umsatz}}{\text{Umsatz der drei größten Konkurrenten}} \times 100$$[12]

Der **relative Marktanteil** misst die betriebsinterne Stärke einer strategischen Geschäftseinheit und vergleicht den internen Umsatz im Verhältnis zum Gesamtumsatz der drei größten Konkurrenten. Es ergibt sich eine Zahl, nämlich das Vielfache oder ein Bruchteil dessen, was die drei führenden Konkurrenten schaffen. Ein relativer Marktanteil von 3,99 (entsprechend 399 %) sagt also, dass der Umsatz fast viermal so hoch ist wie jener der drei größten Konkurrenten. Oder: Ein relativer Marktanteil von 0,26 (also 26 %) sagt aus, dass der Umsatz der strategischen Geschäftseinheit etwa ein Viertel des Umsatzes der drei umsatzstärksten Mitbewerber beträgt.

12 Formeln in Anlehnung an *Krause, Hans-Ulrich*: Controlling-Kennzahlen für ein nachhaltiges Management. Ein umfassendes Kompendium kompakt erklärter Key Performance Indicators, Berlin 2016, S. 207.

Tabelle 22: Exemplarische Berechnung des relativen Marktanteils

Anbieter	Umsatz in T€	Absoluter Anteil	
A	5	1,59 %	
B	10	3,17 %	
C	20	6,35 %	die drei größten Konkurrenten
D	25	7,94 %	die drei größten Konkurrenten
E	30	9,52 %	die drei größten Konkurrenten
F	**225**	71,43 %	**eigener Anteil**
	315	**100,00 %**	

Der relative Marktanteil des Anbieters F beträgt 3 (oder 300 %).

Relative Marktanteile von nur 1,0 bis 1,7 bedürfen der besonderen Aufmerksamkeit des Controllings, weil in diesem Bereich die Marktführerschaft schnell wieder verlorengehen kann. In der Regel kann man davon ausgehen, dass die dauerhafte Generierung eines Cashflows bei einem Marktanteil erfolgt, der dauerhaft mindestens 50 % höher als jener des stärksten Konkurrenten ist. Gleichwohl wird ein relativer Marktanteil ab 1 (entsprechend 100 %) als „hoch" bezeichnet, darunter als „niedrig".[13] Ein hoher relativer Marktanteil deutet auf eine starke Position des Unternehmens hin, weil dies ein Hinweis auf eine kostengünstige Produktion ist.[14]

Kategorie 2: Marktwachstum/Wachstumsrate des Marktes
Mit **„Marktwachstum"** ist die reale (inflationsbereinigte!) Vergrößerung des Marktvolumens im Zeitablauf gemeint:

$$\textbf{Marktwachstum in \%} = \frac{\text{zusätzl. reales Marktwachstum (Betrachtungsraum)}}{\text{Marktvolumen (im vorangegangenen Zeitraum)}} \times 100$$

Eine Wachstumsrate ab 10 % gilt als hoch, darunter als niedrig.[15]

Durch eine Unterscheidung beider Faktoren mit den Ausprägungen „hoch" und „niedrig" entsteht eine **Vier-Felder-Matrix** (bzw. ein Koordinatensystem), in welche man niedrige und hohe Ausprägungen eingetragen kann. **Entsprechend ihrer Lage im Produkt-Lebenszyklus lassen sich** in den zwei mal zwei = vier Feldern der Matrix **folgende Produktgruppen bzw. strategischen Geschäftseinheiten/Geschäftsfelder (SGE) einteilen** (vgl. folgende Abbildung):

13 Vgl. *Macharzina, Klaus/Wolf, Joachim*: Unternehmensführung. Das internationale Managementwissen. Konzepte – Methoden – Praxis, 10., vollständig überarbeitete und erweiterte Aufl., Wiesbaden 2018, S. 361.

14 Vgl. *Diehm, Jürgen*: Controlling in Start-up-Unternehmen: Praxisbuch junge Unternehmen und Existenzgründungen, 2., aktualisierte Aufl., Wiesbaden 2017, S. 108.

15 Vgl. *Macharzina, Klaus/Wolf, Joachim*, a. a. O.

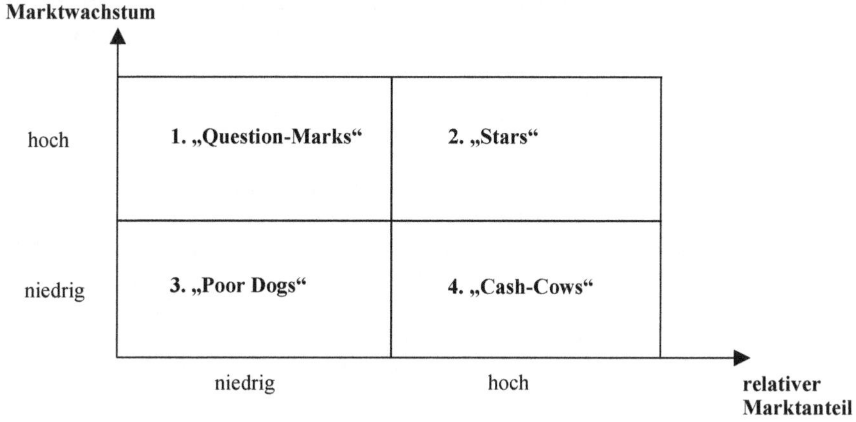

Abb. 14: (BCG-)Marktwachstums-/Marktanteils-Portfolio (I)

1. „Question-Marks“: Produkte in der Einführungsphase, in der Regel **Nachwuchsprodukte**, mit geringem Marktanteil, auf Märkten mit hohen Wachstumsraten. Es werden hohe Erträge erwirtschaftet, die jedoch – wegen des starken Marktwachstums – sogleich *re*investiert werden müssen. Bei ihnen ist noch unklar, wie sie sich mittelfristig weiterentwickeln, also ob sie *auf*- oder *ab*steigen werden. Erst mit dem Abklingen der Wachstumsphase bzw. dem Übergang in die Reifephase des Produktes kann man „bessere“, d. h. abschöpfbare Ergebnisse erzielen, jedenfalls dann, wenn es gelingt, den relativen Marktanteil zu halten.

Strategieempfehlung für **Question-Marks:** **Offensivstrategie** oder („rechtzeitiger“) Verkauf (in dem Sinne einer **Rückzugsstrategie**); eindeutige, allein „richtige“ strategische Empfehlungen sind hier nicht möglich, weil für jeden Einzelfall, also jedes Einzelprodukt geprüft werden muss, ob der Marktanteil mittels gezielter Maßnahmen ausgebaut werden kann.

2. „Stars“: **Strategische Geschäftseinheiten** bzw. Produkte und Dienstleistungen in der Wachstumsphase ihres Lebenszyklus, die sich durch starkes Marktwachstum und einen hohen relativen Marktanteil auszeichnen (**„Starprodukte“**). Es handelt sich um **neue** Produkte, die sich in der **Einführungs- oder am Beginn einer Wachstumsphase** befinden, so dass auch ein relativ hoher, aus Umsätzen anderer Produkte oder Fremdkapitalaufnahme zu finanzierender

Finanzbedarf besteht, ohne dies durch Kostenvorteile auf der Basis von Erfahrungskurveneffekten kompensieren zu können. Erst mit dem Abklingen der Wachstumsphase bzw. dem Übergang in die Reifephase des Produktes kann man „bessere“, d. h. abschöpfbare Ergebnisse erzielen, jedenfalls dann, wenn es dabei gelingt, den relativen Marktanteil zu halten. ***Stars* sollten die *Cash-Cows* der Zukunft werden!**

Strategieempfehlung für Stars: **Investitions- bzw. Wachstumsstrategie:** Es sollte mittels zusätzlicher Investitionen dafür Sorge getragen werden, dass der Marktanteil *wenigstens* gehalten, besser aber (weiter) ausgebaut wird, d. h. bezogen auf die Produkte und Märkte geht es dann z. B. um Produktentwicklungs- oder Diversifikationsstrategien, Marktdurchdringungsstrategien oder Marktentwicklungsstrategien.

3. „Cash-Cows“: Produkte in der Reifephase des Lebenszyklus, d. h. mit hohem Marktanteil in kaum mehr wachsenden oder stagnierenden Märkten, also **Erfolgsprodukte**, welche den größten Teil des Umsatzes (ca. 50–60 %) einfahren sollten. Wegen des inzwischen fehlenden Wachstums bei gleichzeitig starker Marktposition sind kaum noch Investitionen erforderlich; daher erbringen die *Cash-Cows* **hohe Umsätze, hohe Gewinne und einen großen Beitrag zur Liquidität des Unternehmens**. Je länger eine strategische Geschäftseinheit (SGE) sich in diesem Bereich aufhält, desto günstiger wird die Situation des Unternehmens.

Strategieempfehlung für Cash-Cows: Abschöpfungsstrategie, d. h. „Melkstrategie“ ohne größere Rücksicht auf weitere Entwicklungen; keine nennenswerten weiteren Investitionen in das Produkt.

4. „Poor Dogs“: Produkte in der Degenerationsphase mit geringem relativem Marktanteil und geringem Wachstum, also „Problemprodukte“ mit möglicherweise ambivalentem Verhalten: Entweder besteht noch die Chance, etwa durch „Modellpflege“ oder die Verbesserung der technischen Eigenschaften – durch einen **Relaunch** – in eines der anderen Felder vorzustoßen („Aschenbrödel“/„*Cinderellas*“), Beispiele (Automobilindustrie): *Mini Cooper, VW Beetle, FIAT 500.* „Hoffnungslose“ Kandidaten (**junk/Schrott**), weil sie sich am Ende der Sättigungsphase befinden und ein **Relaunch ausgeschlossen** erscheint. Bei den *Poor (oder „dying“) Dogs* handelt es sich um **Produkte am Ende des Lebenszyklus**, die nur mehr durch unverhältnismäßig hohe Investitionen in eine bessere strategische Lage gebracht werden könnten.

Strategieempfehlung für Poor Dogs: Reine Desinvestitionsstrategie (wegen der zu hohen negativen Cash-Flows); es wird kein Cent mehr in das Produkt investiert, sondern „desinvestiert“ (falls kein *Relaunch* angestrebt werden sollte!).

Die **Aufgabe des Controllers** besteht darin, die Lebenszyklusphasen vorhandener Produkte bzw. Dienstleistungen festzustellen und für das Berichtswesen zu dokumentieren, um bei der Erkennung existenzbedrohender Situationen, z. B. mit vergleichsweise zu vielen Produkten in der Degenerationsphase, rechtzeitig **Gegenmaßnahmen** der **Unternehmens- bzw. Verwaltungsleitung initiieren** zu können.

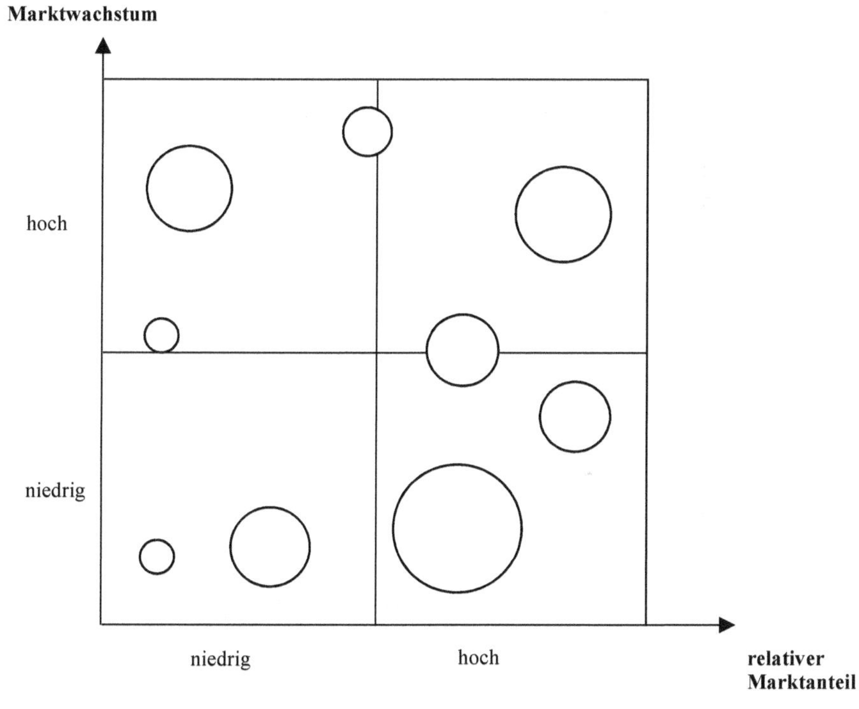

Abb. 15: (BCG-)Marktwachstums-/Marktanteil-Portfolio (II)

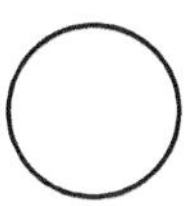

= Produkt bzw. Strategische Geschäftseinheit **(SGE)**; je größer die Fläche, desto größer der symbolhaft dargestellte erwirtschaftete Umsatz

In einer weiter verfeinerten Version werden Kreise (im Uhrzeigersinne) in die vier Felder eingetragen: Dabei müssen die zur Positionierung der verschiedenen Produkt-

Markt-Kombinationen verwendeten Kreise umso größer in die Felder gezeichnet werden, **je höher der Umsatz** bzw. Absatz ist.

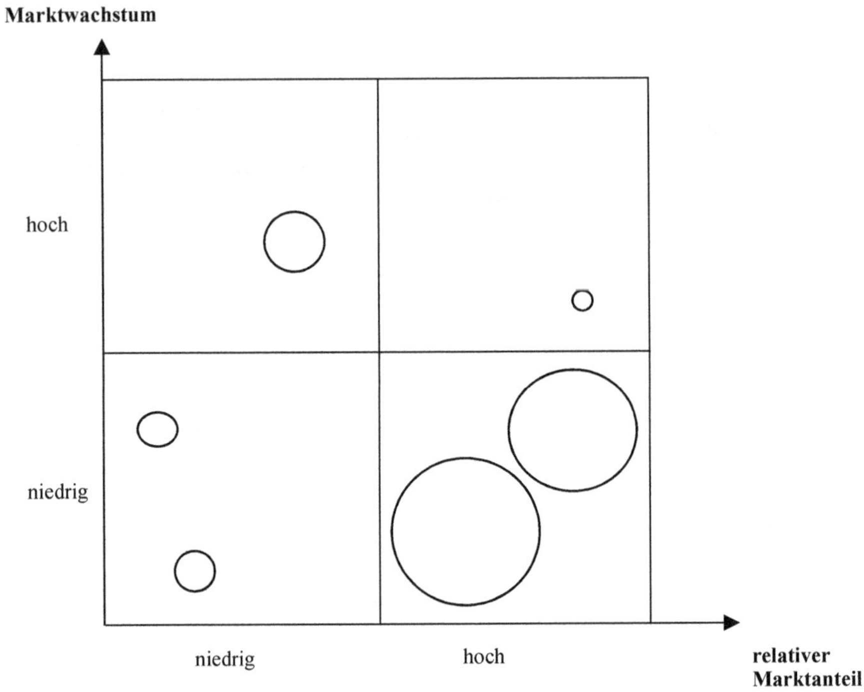

Abb. 16: (BCG-)Marktwachstums-/Marktanteil-Portfolio (III)

Beurteilung eines Unternehmens mit dem oben zu sehenden Portfolio

Gegenwärtige Situation: Ausgesprochen **guter Umsatz**, gute Gewinn- und Liquiditätslage („fette", ergiebig zu „melkende" *Cash-Cows*), Schuldenabbau möglich, Geld für Investitionen reichlich vorhanden.

Zukunftsaussichten: Mittel- bis langfristig muss mit starken **Umsatzeinbußen** gerechnet werden, weil die Cash-Produkte auslaufen und kaum Nachwuchsprodukte oder gar Stars an deren Stelle treten können. Das Unternehmen muss sich unverzüglich um Nachwuchsprodukte kümmern, die relativ schnell zu Stars werden können.

Anwendung der Portfolio-Analyse in Dienstleistungsunternehmen

Selbstverständlich lassen sich diese Gedanken auch auf Dienstleistungsunternehmen wie z. B. Krankenhäuser oder Rundfunkanstalten und deren Controllinginstrumentarium übertragen. Hier könnten etwa die einzelnen Klinika bzw. medizinischen Fachabteilungen oder Radio- und Fernsehabteilungen als Strategische Geschäftseinheit (SGF) betrachtet werden.

Für einen Einsatz im Krankenhaussektor bedürfen die Bestimmung der Marktattraktivität und des relativen Marktwachstums (d. h. der Wettbewerbssituation!) eines guten medizinischen und betriebswirtschaftlichen Fachwissens, im Idealfalle wohl eines Mediziners mit sehr soliden betriebswirtschaftlichen Grundkenntnissen.

In der bereits bekannten Reihenfolge könnte man im Krankenhaussektor Produkte bzw. **Strategische Geschäftseinheiten** (**SGE**) der einzelnen „Quadranten“ wie folgt umschreiben:

Question-Marks: Solche Indikationen bzw. Behandlungsfälle, bei denen noch völlig offen ist, ob es mittel- bis langfristig überhaupt eine hinreichende Patientenzahl gibt oder nicht, z. B. auch solche, bei denen sich die Krankenkassen möglicherweise aus der Finanzierung wegbewegen oder sie noch gar nicht anbieten, wie bei bestimmten Naturheiltherapien.

Stars: Behandlungsfälle/Indikationen, durch deren Behandlung, z. B. durch Operationen und post-operative Pflege, das Hospital Gewinne erzielt.

Cash-Cows: Traditionelle Behandlungen mit langjähriger Erfahrung, bei denen Gewinne erzielt werden, aber wohl nur mehr ohne Zuwächse oder schon mit (kaum) erkennbarem Umsatzrückgang.

Poor Dogs: Indikationen oder Therapiefälle, welche sich gerade noch oder gar nicht mehr „rechnen“, und von denen zu befürchten steht, dass sie in kurzer Zeit nicht mehr finanzierbar sind und daher völlig eingestellt bzw. an andere Klinika abgegeben werden sollten, z. B. palliative oder ambulante Operation.

Kritische Würdigung und praktische Anwendung

Bei der Portfoliotechnik geht es um eine ausgewogene Produktpalette, mit deren Hilfe die gegenwärtige und vor allem die zukünftige Ertragskraft und langfristige Fortexistenz der Unternehmung sichergestellt werden kann.

Jedes Unternehmen sollte also über einen ausreichenden Anteil an Produkten im „Quadranten“ der *Cash-Cows* verfügen, um mit den ermittelten Finanzüberschüssen vielleicht die Stars bzw. zukünftigen *Cash-Cows* finanzieren zu können, denn eine **angemessene Menge Stars** bildet die Grundlage für das zukünftige Geschäft. Es sollten möglichst wenige SGF/Produkte im „Quadranten“ der *Poor Dogs* liegen, weil diese sogar die strategische Gesamtposition einer Unternehmung beeinträchtigen bzw. gefährden.

Ein Portfolio muss daher laufend gepflegt werden, was gerade auch für Verwaltungsdienstleistungsportfolios gilt, in dem Sinne, dass Dienstleistungen der öffentlichen Verwaltung regelmäßig auf ihre Förderungswürdigkeit hin zu überprüfen sind.[16]

Für alle Portfoliotechniken gilt, dass sie eine Verdichtung strategischer Daten leisten, Erfolgspotentiale und Probleme offenlegen, einfach zu handhaben sind und wegen der anschaulichen Darstellung eine gute Übersichtlichkeit bieten.

Dabei darf aber z. B. ein Betriebswirt oder Verwaltungswirt nicht vergessen, dass die Datenerhebung teilweise sehr aufwendig ist. Es wird oft nur eine **Scheingenauigkeit** suggeriert, denn der möglicherweise subjektive (unternehmenspolitische, bereichspolitische oder sogar unternehmensstrategische) Hintergrund wird verdeckt. Auch Sortiments- bzw. Synergieeffekte werden in der Regel gar nicht sichtbar.

5.3.3 Marktattraktivitäts-Marktwachstums-Portfolio (McKinsey)

Während das Portfolio der **Boston Consulting Group** nur zwei Informationen je Geschäftsfeld und vier Strategieoptionen bietet, bieten diverse Weiterentwicklungen, z. B. das **McKinsey-Portfolio (Matrix mit 9 x 9 Feldern**) erheblich mehr Möglichkeiten einer differenzierteren und informativeren Darstellung. Allerdings geht die Übersicht beim **McKinsey-Portfolio** häufig verloren.

Mit der Dimension **„Marktattraktivität“** werden **externe Faktoren** im Sinne von **Chancen und Risiken der SGF** umschrieben, welche durch das SGF kaum zu beeinflussen sind: Hierzu gehören das gesamte **Unternehmensumfeld**, wie z. B. die gesamtwirtschaftliche und politische Entwicklung und die Gesetzgebung, bestimmte **Marktcharakteristika**, wie z. B. Marktgrößen- und Marktwachstumspotential, Rohstoff- und Energieversorgung sowie (Produktions-)Verfahren der Produkte bzw. Dienstleistungen.

Mit der Dimension **„relative Wettbewerbsvorteile“** bzw. **„Wettbewerbsstärke“** werden die **internen Faktoren**, d. h. durch das Unternehmen selbst beeinflussbare Stärken und Schwächen, die Wettbewerbsfähigkeit des SGFs umschrieben: Hierzu gehören vor allem die **Qualität der Organisation**, z. B. Liefertermintreue, Führungskräfte- und Mitarbeiterqualifikation und Mitarbeiterentwicklung, Forschungs- und Entwicklungspotential, die **finanzielle Stärke**, gemessen an Kennzahlen wie Rentabilitäten, und die **Marktstellung der Unternehmung**, z. B. Produktqualität und die relative Wettbewerbsposition im Sinne von Wettbewerbsvorteilen gegenüber anderen Anbietern.

Auch hier, beim *McKinsey*-Portfolio, werden mögliche **„Normstrategien“**, nämlich **„Investieren“**, **„Selektieren“** oder **„Desinvestieren“**, abgeleitet, im Folgenden dargestellt an einem Beispiel aus der öffentlichen Verwaltung, nämlich am Beispiel der Aufgaben einer Kreisverwaltung oder eines Landratsamtes.

16 Vgl. *Peper, Bernd Heinrich*: Rechnungswesen und Controlling im kommunalen Konzern. Die Ausgestaltung eines konzernspezifischen Informations- und Steuerungssystems für die kommunale Verwaltung unter Berücksichtigung von PCG, Bd. 5 der Reihe Banking, Finance & Accounting Research Series (hrsg. von Prof. Stefan Müller und Prof. Jörg Prokop); auch Diss. rer. pol. (Universität Hamburg), Edewecht 2013, S. 304.

Marktattraktivität
(niedrig, mittel oder hoch)

Nachwuchs kommende Aufgaben	**Aufsteiger** neue Aufgaben, z. B. Einführung eines Controllings	**Stars (Investieren u. Wachsen!)** neue Aufgaben, die nur wir beherrschen, z. B. Budgetierung
Sorgenkinder Kreisbibliothek, Kreisschwimmbad	**Übergangs-Kandidaten (Selektieren!)** schulärztlicher Dienst	**Renner** aktuelle Aufgabenfelder, z. B. Abfallrecht, Gewässerschutz
„Schrott“ (RÜCKZUG bzw. Desinvestieren!) (Fortbildung in Stenographie, alte Programmiersprachen)	**Absteiger** alte Aufgaben, ev. Lastenausgleich	**Klassiker** „klassische“ Aufgaben, z. B. Denkmalschutz

relative Wettbewerbsvorteile

(niedrig) (mittel) (hoch)

Abb. 17: Dienstleistungsportfolio und Normstrategien (McKinsey)

Wegen der nicht immer unmittelbar übersichtlichen Neun-Felder-Matrix wird diese Neun-Felder-Matrix in der Praxis nun noch durch einen **Strategieatlas** unterstützt. Ein **Strategieatlas**[17] wird aufgebaut durch die **Bildung strategischer Geschäftsfelder**, die **Definition einer Kriterienstruktur**, die **Auswahl und Beschreibung von Bewertungskriterien**, die **Festlegung von Bewertungsmaßstäben für Kriterien** und eine **erste Phase (Pilotphase) zum Testen des Bewertungsmodells**.

In einer zweiten Phase wird dann für alle strategischen Geschäftsfelder eine Portfolio-Analyse durchgeführt, indem in allen SGF Daten erhoben werden, die strategische Geschäftsposition bestimmt wird, die SGF bewertet und dann **Normstrategien** abgeleitet werden.

In einer dritten Phase benutzt die Unternehmensführung die Bewertungen der Portfolio-Analyse zur **Strategieformulierung**. Hierzu werden bestehende Strategien überprüft, ggf. angepasst und hierdurch strategische Entscheidungen unterstützt, bevor diese dann in operative Maßnahmen umgesetzt werden.

Eine renommierte Düsseldorfer Unternehmensberatung, die **Deckert Management Consultants GmbH**, bietet hierzu ein auf einer (**Access**-)Datenbank basierendes EDV-System (**„STRATIS“**) an, welches bei der Datensammlung sowie bei der Aufbereitung,

17 Vgl. zu den Ausführungen zum Strategieatlas und zum computergestützten Informationssystem STRATIS: Deckert, Carsten/Heinrich, Karl-Heinz: Strategieatlas. Wertsteigerung durch Strategie, in: Deckert Management Consultants GmbH (Hrsg.): Decker Management Report, Sommer 2008, Düsseldorf 2008, S. 4–6.

Visualisierung und Fortschreibung bzw. Pflege der Daten computerunterstützte Hilfe bietet. Das System **STRATIS** hilft bei der Bewertung strategischer Geschäftsfelder, der Datenanalyse und deren graphischen Darstellung und ständigen Fortschreibung und Analysierung der aktuellen strategischen Unternehmenssituation.

Strategisches Controlling zur unternehmerischen Zukunftsgestaltung mit dem System STRATIS kann nun durch die Klärung folgender Fragen geschehen:

1. Wo steht unser Unternehmen heute?
2. Wie und wodurch verändert sich unser Umfeld?
3. Wohin wollen wir auf lange Sicht?
4. Wo wollen wir in drei oder fünf Jahren sein?
5. Wie kommen wir dorthin?

Selbstverständlich können auch **STRATIS** und eine noch so gute Nutzung irgendwelcher Instrumente des strategischen Controllings **keinen Ersatz für unternehmerische Entscheidungen** bilden, zumal die Strategien nicht automatisch ableitbar sind. Es kann allenfalls um **Hilfen für die Unternehmensleitung gehen, die Zukunft des Unternehmens aktiv zu gestalten** und dabei den unternehmerischen Erfolg besser planbar zu gestalten.

Mit der **Portfolio-Technik** und ihren Weiterentwicklungen **bis hin zum Strategie-Atlas** bzw. dem datenbankunterstützten **System STRATIS** haben wir das wichtigste und in der Praxis sehr weit verbreitete Instrument des strategischen Controllings zur **aktiven unternehmerischen Gestaltung der Zukunft** kennengelernt.

5.4 SWOT-Analyse

Als Controlling-Instrument zur Situationsanalyse und Ermöglichung einer Strategiefindung werden bei der *SWOT*-Analyse eine Analyse der Stärken (***S**trengths*), Schwächen (***W**eaknesses*), sich bietender strategischer Potentiale bzw. Chancen (***O**pportunities*) und drohender Gefahren bzw. Risiken (***T**hreats*) in vier Strategie-Paaren übersichtlich tabellarisch (als Matrix) dargestellt.

Zur Durchführung einer *SWOT*-Analyse wird am besten eine Arbeitsgruppe zur möglichst objektiven **Datensammlung und Analyse** sowie zur Einschätzung der Kriterien „***S**trengths*", „***W**eaknesses*", „***O**pportunities*" und „***T**hreats*" (= **SWOT**) eines Industriebetriebes, eines Betriebes der öffentlichen Verwaltung oder z. B. eines beliebigen Dienstleistungsbetriebes gebildet.

Mittels Darstellung in einer einfach strukturierten und übersichtlichen Matrix (vgl. Abb. 18) wird auch schnell klar, dass externe Chancen einer Unternehmung oft mit internen Stärken verwechselt werden bzw. dass Stärken und Schwächen einander bedingen können.

So sind z. B. kleinere und mittelständische Unternehmen (KMU), die als Personengesellschaften geführt werden, zwar flexibler in der Reaktion auf Änderungen der Marktgegebenheiten und bei der Entwicklung neuer Produkte (Stärke), doch fehlen ihnen oft die Zugänge zu schnellem (Kapitalmärkte) und günstigem Fremdkapital (z. B.

durch neue Aktionäre an der Börse, wie bei großen Kapitalgesellschaften). Oft sind solche Schwächen nicht so einfach abzubauen, z. B. durch Wachstum einer solchen Unternehmung und Umwandlung in eine AG, weil mit dem Abbau von Schwächen möglicherweise gleichzeitig bisherige Stärken aufgegeben werden.

Während die **strategischen Stärken (strengths)** und **Schwächen (weaknesses)** einer Unternehmung fast ausschließlich von **internen** Entscheidungen der Unternehmensleitung abhängig sind und diese daher von der Führungsspitze abgegrenzt werden müssen, um optimal mit Wettbewerbern zu konkurrieren (eventuell wären hier sogenannte **Kernkompetenzen** festzulegen), sind die **Gefahren (threats)** und **Chancen (opportunities)** von der Unternehmensleitung oft weder rechtzeitig erkennbar noch unmittelbar beeinflussbar.

Bei der **Anwendung der SWOT-Analyse** geht es aber nicht bzw. weniger bloß um die Findung einer „richtigen“ oder „zukunftssicheren“ Strategie, sondern auch darum, strategisch relevante mögliche Entwicklungen der Stärken, Schwächen, Chancen und Risiken zu analysieren und zu prognostizieren. Hierzu wird in der Praxis sehr gerne auch die **Szenario-Technik** (vgl. Kap. 5.8) angewandt.

<table>
<tr><td colspan="2" rowspan="2">SWOT-Analyse</td><td colspan="2">Interne Analyse
(Attribute der Organisation selbst)</td></tr>
<tr><td>S
Strengths</td><td>W
Weaknesses</td></tr>
<tr><td rowspan="2">Externe Analyse
(Attribute der Umgebung)</td><td>O
Opportunities</td><td></td><td></td></tr>
<tr><td>T
Threats</td><td></td><td></td></tr>
</table>

Abb. 18: Grundaufbau einer SWOT-Matrix

Ein Beispiel für eine praxisorientierte *SWOT*-Analyse (in Gestalt einer Potentialanalyse des Bundesministeriums des Inneren) findet sich im Anhang 8.

5.5 Benchmarking

Benchmarking ist ein Prozess der ständigen Selbstverbesserung, denn um im Wettbewerb bestehen zu können, müssen die Leistungen einer Organisation bzw. eines privaten oder öffentlichen (Non-Profit-)Betriebes ständig verbessert werden. Es geht um ein Lernen in und von Organisationen (*Organizational Learning*), um fortlaufend Optimierungen in den Unternehmensprozessen und damit auch eine Optimierung der Leistungen zu erhalten. Benchmarking stellt damit sicher bzw. trägt dazu bei, dass ein Unternehmen eine bessere Position gegenüber Konkurrenten erreichen kann.[18]

18 Vgl. *Buchholz, Liane*: Strategisches Controlling Grundlagen – Instrumente – Konzepte, 3., vollständig aktualisierte Aufl., Wiesbaden 2020, S. 162.

Benchmarking ist ein aus den Vereinigten Staaten von Amerika (vor allem von *Rank Xerox* entwickeltes) kommendes Planungs- und Controllinginstrument, ein kontinuierlicher Bewertungsprozess, welcher dem systematischen, meist kennzahlengestützten Vergleich des eigenen Unternehmens mit den besten Mitbewerbern seiner Branche (nicht unbedingt *dem* besten Mitbewerber!) dient (von den „Besten" lernen). Benchmarking hilft, die eigene Wettbewerbsposition zu erkennen, und sollte ein andauernder Prozess der Selbstverbesserung sein, um wirklich effektiv zu sein und zu bleiben.

Unter **„Benchmarking"** versteht man den Vergleich eines eigenen Unternehmens mit dem bzw. den sogenannten **„Best-Practice-Unternehmen"**, nicht etwa mit „durchschnittlichen" Unternehmen. Für eine solche Gegenüberstellung ist das **Benchmarking-Objekt** festzulegen; hierzu eignen sich z. B. Kosten, Leistungen, Verfahren, Prozesse und Methoden. Als Vergleichsobjekte dienen in der Praxis häufig die vom Controlling gelieferten Kennzahlen (*Benchmarks* sind gemessene **Bestleistungen eines Unternehmens**). In der Praxis unterscheidet man zwischen **internem Benchmarking** (Vergleich mit anderen Abteilungen oder mit Konzerngesellschaften), **wettbewerbsorientiertem Benchmarking** (Vergleich mit Konkurrenten) und **funktionalem Benchmarking** (Vergleich mit branchenfremden Unternehmen, welche auf bestimmten Gebieten, z. B. Forschung und Entwicklung (F & E), Logistik oder Marketing, als besonders kompetent bzw. erfolgreich gelten).

Den **Anlass für Benchmarkinguntersuchungen** bilden häufig erkannte oder vermutete Insuffizienzen im eigenen Betrieb gegenüber Mitbewerbern, sogenannte **„Leistungslücken"**. **Benchmarking** ist **nicht** als einmaliger Vergleichsvorgang, sondern als kontinuierlicher Prozess zu verstehen, denn durch Benchmarking möchte man mittels eines systematischen und permanenten Vergleichs eine dauerhaft „kreative Unruhe" im Betrieb stiften, die große Sprünge bei der Kosteneinsparung (**„Quantensprünge"**) auslösen kann; es geht nicht mehr um kleine Optimierungen, sondern um eine Philosophie des gewollten ständigen Umdenkens zur Etablierung eines **„Change-Managements"**.

Bei *Rank Xerox* wurden die Erfolge in der Kosteneinsparung mittels **Benchmarking** gerne auch als **„Z-Kurve"** dargestellt:

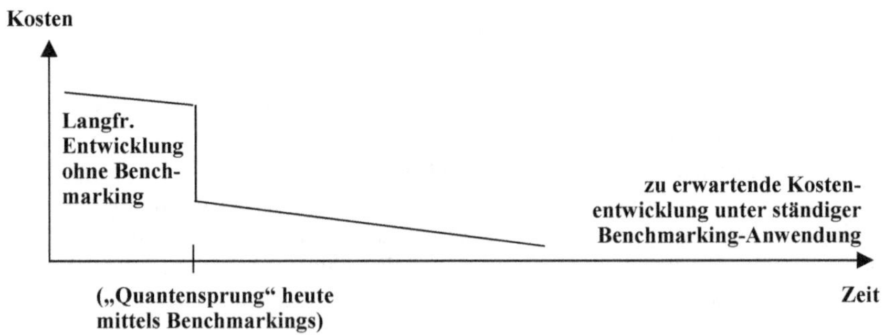

Abb. 19: Z-Kurve bei Rank Xerox

Für einen erfolgreichen **Benchmarking-Prozess** reicht ein bloßer Kennzahlenvergleich allerdings nicht aus, denn der **Kennzahlenvergleich muss mit einer Prozessanalyse verbunden werden**, d. h. mit einer Analyse, *warum* sich die Kennzahlen in den einzelnen Betrieben ergeben haben. Der Lernprozess mittels des Benchmarkingprozesses ist also das Ergebnis einer Prozessanalyse und nicht bloß das Ergebnis einer Rangfolge im Kennzahlenvergleich.

Für die **Vorbereitung eines Benchmarkings** sollte zunächst eine gründliche Analyse der kritischen Funktionsbereiche und/oder Prozesse des Unternehmens sowie deren Umwelt durchgeführt werden. Hierzu beginnt man am besten mit einer Analyse der Ausgangslage mittels **SWOT-Analysen**, durch welche sich die eindeutigen Stärken (**Strengths**), Schwächen (**Weaknesses**) und die in seiner Umwelt liegenden Potentiale (**Opportunities**) und Bedrohungen bzw. Gefahren (**Threats**) aufdecken und analysieren lassen. Erst auf dieser Grundlage (der gewonnenen kritischen Sachverhalte), kann ein brauchbarer Vergleich mit anderen bzw. den besten Unternehmen der Branche (Benchmarking) stattfinden.

Auf der Grundlage der vorliegenden Vergleichsdaten können schließlich Wettbewerbsstrategien und Wettbewerbsvorteile erarbeitet werden. Benchmarking mit dem Schwerpunkt „Kostencontrolling“ wird als **„Benchmark-Costing“** bezeichnet.

In manchen Branchen kennt man auch Kombinationen von Benchmarking und klassischer Abweichungsanalyse, wie z. B. in der Logistikbranche, in welcher die Abweichungsanalyse als zentrales Controlling-Instrument eingesetzt wird. So benutzt z. B. die Unternehmensgruppe **Dachser** als Spitzenkennzahl eine **ROCE-Variante** (mit *ROCE = EBITA / Capital Employed)*[19]. Vom Ergebnis wird dann eine durchschnittliche Kapitalverzinsung *vor* Steuern abgezogen *(„Weighted Average Cost of Capital before Tax“)*, und zwar mit der Begründung, dass sich das eingesetzte Kapital – wenigstens langfristig betrachtet – angemessen finanzieren soll.

5.6 Kennzahlensysteme in Beispielen

Das oben bereits behandelte Thema „Kennzahlen“ wäre nicht erschöpfend behandelt, wenn nicht auch kurz auf „Kennzahlensysteme“ eingegangen werden würde. Daher sollen beispielhaft einige Kennzahlensysteme genannt und beschrieben werden, um zu verdeutlichen, welche grundlegenden Methoden ein Controlling in der Praxis anwenden kann.

Unter einem Kennzeichensystem versteht man eine Zusammenstellung quantitativer Variablen,

- wobei die einzelnen Kennzahlen in einer sachlich sinnvollen Beziehung zueinanderstehen,
- einander mit Bezug auf Aussagemöglichkeiten ergänzen oder erklären und
- insgesamt auf ein gemeinsames übergeordnetes Ziel ausgerichtet sind.

19 Zur Kennzahl *ROCE* sei verwiesen auf das (Ende von) Kap. 2.3.5.

Als **wichtige Anforderungen an Kennzahlensysteme** sind folgende wesentliche Aspekte zu nennen:

- Objektivität und Widerspruchsfreiheit,
- Einfachheit und Klarheit,
- Informationsverdichtung,
- multikausale Analyse – darunter wird verstanden, dass übergeordnete Kennzahlen in den darunter liegenden Ebenen aufgespalten werden –,
- Indikatorfunktion (Lieferung von Hinweisen auf qualitative Aspekte),
- Partizipation (Mitwirkung fachkundiger Mitarbeiter).

Unterschieden werden können Kennzahlensysteme in Rechensysteme und Ordnungssysteme. Zurzeit werden in der Praxis überwiegend Rechensysteme, meist in Form einer Pyramide mit mehreren Hierarchieebenen, angewandt.

5.6.1 Baumdiagramme (Kennzahlenpyramiden)

Wie bereits oben in Kap. 2.3.5 zur Rentabilitätsanalyse erläutert, geht man im **ROI-Baum** bzw. im **DuPont-Control-System** (vgl. Abb. 5 und Abb. 20) jeweils von einer Spitzenkennzahl (an der Pyramiden- bzw. Baumspitze) aus, die nach unten hin in immer wieder neue Detailkennzahlen hinuntergebrochen wird, bis man zu einzelnen Kostenarten oder Positionen der Bilanz gelangt.

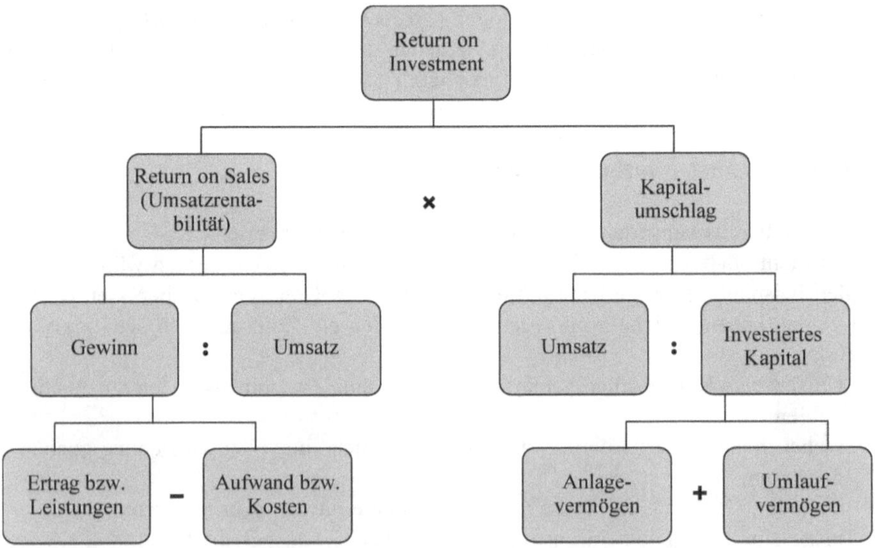

Abb. 20: DuPont-Kennzahlenpyramide

Das **DuPont-Kennzahlensystem**[20] und die davon abgeleiteten Kennzahlensysteme sind in der Praxis sehr beliebt, weil es die Gesamtkapital-Rentabilität in den Vordergrund stellt, die Zusammenhänge leicht mathematisch ableitbar und gut nachvollziehbar hält, auf jeder Hierarchiestufe anwendbar ist und auch ein **Management durch Zielvereinbarungen (MbO, Management by Objectives, Führung durch Zielvereinbarung)** sowie Branchen-, Unternehmens- und Unternehmensbereichsvergleiche **erleichtert**.

Nachteilig beim **DuPont-Kennzahlensystem** betrachtet wird, dass Liquiditätsgesichtspunkte außer Acht gelassen werden, bestimmte Größen, z. B. nötige Forschungs- und Entwicklungsaufwendungen, nicht berücksichtigt werden und eine Tendenz zu einer kurzfristigen Gewinnmaximierung begünstigt werden könnte.

Während das **DuPont-Kennzahlensystem** also weitgehend nur rentabilitätswirksame Kennzahlen betrachtet und diese in einem pyramidenartigen System *rechnerisch* verknüpfter Kennzahlen mit der Spitzenkennzahl *ROI* zusammenfasst, erweitert das **ZVEI-Kennzahlensystem** (des *Zentralverbandes der Elektrotechnischen Industrie* bzw. nach erfolgter Umbenennung: *Zentralverband Elektrotechnik und Elektronikindustrie e. V.*) den Ansatz des *DuPont*-Kennzahlensystems um diverse liquiditätswirksame Kennzahlen und benutzt als **Spitzenkennzahl** (Baumspitze) die **Eigenkapitalrentabilität** und sehr viele (bis zu 200!) Hilfskennzahlen, welche das System in der Praxis dann allerdings oft sehr unübersichtlich werden lassen.

Es gibt – schließlich – diverse **weitere Kennzahlensysteme**, welche aber letztlich nur als Instrumente für spezielle unternehmerische Analysen dienen sollen. Mittels Alternativrechnungen lassen sich solche Kennzahlenpyramiden als Hilfsmittel bei **„How-to-Achieve-Analysen“** (Zielrechnungen) und bei **„What-if-Analysen“** (Wirkungsanalysen, um festzustellen, wie sich Modifikationen untergeordneter Kennzahlen auf die Spitzenkennzahl, hier *ROI*, auswirken) einsetzen.

5.6.2 Heinens Pyramide (deduktives Mittel-Zweck-Schema)

Ausgehend von Wissenschaftlern in Deutschland und Frankreich, einige Jahrzehnte später auch in Forschung und Praxis US-amerikanischer Universitäten und Unternehmen, begann man allmählich, nicht mehr allein monetär (finanzwirtschaftlich) orientierte Kennzahlen, sondern – wenigstens ergänzend – auch nicht-monetäre Kennzahlen in Kennzahlensystemen zu berücksichtigen.

Mit der **Zielpyramide Heinens** zielt man darauf ab, das „Oberziel“ der Gesamtkapitalrentabilität in Unterziele zu zerlegen, die in den einzelnen Unternehmensbereichen angewandt werden können. Ein ähnliches Schema ist auch das *„DuPont System of Financial Control“*, das sich aber auf die (rein) finanzwirtschaftlichen Zahlen beschränkt, während bei *Heinen* immerhin auch wichtige, nicht mehr ausschließlich zahlenbasierte

20 Vgl. *Stiller, Gudrun*: Du Pont Kennzahlensystem, in: Wirtschaftslexikon24.com, Ausgabe 2024, Hamburg 2024 (http://www.wirtschaftslexikon24.com/d/du-pont-kennzahlensystem/du-pont-kennzahlensystem.htm).

Größen, wie z. B. die Marktmacht, soziale Bestrebungen und die Kapitalerhaltung, eine Rolle spielen.

5.6.3 Das Tableau de Bord

In Frankreich und in Kanada wird seit den 1950er Jahren, in weitergehender Weise als bei der Pyramide *Heinens*, eines der ersten Kennzahlensysteme eingesetzt, in welchem bewusst auch nicht-monetäre Aspekte des Unternehmenserfolges berücksichtigt werden. Hierzu werden im *Tableau de Bord* – hierin ähnlich wie bei der etwa vier Jahrzehnte später entwickelten **Balanced Scorecard**[21] – **vier wichtige Maßgrößen** einer Unternehmung, nämlich:

1. **Finanzen,**
2. **Vorräte,**
3. **Aktivitäten** und
4. **Kosten**

erfasst. Man kann sich das **Tableau de Bord** etwa wie eine Art Armaturenbrett eines Automobils oder die Instrumententafel eines Düsenjets vorstellen, welche auf einen Blick alle wichtigen Organisationsdaten und deren Beitrag zur Erfüllung der Unternehmensstrategie darstellt. Zur Vorbereitung der Erstellung eines *Tableau de Bord* müssen zunächst mindestens ein Organisationsplan und eine klare Festlegung der Kerngeschäfte der Unternehmung erfolgen, bevor man dann zu einer Auswahl geeigneter bzw. „charakteristischer" Kennzahlen schreitet. Schließlich sind noch geeignete Informationsquellen zu finden und dann eindeutige Vorschriften für die Anwendung der Berechnungsregeln zu erlassen.

Am Ende besteht das *Tableau de Bord* aus einer ganzen Reihe von Zahlentafeln, welche eine quantitative Erfassung wichtiger Kennzahlen ermöglichen und vor allem auch Aktivitäten in Beziehung zu den Unternehmensstrategien und deren Zielen setzen (**Prozess-** und **Ergebnisindikatoren**). Beispiele für solche *Tableaus*:

1. **Tableau der Unternehmensleitung,**
2. **Tableau der Forschung- und Produktentwicklung,**
3. **Tableau der Produktqualität,**
4. **Tableau des Anlagevermögens.**

Mittels der **Prozess- und Ergebnisindikatoren**, die – im besten Falle – das zu erreichende Ziel, den gegenwärtigen Zielerreichungsgrad und die bisherige Entwicklung anzeigen, können auf dem *Tableau de Bord* visuell, z. B. in Form eines Torten-, Stab- oder Liniendiagramms oder als Histogramm, wesentliche Aspekte des aktuellen Standes einer Unternehmung – aus der Sicht des Controllings – angezeigt werden.

21 Zur *Balanced Scorecard* vgl. den unmittelbar folgenden Abschnitt.

5.6.4 Balanced Scorecard

Jahrzehntelang baute man Kennzahlen vor allem in Pyramidenform auf, wie z. B. das *ZVEI-* oder das *DuPont*-System oder die Zielpyramide von *Heinen*. Mit der *Balanced Scorecard* sollen Ursache-Wirkungs-Ketten – unternehmensstrategisch günstige Verknüpfungen von finanziellen und nicht-finanziellen Kennzahlen – übersichtlich dargestellt werden, um damit zu einem Controlling-System „höherer Ordnung“ zu gelangen. Das Ziel der *Balanced Scorecard* ist die Entwicklung eines einfachen und verständlichen strategischen Kennzahlensystems (mit höchstens 25 Kennzahlen), welchen den geänderten und gestiegenen Anforderungen des Managements entspricht. Mit der Anfang der 1990er Jahre entwickelten *Balanced Scorecard* wird versucht, die kurzfristigen Kennzahlen aus dem finanziell orientierten Controlling (Ergebniskennzahlen) mit Kennzahlen zu verknüpfen, welche die zukünftige Entwicklung des Unternehmens frühzeitig erkennen lassen (Frühindikatoren als Leistungstreiber), um strategisch orientierte Kennzahlen zu erhalten. „*Balanced*“ soll hier für den Anspruch stehen, die Unternehmensleistung bzw. Unternehmensentwicklung aus mehreren Perspektiven in ausgewogener Weise („ausbalanciert“/„*balanced*“) zu beurteilen, also ein **Controlling- und Führungsinstrument, das über mehrere Perspektiven ein ausgeglichenes (ausbalanciertes) Bild eines Betriebes bietet, zu entwickeln.**

Angestrebt wird eine Art Ausgleich zwischen kurzfristigen Ergebniskennzahlen und langfristigen, strategisch wichtigen Kennzahlen über Leistungstreiber. Es geht um eine ausgewogene **Kombination von Kennzahlen** und deren **Darstellung** zum Zweck der Kommunikation und Steuerung von Visionen bzw. Strategien des Unternehmens mit den für die operative Umsetzung relevanten Aktionen.

Beim **„Scorecarding“** sollen (mit passender Software-Unterstützung, z. B. **SAP-SEM** (*Strategic Enterprise Management*)) mehrere „Perspektiven“ multidimensional kombiniert werden, wobei eine Perspektive (auch **„Pol“** genannt) die finanziellen Erfolgsgrößen umfasst, während die übrigen Perspektiven die für den Unternehmenserfolg wichtigen, jedoch nicht finanzwirtschaftlichen Ursachen und Leistungstreiber, wie z. B. **Prozesse, Innovationen** und **Kunden** erfassen. Zwischen den Perspektiven bestehen Ursache-Wirkungs-Beziehungen, die es zu erkennen und zu beachten gilt. Die *Balanced Scorecard* soll den subjektiven und objektiven Informationsbedarf von Führungskräften und Mitarbeitern mit wenigen, sinnvoll strukturierten, strategischen und erfolgskritischen Indikatoren mit Kennzahlencharakter decken.

Inzwischen arbeiten rund zwei Drittel aller Dax-Unternehmen mit dem Instrument der *Balanced Scorecard*, aber auch ein größerer Teil des deutschen Mittelstandes und kleiner Unternehmen wenden *die Balanced Scorecard* als Instrument der strategischen Unternehmenssteuerung an.

Kaplan und **Norton** – als „Erfinder“ der *Balanced-Scorecard*-Methode – schlagen unter dem Leitsatz **„Translate strategy into action“** vier **Standardperspektiven** vor. Diese vier Standardperspektiven werden als „Pole“ in untenstehender Abb. 21 vorgestellt:

1. Finanzielle Perspektive (finanzw. Persp.):	Ertragskraft und Wert eines Unternehmens sichern bzw. steigern, Kostentransparenz verbessern, Kostensenkungspotentiale ausschöpfen, Budgeteinhaltungsgrad sicherstellen.
– **Leitfrage (1):**	**Wie sollen wir gegenüber unseren Anteilseignern auftreten?** (Bewahrung des finanziellen Spielraums, Verbesserung der Einnahmen-Ausgaben-Beziehungen oder Einsatz knapper Ressourcen)
– **Messgrößen/ Kennzahlen:**	Umsatz, Kosten, Gewinn, Rentabilitäten, Cash-Flow, Deckungsbeiträge, medizinischer Bedarf pro Fall.
2. Kundenperspektive:	Unter anderem: Kundenwünsche erfüllen, Produktinnovationen entwickeln, Dienstleistungsangebot erhöhen, Reklamationsraten senken.
– **Leitfrage (2):**	**Wie sollen wir gegenüber unseren Kunden auftreten?** (Erfüllung der Kundenerwartungen, Gewährleistung der Produktqualität, „richtiger" Umfang der (Dienst-)Leistungen)
– **Messgrößen/ Kennzahlen:**	Marktanteil und Marktwachstum, Kundenzufriedenheit, Image, Lieferpünktlichkeit, Reklamationsquote, Ergebnisse von Kunden- und Patientenbefragungen.
3. Interne Prozessperspektive:	Unter anderem: Beschleunigung interner Ab-läufe, Prozess- und Servicequalität steigern, Fehlerraten senken, Kapazitätsauslastung verbessern, Anzahl der verspäteten Lieferungen senken.
– **Leitfrage (3):**	**Welche Prozesse müssen wir hervorragend beherrschen?** (Durchlauf- und Wartezeitenoptimierung, Kostenhöhe der Prozesse, Produktivität der Kernprozesse, Qualitätsbeurteilung oder Qualitätsverbesserung)
– **Messgrößen/ Kennzahlen:**	Bearbeitungs-, Transport- und Liegezeiten, Geschwindigkeit der Entwicklung und Markt-einführung neuer Produkte bzw. Dienstleistungen *(Time-to-Market)*, Flächen, Lagerbestände, Bestellmengen, Anteil verspäteter Lieferungen an der Gesamtzahl der Kundenaufträge, Verweildauer, Mortalitätsrate, Fälle pro Arzt.
4. Lern- u. Wachstumsperspektive (Innovationsperspektive bzw. Mitarbeiterperspektive):	U. a. Verbesserung der Leistungsfähigkeit der Management-Informationssysteme, Qualifikation und Motivation der Mitarbeiter steigern.
– **Leitfrage (4):**	**Wie sichern wir unsere Zukunftsfähigkeit?** (Verbesserung des Know-hows und des Verhaltens der Mitarbeiter, Verbesserung der Motivation der Mitarbeiter, Betriebsklima, Effizienz der Informationssysteme und Kommunikationssysteme)

– **Messgrößen/ Kennzahlen:** Umsatz, Kompetenz u. Produktivität der Mitarbeiter, Fluktuationsraten, Zahl (und Qualität!) der Patentanmeldungen und auch der Beiträge in Fachzeitschriften, Qualität der Unternehmenskultur, Fort- und Weiterbildungskosten pro Mitarbeiter, Fluktuation, Ausfall- und Krankenzeiten, Anzahl der Zielvereinbarungsgespräche.

Am Ende steht eine Darstellung in Form einer Übersicht, in der die vier Perspektiven als **„Pole“** dargestellt werden und hier jeweils „Ziele“, „Kennzahlen“ und „Maßnahmen“ aufgeführt und (wenigstens optisch) mit den Visionen und Strategien der Unternehmung verknüpft werden.

Wie man aus der folgenden Abbildung ersehen kann, gehören zu jedem Pol:
- strategische Oberziele (**Objectives**),
- Maßgrößen/Kennzahlen (**Measures**),
- Zielwerte/-vorgaben (**Targets**)
  und
- Aktionsprogramme/Maßnahmen (**Initiatives**).

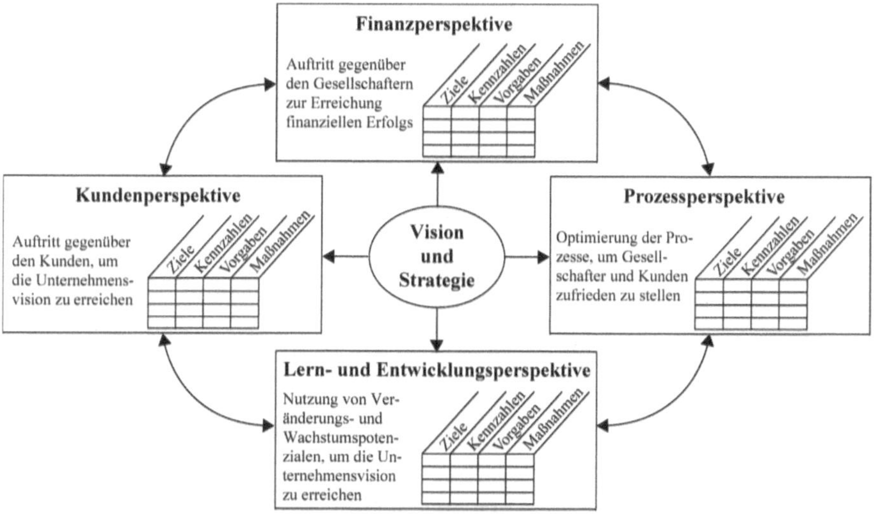

Abb. 21: Balanced Scorecard nach Kaplan & Norton[22]

Vom Controlling kann die *Balanced Scorecard* als Instrument zur Verknüpfung der strategischen und operativen Planung verwendet werden.

22 Abbildung in Anlehnung an: *Weber, Jürgen*: Balanced Scorecard, in: Gabler Wirtschaftslexikon, herausgegeben von Springer Fachmedien Wiesbaden GmbH, Wiesbaden 2024 (https://wirtschaftslexikon.gabler.de/definition/balanced-scorecard-28000).

Hierbei kann das Controlling mittels Verwendung von **OLAP**-Werkzeugen[23] spezifische Auswertungen vornehmen.

Wenn man, wie eingangs des Kapitels angedeutet, die verschiedenen Kennzahlen einer *Balanced Scorecard* als Verknüpfungen von Ursachen und Wirkungen anlegt, so lassen sich für die Unternehmensführung interessante **Ursache-Wirkungs-Ketten** erstellen, wie in der folgenden Tabelle, auch **„Strategy-Map“** genannt, dargestellt werden soll:

Tabelle 23: Ursache-Wirkungsketten einer Balanced Scorecard

Finanzielle Perspektive (= Wirkungsperspektive)	Umsatz Gewinn Cash-Flow ROCE
	↑
Kundenperspektive (= Ursachenperspektive)	Lieferpünktlichkeit Kundentreue Image Reklamationsquote
	↑
Interne Prozessperspektive (= Ursachenperspektive)	Rüstzeiten Prozessdurchlaufzeit, z. B. • Bearbeitungszeiten • Transportzeiten • Liegezeiten Prozessqualität
	↑
Lern- und Entwicklungs-(Wachstums-)Perspektive (= Ursachenperspektive)	Qualität der Unternehmenskultur Fachwissen der Mitarbeiter Fluktuationsraten

Mit einer *Balanced Scorecard* kommt man natürlich nicht immer zu gänzlich neuen Erkenntnissen, doch die *Balanced Scorecard* betont zu Recht im besonderen Maße die **Bedeutung strategisch orientierter Kennzahlen** zur Unterstützung strategischer

23 *„OLAP“* steht hier als Abkürzung für Datenbankmodelle, die ein hoch komplexes *Online-Analytical-Processing* (mit Datensichten, hierarchisch gegliederten Bezugsobjekten, z. B. nach Produktsparten und Produktgruppen gegliederte Umsätze, und „Datenwürfeln“ (mit der Möglichkeit des *„Slicing“* (Schnittbildungen mit tabellarischer Auswertung der Ergebnisse, wie z. B. die Betrachtung des Umsatzes mit einem Produkt A aus der Perspektive der Region B und der Periode C))) ermöglichen. Vgl. hierzu z. B. *Scheld, Guido A.*: Controlling im Mittelstand, Bd. 1: Grundlagen und Informationsmanagement, 6., neu bearbeitete Aufl., Berlin 2017, S. 144.

Entscheidungen der Unternehmensleitung. Gewiss wirft die Aufstellung, Entwicklung und praktische Umsetzung einer *Balanced Scorecard* („*Scorecarding*") für öffentliche Betriebe und z. B. Krankenhäuser (die „*Scorecarding*-Architekten", d. h. also die Methoden- und Prozessverantwortlichen, z. B. ein sogenannter „Medizin-Controller") eine ganze Reihe besonderer Schwierigkeiten auf – gerade wegen der überbordenden staatlichen Regulierung dieser Branchen, die oft kaum mehr unternehmerische Spielräume lässt, um strategische Unternehmensziele im Sinne strategischer Wettbewerbs- und Marketingziele wirklich (noch) frei zu bestimmen und zu verfolgen.

Insbesondere bei konfessionellen Krankenhäusern oder in Rundfunkanstalten ist es übrigens auch fraglich, ob Umsatzziele, Gewinnmaximierungsziele oder andere finanzielle Ziel wirklich eine ähnliche Rolle spielen sollten wie in einem „gewöhnlichen" Erwerbsbetrieb mit Gewinnprinzip. Gleiches gilt aber auch bei ganz anderen Organisationen, wie z. B. beim Controlling der Bundeswehr, das, mindestens bei der Luftwaffe, ebenfalls *Balanced Scorecards* benutzen könnte, z. B. mit den Perspektiven „Leistung" (Einsatzbereitschaft, Betriebssicherheit), „Ressourcen" (personelle/materielle Ausstattung, Förderung des Investitionspotentials), „Prozesse (Führungs-, Einsatz-/Einsatzübungs- oder logistische Prozesse) und „Befähigungen" (Führungs-, Kooperations- und Überlebensfähigkeiten). Bei einzelnen Polen der *Balanced Scorecard* ist eine **solide und seriöse Erfassung fraglich,** zumal es Abgrenzungsfragen gibt, denn *wer* sind denn die „Kunden" bzw. „Kundengruppen" eines Krankenhauses – Patienten, Krankenkassen, andere Krankenhäuser (Konsiliaruntersuchungen), die inländische „Bevölkerung" ganz allgemein (und z. B. auch die ausländischen Patienten, die zur Behandlung – etwa für eine Herztransplantation – eigens aus dem Ausland „eingeflogen" werden)? Und wie berücksichtigt man diese Kundengruppen und Einzelkunden – was die Kostenentstehung und Kostenverteilung anbelangt – auf eine wirklich verursachungsgerechte und dabei auch moralisch bzw. ethisch akzeptable Weise?

Abschließend kann man die *Balanced Scorecard* als ein einfaches und verständliches Instrument des Controllings betrachten, welches mit maximal 25 Kennzahlen, die eindeutig und selbstverständlich einheitlich definiert sein müssen, Daten für das Berichtswesen liefert und für die Messbarkeit wichtiger strategischer Kennzahlen sorgt. Genau hiermit unterstützt es das strategische Controlling – und damit auch die Unternehmensführung.

5.7 Prognosen im Controlling

5.7.1 Überblick zu quantitativen und qualitativen Prognosetechniken

Mit Prognosen (lat. *prognoscere* – etwas von Bedeutung für die Zukunft „vorhersehen") – deren Unzuverlässigkeit immer wieder zum Tagesgespräch wird und z. B. während der großen Banken-, Weltwirtschafts- und Staatsverschuldungskrise 2007–2016 wieder offenbar wurde – wird versucht, unter Auswertung von Daten aus der Vergangenheit und Gegenwart (*„Die Zukunft wächst aus der Vergangenheit“*[24]) Gesetzmäßigkeiten abzuleiten, aus denen man Aussagen über zukünftige Ereignisse entwickelt.

Prognosen sind also bedingte Aussagen über erwartete zukünftige Ereignisse, welche auf Beobachtungen und Schlussfolgerungen bzw. Annahmen und Theorien beruhen.

Im Rahmen des strategischen, teilweise auch des operativen Controllings, wird ein Controlling, das wirklich führungsunterstützend wirken will, auch Prognosen aufstellen. Solche Prognosen bilden eine Grundlage für wichtige Unternehmensentscheidungen, z. B. im (strategischen) Marketing (mit Umsatz- bzw. Gewinnprognosen), in der Finanz- und Investitionsplanung (z. B. mit *ROI*-Kennziffern und Gewinnprognosen) oder in der (strategischen) Produktionsplanung (z. B. bei der Planung einer unternehmensübergreifenden Wertschöpfungskette, *im Supply-Chain-Management* (*SCM*)), um Ressourcen zu schonen und mögliche Produktionsengpässe oder sogar Ausfälle zu vermeiden. Erst recht finden Prognosen im Zuge der Haushaltsplanungen öffentlicher Körperschaften (wie Bund, Länder, Kommunen, Verbände) Anwendung bzw. sind sogar gesetzlich vorgeschrieben.

Gute Prognosen helfen dabei, das Berichtswesen (*Reporting*) und die Unternehmensplanung im strategischen Controlling aufeinander abzustimmen. Die Prognosen des Controllings haben die Aufgabe, die Unternehmensführung durch Erfüllung folgender idealtypischer Funktionen zu unterstützen, nämlich die

- Analysefunktion,
- Planungsfunktion,
- Kontrollfunktion
  und die
- Steuerungsfunktion.

Zur Erfüllung dieser Funktionen bedient man sich bei der Prognose bewährter Prognosetechniken (Prognoseverfahren), die sich in quantitative und qualitative Verfahren gliedern lassen.

Quantitative Prognosetechniken lassen sich nicht nur im Zuge strategischer Überlegung (mit bekanntlich längerfristiger Perspektive) einsetzen, sondern auch für kurz- bis mittelfristig ausgerichtete Analysesituationen wie Umsatzprognosen.

Quantitative Prognosetechniken schreiben Zahlen der Vergangenheit für die Zukunft fort. Zu nennen sind beispielsweise folgende Verfahren:

- Freihandverfahren,
- Trendermittlung durch Wertreihenglättung wie das Verfahren der gleitenden Durchschnitte, die Methode der halben Durchschnitte oder die Trendberechnung mit exponentieller Glättung.
- Regressionsanalysen wie die Methode der kleinsten Quadrate.

24 *Gälweiler, Aloys*: Strategische Unternehmensführung. Zusammengestellt, bearbeitet und ergänzt von Markus Schwaninger. Mit einem Vorwort von Fredmund Malik, Frankfurt am Main und New York, 3. Aufl. 2005, S. 134; zum Grad der Zuverlässigkeit von Prognosen vgl. ebd. im gesamten Kapitel VI.

Qualitative Prognosetechniken dienen vornehmlich langfristig orientierten strategischen Überlegungen. Genannt werden können beispielsweise folgende Verfahren[25]:

- Umfragen,
- Markttests,
- Brainstorming,
- Szenario Technik[26],
- Delphi-Methode.

Delphi-Methode

Letztlich ist die Delphi-Methode eine besondere **Form der Expertenbefragung**, bei der sich – möglichst in mehreren Stufen – hochqualifizierte (interne und externe) Experten in Teams von etwa 10–50 Personen (mindestens aber 5–10 Experten) über erwartete zukünftige quantitative und qualitative Entwicklungen austauschen, um auf dieser Basis solide Prognosen zu bilden.

Nach einer ersten Befragungsrunde werden die Ergebnisse anonym bekanntgegeben, um damit – vor der zweiten und weiteren Runden – zunächst für eine möglichst gleichmäßige Informationsverteilung unter den Experten zu sorgen, ohne dass die Experten untereinander in Kontakt stehen.

Im Idealfall kommt es am Ende zu einer – um „Extremmeinungen" geglätteten, stabilen – (Gesamt-)Gruppenmeinung, den **Delphi-Ergebnissen** in Form stabil abgesicherter Methoden.

5.7.2 Ausgewählte qualitative Prognosetechniken

Freihandverfahren

Die einfachste Bestimmung einer Trendfunktion ist das Freihandverfahren. Hier wird eine Trendgerade z. B. in eine sinusförmige Konjunkturverlaufskurve oder in eine Vielzahl nahe beieinanderliegender Daten bzw. Koordinaten („Datenpunktwolke" aller tatsächlichen Werte) gelegt, bei welcher der Abstand zu den einzelnen Punkten einer Kurve oder einer „Punktewolke" insgesamt möglichst gering ist (vgl. das untenstehende einfache Beispiel einer Entwicklung des Bruttoinlandsproduktes (BIP) im Zeitablauf – Konjunkturverlaufskurve). Auch bei einem nicht-linearen Verlauf einer Kurve, z. B. bei einem Konjunkturzyklus, könnte jeder Leser ohne Schwierigkeiten in die Abb. 22 mit einem Bleistift selbst eine einfache Trendgrade (leicht von links unten nach rechts oben steigend) einzeichnen, wobei die Ungenauigkeit dieses Verfahrens unvermeidbar bleibt.

25 Vgl. auch die Darstellung in *Jung, Hans*: Controlling, 4., aktualisierte Aufl., München 2014, S. 327 f.

26 Siehe hierzu ausführlich Kap. 5.8.

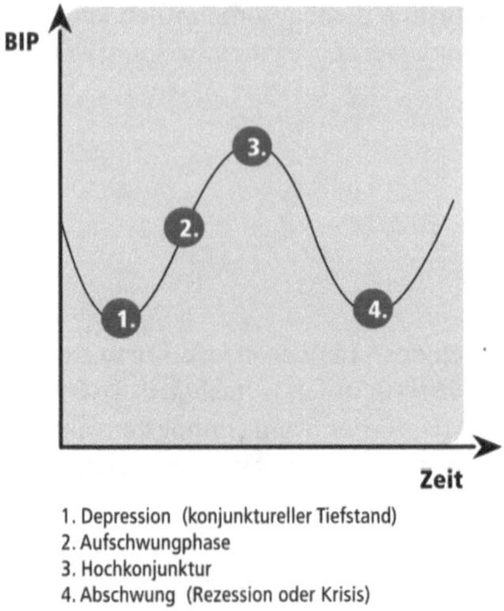

Abb. 22: Phasen des Konjunkturzyklus[27]

Für den Fall einer grundsätzlich im Zeitablauf steigenden Menge – im nachstehenden Beispiel anhand von Verkaufserlösen eines städtischen Gas- und Wasserwerkes dargestellt – bietet sich das Verfahren einer Trendgraden eher an. Man überträgt die Werte der Tabelle in ein Koordinatensystem und zeichnet eine Gerade mit dem Ziel, dass die Flächen, die zwischen den gemessenen Werten und der Trendgeraden liegen, möglichst gleich groß sind. Doch auch in diesem Fall ist diese Methode eher ungenau, insbesondere dann, wenn es „Ausreißer"-Werte gibt (hierzu gleich mehr beim Verfahren der gleitenden Durchschnitte).

Tabelle 24: Gasverkaufserlöse eines städtischen Gas- und Wasserwerkes pro Jahr

Geschäftsjahr	Verkaufserlöse laut G&V (in TEur)
2014	200
2015	190
2016	230
2017	250
2018	300
2019	280
2020	300
2021	350
2022	355
2023	360
2024	400

27 Quelle: *Sprenger-Menzel, Michael Thomas P./Henßler, Burkhard*: Volkswirtschaftslehre und Wirtschaftspolitik. Grundlagen der Nationalökonomie und der Wirtschaftspolitik in Bachelor- und Masterstudiengängen, 9., vollständig überarbeitete und aktualisierte Auflage, Wiesbaden 2021, S. 233.

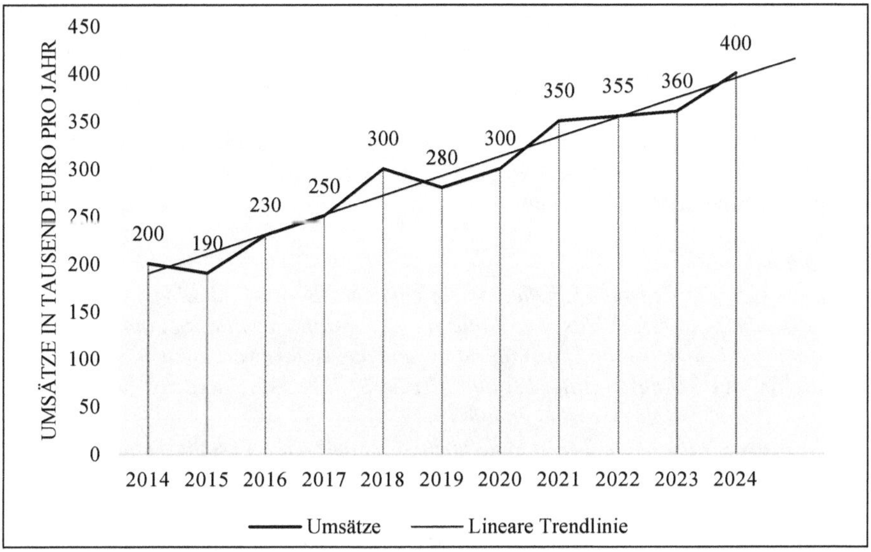

Abb. 23: Trendfunktion Umsatzprognose 2014–2024

Kritik am Freihandverfahren
Es liefert keine Analyse von Ursachen, sondern eine bloße Fortschreibung vorliegender Daten der Vergangenheit. Auf Ursachenforschung wird somit verzichtet, und gleichzeitig wird einfach ein linearer oder quasi-linearer Zusammenhang unterstellt. Trendumschwünge, Ausreißer etc. sind nicht erkennbar. Dieses Verfahren ist in Wahrheit sehr ungenau und in den möglichen Schlussfolgerungen eventuell sogar irreführend.

5.7.3 Trendermittlungen durch Wertreihenglättung

Verfahren der gleitenden Durchschnitte
Bei diesem Verfahren wird versucht, Prognosewerte aus bisherigen Werten abzuleiten, um damit eher zufällig schwankende Wertreihen zu glätten.

Zur Bildung einer Prognose nimmt man stets eine vorher festzulegende Zahl von Daten, z. B. Umsatzdaten für Jahresumsätze, um ein einfaches arithmetisches Mittel zu errechnen. Man könnte z. B. stets zwei oder drei hintereinanderliegende Jahresumsätze nehmen, um ein arithmetisches Mittel zu berechnen, und wiederholt diesen Vorgang mit dem zweiten bis vierten oder dem zweiten bis fünften Wert und so weiter. Je mehr „alte“ Daten, wie z. B. Jahresumsätze oder Jahresgewinne, man nimmt, desto geringer werden die Schwankungen.

Bei der Methode der gleitenden Durchschnitte (auch aus der Lagerbuchhaltung bekannt, z. B. zur Bewertung der Roh-, Hilfs- und Betriebsstoffe) berechnet man entweder nach jedem Vorgang (hier: einer Aufstockung der Lagerbestände) oder in Zeitzyklen (z. B. auf Grundlage der Jahresumsätze eines Gaswerks) die neuen Werte.

Nach Festlegung eines (zeitlichen) Zyklus bildet man das arithmetische Mittel aus den Zahlen dieses Zyklus, z. B. zwei oder drei Jahre, und rechnet dann Jahr für Jahr die neuen arithmetischen Mittel aus.

Beispiel:
Hierzu (vgl. die folgende Tabelle 25) ein einfaches Beispiel mit einem 2-Jahres- und einem 3-Jahres-Zyklus. Die Linie für das 2-Jahres-Mittel beginnt erst im 2. Jahr, weil zunächst die Daten für das 1. und das 2. Jahr vorliegen müssen. Die Linie für das 3-Jahres-Mittel beginnt erst im 3. Jahr, weil zunächst die Daten des 1., 2. und 3. Jahres vorliegen müssen.

Aus der Grafik (Abb. 24) ist ersichtlich, dass durch die Verlängerung des Betrachtungszeitraumes (drei Jahre im Vergleich zu zwei Jahren) eine Glättung der Trennlinie erfolgt. Insbesondere die deutliche Umsatzsteigerung in den letzten beiden Jahren hat in der Linie des 2-Jahres-Durchschnitt einen deutlich stärkeren Ausschlag nach oben zur Folge als bei der Linie des 3-Jahres-Durchschnitts.

Tabelle 25: Methode der gleitenden Durchschnitte

Geschäftsjahr	**Umsatz p. a.** (in TEur)	**2-Jahres-Zyklus** (in TEur)	**3-Jahres-Zyklus** (gerundet) (in TEur)
2014	200		
2015	190	195	
2016	230	210	207
2017	240	235	220
2018	290	265	253
2019	250	270	260
2020	300	275	280
2021	330	315	293
2022	380	355	337
2023	320	350	343
2024	300	310	333

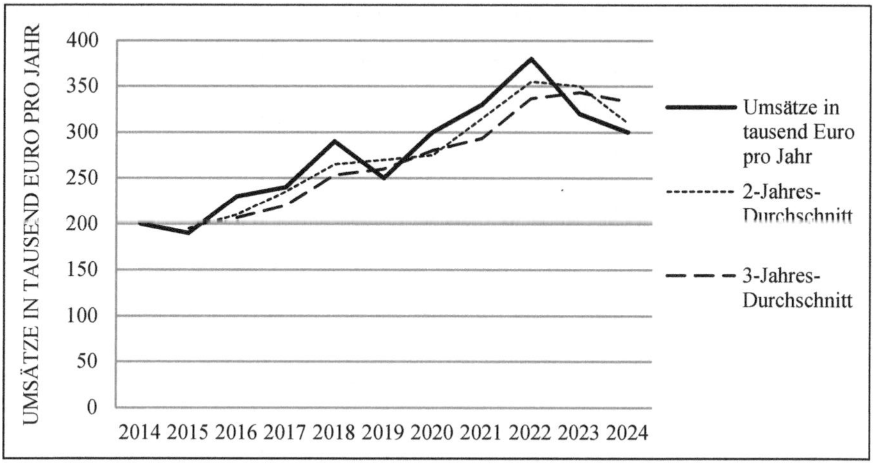

Abb. 24: Gleitende Durchschnittsmethode

Kritische Bewertung der Methode der gleitenden Durchschnitte
Den tatsächlichen Verlauf der Trennlinie bestimmt die Festlegung des zeitlichen Zyklus. Je größer der zeitliche Zyklus gewählt wird, desto glatter wird der Verlauf der Trendgerade bzw. der Kurve. Je größer der Zyklus, desto später werden Trendwenden deutlich.

Extremwerte, z. B. statistische Ausreißer, können die Grafik in irreführender Weise beeinflussen; hierzu könnte man die Ausreißer einfach aus der Betrachtung herausnehmen, um eine „glattere“ Trendentwicklung zu erhalten. Auf der anderen Seite werden durch den Rechenvorgang saisonale Einflüsse, wie zum Beispiel Schulferien, geglättet.[28]

Beispiel:
Zur Veranschaulichung dieses Umstands werden nachstehend zwei Verläufe möglicher Gasverkaufserlöse im Zeitablauf dargestellt und mittels eines 5-jährigen arithmetischen Mittels eine Glättung vorgenommen. Die Erlöswerte mögen einander entsprechen, allerdings werde (in Tabelle 27, Erlöse II) ein Wert (des Jahres 2016) gegenüber dem normalen Verlauf (Tabelle 26, Erlöse I) mit einem „Ausreißer-Wert“ angegeben. In der folgenden Abb. 25 wird der Umsatztrend für den Gasverkauf durch ein 5-jähriges arithmetisches Mittel ermittelt. Wie der Abbildung zu entnehmen ist, wird der „Ausreißer“ durch den recht großen Zeitraum von fünf Jahren grafisch geglättet. Andererseits wird die Trendlinie durch den (einzigen) „Ausreißer“ gegenüber dem normalen Verlauf deutlich „nach unten gezogen“.

28 Vgl. *Glück, Oliver*, Gleitender Durchschnitt, in: Welt der BWL. Betriebswirtschaft in der Praxis, herausgegeben von Janedu UG, Regensburg 2024 (http://www.welt-der-bwl.de/Gleitender-Durchschnitt).

Tabelle 26: Gasverkaufserlöse eines städtischen Gas- u. Wasserwerks pro Jahr (I).

Geschäftsjahr	**Verkaufserlöse I**
2014	270
2015	330
2016	350
2017	360
2018	380
2019	**365**
2020	370
2021	380
2022	400
2023	410
2024	420

Tabelle 27: Gasverkaufserlöse eines städtischen Gas- u. Wasserwerks pro Jahr (II)

Geschäftsjahr	**Verkaufserlöse II**
2014	270
2015	330
2016	350
2017	360
2018	380
2019	**250**
2020	370
2021	380
2022	400
2023	410
2024	420

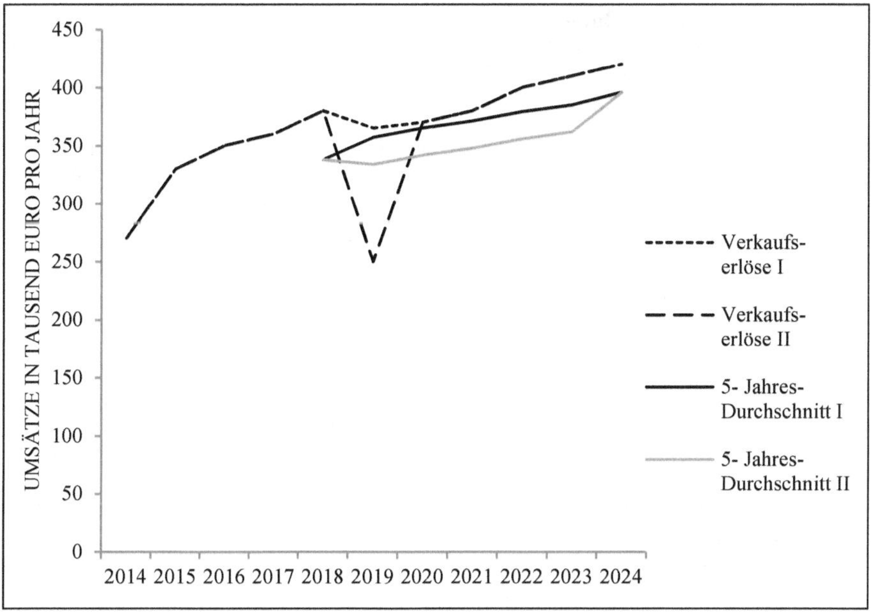

Abb. 25: Umsatztrend für Gasverkauf

Trendermittlung mit der Methode der halben Durchschnitte
Teilt man eine Zeitreihe, z. B. regionale Verkaufserlöse 2012–2024, in zwei Hälften, so kann man eine jeweils getrennte Ermittlung des arithmetischen Mittels vornehmen und diese wieder – wie bei der Methode der gleitendenden Durchschnitte – in eine Grafik übertragen und die Einzelpunkte zu einer Trendgeraden verbinden.

Trendberechnung mit exponentieller Glättung
Mit dem Verfahren der exponentiellen Glättung (engl.: *exponential smoothing*), als Weiterentwicklung des Verfahrens der gleitenden Durchschnitte, will man eine größere Flexibilität und Genauigkeit erreichen, indem man bei der Berechnung der arithmetischen Mittel eine Gewichtung vornimmt, d. h. aktuellere (neuere) Werte stärker als ältere Werte gewichtet.

Mittels eine Gewichtungs- bzw. Glättungsfaktors, der zwischen 0 und 1 frei wählbar ist, soll ein möglichst enger Verlauf der Trendgeraden (der geglätteten Kurve) entsprechend der tatsächlichen zukünftigen Weiterentwicklung ermöglicht werden. Je höher der Gewichtungs- bzw. Glättungsfaktor (maximal 1), desto stärker werden die aktuelleren („jüngeren“) Werte und desto schwächer die älteren Daten gewichtet.

Methode der kleinsten Quadrate

Bei diesem in mehreren europäischen Ländern zugleich erfundenen und weiterentwickelten Verfahren[29] wird in einer Vielzahl von Einzelpunkten bzw. Einzelkoordinaten – evtl. so dicht wie eine Datenpunktwolke – eine lineare Funktion, die Trendkurve, gesucht, die insgesamt den geringsten Abstand zu allen Einzelpunkten aufweist.

Um größere Abweichungen nach oben und nach unten, vor allem aber auch statistische Ausreißer weniger zu berücksichtigen, werden die Abstände zunächst quadriert, wodurch bei den Berechnungen auch die Vorzeichen nicht im Wege stehen.

Es geht darum, die Summe der quadratischen Abweichungen, d. h. die Summe aller vertikalen Abstände der Trendkurve („Residuen") zu den Einzelpunkten der Trendlinie zu minimieren. Je mehr Daten vorliegen, z. B. Zahlen zurückliegender Jahre, desto genauer wird die Prognose.

Mit Hilfe der Zeitreihenanalyse lassen sich aus der Vergangenheitsentwicklung der Daten Rückschlüsse auf die nächste Zukunft ziehen (Trendextrapolation), denn wenn ein Trend festgestellt wird, kann er kurzfristig extrapoliert, d. h. in die angegebene Richtung der Zeitachse verlängert werden, weil die Wahrscheinlichkeit hoch ist, dass der nächste Wert auf oder in der Nähe der Trendlinie liegt. Der so extrapolierte Wert ist ein **Prognosewert**. Hierbei wird natürlich unterstellt, dass sich eine bisher beobachtete Entwicklung auch in (wenigstens nächster) Zukunft nach gleichem Verhaltensmuster bzw. in gleicher Richtung (z. B. steigend oder fallend oder nach einem „Zickzackmuster") fortsetzt und dass die Faktoren, welche die Entwicklung beeinflussen (Umweltverhältnisse), sich (wenigstens kurzfristig) nicht ändern, worauf vor allem im operativen Controlling zu achten wäre.

Formel für eine **Trendgerade:** $\mathbf{y = a + bx}$

Die Methode der kleinsten Quadrate (siehe auch Abb. 26) soll nachfolgend anhand eines kommunalen Praxisbeispiels erläutert werden.

29 Entwickelt wurde die Methode (französisch: „*Méthode des moindres carrés*") zu Anfang des XIX. Jahrhunderts von dem italienischen Mathematiker und Astronomen *Giuseppe Piazzi*, dem deutschen Mathematiker *Carl Friedrich Gauß* und dem französischen Mathematiker *Adrien-Marie Legendre*.

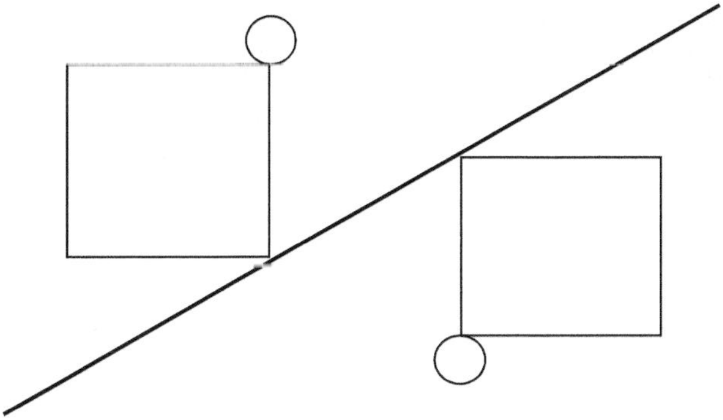

Abb. 26: Trendgerade zwischen zwei kleinsten Quadraten

Kommunales Praxisbeispiel:
Der Kämmerer einer Gemeinde in einem beliebten Erholungs-, Kur- oder Skigebiet legt die Summe der Erträge aus der Zweitwohnungsteuer der letzten fünf Jahre vor:

2020:	*110 Millionen Euro*
2021:	*130 Millionen Euro*
2022:	*114 Millionen Euro*
2023:	*122 Millionen Euro*
2024:	*94 Millionen Euro*

Im Zuge der Budgetplanung für das Jahr 2025 wird der Kämmerer um eine Prognose für das Kalenderjahr 2025 gebeten.

Die Ermittlung des Prognosewertes erfolgt mittels der Methode der kleinsten Quadrate. Gesucht sind zunächst die Werte für „a“ und „b“ der Trendgeradengleichung. Nachdem diese Werte ermittelt wurden, kann durch Einsetzen in die Gleichung der Prognosewert berechnet werden.

Die nachfolgende Lösung erfolgt mit Hilfe einer einfachen Wertetabelle und einfacher – nicht statistischer – Schreibweise.[30]

30 Es gibt verschiedene Weisen, die Prognose aufzustellen bzw. die voraussichtlichen Erträge aus der Zweitwohnungssteuer für die Gemeinde auszurechnen. Die Verfasser haben sich für eine Darstellungsweise entschieden, die auch Leser ohne intensive Statistikkenntnisse schnell verstehen können.

Tabelle 28: Einfache Wertetabelle (Trendberechnung)

beobachtetes Jahr (x_i)	Kalenderjahr	Erträge y_i	$x_i \times y_i$	x_i^2
1	2020	110	110	1
2	2021	130	260	4
3	2022	114	342	9
4	2023	122	488	16
5	2024	94	470	25
$\sum = 15$		$\sum = 570$	$\sum = 1.670$	$\sum = 55$

Es werden nun die Variablen „a" und „b" entsprechend folgender Formeln berechnet:

$$a = \frac{\sum y_i - b \sum x_i}{n}$$

bzw. alternativ: $a = \bar{y} - b \times \bar{x}$

$$\bar{y} = \frac{\sum y_i}{n} = 570 : 5 = \underline{\underline{114}}$$

$$\bar{x} = \frac{\sum x_i}{N} = 15 : 5 = \underline{\underline{3}}$$

$$b = \frac{n \sum x_i y_i - \sum x_i \sum y_i}{n \sum x_i^2 - (\sum x_i)^2}$$

$$b = \frac{5 \times 1.670 - 15 \times 570}{5 \times 55 - 15^2} = \frac{8.350 - 8.550}{275 - 225} = \frac{-200}{50} = \underline{\underline{-4}}$$

$$a = \frac{570 - (-4) \times 15}{5} = \frac{630}{5} = \underline{\underline{126}}$$

alternativ: $a = \bar{y} - b \times \bar{x} = 114 - (-4) \times 3 = \underline{\underline{126}}$

Eingesetzt in die Formel (mit dem Wert „6" für das sechste Jahr) ergibt sich der gesuchte Prognosewert:

$y\ (x = 6) = a + bx$, also:

$y\ (x = 6) = 126 + (-4) \times 6 = \underline{\underline{102}}$

Für das Haushaltsjahr 2025 (nämlich das Jahr 6 der Zeitreihe von 2020–2025) ist mit Erträgen aus der Zweitwohnungssteuer in Höhe von etwa 102 Millionen Euro zu rechnen.

Kritik am Verfahren der kleinsten Quadrate

Die ganze Methode beruht auf einer bloßen Fortschreibung vorliegender Vergangenheitsdaten, bei der auf Ursachenforschung etc. verzichtet wird. In realitätsfremder Weise wird einfach ein linearer oder quasi-linearer Zusammenhang unterstellt.

Trendumschwünge, Ausreißer etc. sind – wie schon bei der Freihandmethode – nicht erkennbar.

Das Verfahren ist in Wahrheit sehr ungenau, für Anfänger eher schwierig und rechenaufwendig, und es vermittelt ein trügerisches Gefühl von mathematischer Genauigkeit, obwohl es ein bloßes Näherungsverfahren bleibt.

5.8 Szenario-Technik

Als betriebs- und verwaltungswissenschaftliches Instrument der strategischen Frühaufklärung sollen mit der Szenario-Technik **Visionen denkbarer alternativer Zukünfte** im Sinne von Zukunftsvisionen entworfen und die dazu führenden Entwicklungsprozesse beschrieben werden.

Hierzu werden Zukunftsbilder (Szenarien) aus möglichen Einzelentwicklungen zusammengesetzt, die in sich widerspruchsfrei „die" Zukunft bzw. verschiedene Alternativen der Zukunft (mögliche Zukünfte) abbilden sollen. Im Rahmen der strategischen Planung, insbesondere der sogenannten **„Umfeldanalyse"**, sollen denkbare Entwicklungsverläufe vorhergesehen werden, damit rechtzeitig, d. h. gerade auch vor dem Einbruch von Krisenzeiten, Risiken vermieden und Chancen genutzt werden können. Die Szenario-Technik wird in privatwirtschaftlich geführten Unternehmen und in der öffentlichen Verwaltung, z. B. auch für Interventions- bzw. Krisenpläne der Polizei (Entführungsszenarien) oder Sondereinsatzkommandos der Bundeswehr, genutzt.

Zu den wichtigsten Anwendungsbereichen in der Praxis gehören

- **Entwicklung** und **Überprüfung neuer Strategien**
  (z. B. Wettbewerbsstrategien),
- Ermittlung von **Veränderungsmöglichkeiten**
  (Unternehmensentwicklung),
- Einstellung auf **zukünftige Entwicklungen**
  (*SHELL* hat die Szenario-Technik schon für die Bewältigung der Ölpreiskrise Mitte der 1970er Jahre eingesetzt),
- **Entscheidungsvorbereitung**
  (Technologieentwicklung, neue Modelle oder Produkte),
- Vorbereitung eines guten **Risikomanagements**
  (Rohstoffkrisen-Szenarien, Bürgerkriegs-Szenarien).

In Abhängigkeit von ihrer Zielrichtung lassen sich Szenarien für Konzerne, einzelne Unternehmen und Kommunalverwaltungen entwerfen, aber auch für ganze Branchen oder Volkswirtschaften, z. B. vor möglichen umwälzenden Änderungen in der Regierung und Wirtschaftspolitik eines Landes (*Mont-Fleur-Szenarios* für die Republik Südafrika nach der *Apartheid*) oder über Umweltentwicklungen (Szenarien über langfristige Klimaveränderungen und deren Auswirkungen). Je gründlicher, je detaillierter und je komplexer die Einflussgrößen und Entwicklungen analysiert und beschrieben werden sollen, desto aufwendiger wird deren Erstellung.

Für brauchbare Szenarien bedarf es eines Szenario-Teams interdisziplinär ausgerichteter, hochqualifizierter Mitarbeiter, die sich einige Monate lang mit der Szenarienerstellung beschäftigen und daher von ihren eigentlichen Aufgaben freigestellt werden müssten. Deshalb – aber auch zur Sicherstellung einer größtmöglichen Objektivität bzw. eines „gesunden" Abstands vom Tagesgeschäft der Unternehmen – werden Szenarien in der Regel von unternehmensexternen Beratungsgesellschaften, Forschungsinstituten oder Hochschuldozenten erstellt.

Der Anwendung der Szenario-Technik geht stets eine gründliche Analyse der gegenwärtigen (Ist-)Situation voraus, bevor dann die wichtigsten Einflussgrößen (Parameter) ermittelt werden.

In einem nächsten Schritt werden Kennziffern für die Umfelder ermittelt und dann Prognosen über die Entwicklung dieser Kennziffern (z. B. Wachstumsraten) auf dem Wege zu alternativen, widerspruchsfreien Zukünften bzw. Zukunftsbildern erstellt. Die **Szenario-Technik hilft, strategische Planungen qualifizierter zu fundieren**, indem sie den Planer dazu zwingt, sich mit den anfangs unbekannten und in der betrieblichen Wirklichkeit rasch wechselnden „Welten" der Gegenwart und der Zukunft gründlich zu beschäftigen.

Am Ende der Überlegungen sollten dann – ausgehend von der gegenwärtigen Situation – mehrere zukünftige Entwicklungsverläufe – **Zukunftspfade** – ermittelt und in ihrem Verlauf verfolgt werden, die dann zu alternativen Szenarien führen werden (vgl. die vereinfachte schematisch-graphische Darstellung in der folgenden Abb. 27).

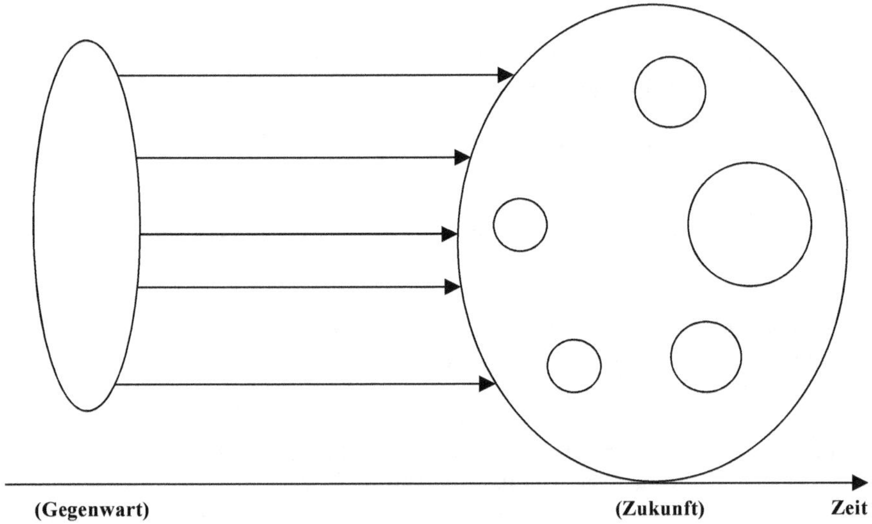

Abb. 27: Basismodell zur Szenario-Technik

In der Praxis, z. B. für die Bildung von Szenarien für die Entwicklung der demographischen Situation der Bundesstadt Bonn, **müsste man in mindestens vier Phasen der Entwicklung eines Szenarios vorgehen**, um Szenarien zu erstellen:

1. **Problemanalyse:**
   Detaillierte **Analyse** eines betriebs- oder volkswirtschaftlichen oder gesamtgesellschaftlichen Problems mit dem Ziel einer gründlichen und detaillierten **Beschreibung des Problems**/der zu lösenden Aufgabe.
2. **Umweltanalyse und Einflussanalyse:**
   Ermittlung der **Einflussvariablen** – „Deskriptoren" – und Angabe, welchen Einfluss die Einflussfaktoren/Deskriptoren auf andere Deskriptoren besitzen.
3. **Trendvoraussagen und Entwicklung und Ausgestaltung von Szenarien:**
   Am Ende stehen positive **(Best-Case-Scenario)** oder negative **(Worst-Case-Scenario)** Extrem-Szenarien und vor allem **mögliche „typische"** oder **relevante Szenarien**.
4. **Entwicklung von Lösungsstrategien, Bewertung und Interpretation:**
   Am Ende dieser Phase wäre dann eine **Bewertung und Gegenüberstellung der wichtigsten Ergebnisse** vorzunehmen und die daraus abgeleiteten Lösungsstrategien und Maßnahmen zur Erreichung der „ausgewählten" Zukunft abzuleiten und zu formulieren bzw. zu visualisieren, z. B. mit eingängigen Symbolen (aufsteigender Kranich für eine positive zukünftige Entwicklung).

Sehr häufig werden Szenarien, insbesondere **Trendszenarien,** in der wissenschaftlichen Literatur in Form eines **Szenario-Trichters** mit mehreren **Trendlinien** dargestellt (vgl. folgende Abb. 28). Der Szenario-Trichter stellt hier die Unsicherheit und die Komplexität dar, d. h. je weiter man sich von der Gegenwart in Richtung Zukunft bewegt, desto unsicherer und auch komplexer werden die Zukunft bzw. die denkbaren „Zukünfte".

Das Trendszenario symbolisiert eine (mittlere) zukünftige Entwicklung unter der Annahme gleichbleibender Umweltentwicklungen *(ceteris paribus)*. Von links nach rechts gesehen entlang der x-Achse (Zeit-Achse) finden sich irgendwo mitten im Szenario-Trichter noch sogenannte **„Wild Cards"**, mit denen man unvorhergesehene Naturereignisse, Börsenzusammenstürze, Terroranschläge etc. meint, die natürlich ein komplettes Szenario und dessen Verlauf völlig abändern können, wie z. B. schwere Erdbeben, der Börsenzusammensturz an der New Yorker Wertpapierbörse 1929 und 2008, der „Sputnikschock" 1957, der erste (1971) und zweite (1979) Ölpreisschock, der Mauerfall (1989) nach dem Zusammenbruch der Union der Sozialistischen Sowjetrepubliken (UdSSR/Sowjetuni-on), der Anschlag auf die Zwillingswolkenkratzer bzw. Zwillingstürme (*„Twin Towers"*) am 11.9.2001 in Manhattan, die Banken-, Finanz- und Wirtschaftskrise (mit den „Rettungsaktionen" für Zypern, Griechenland und den Euro selbst) 2007–2018, Zuwanderungswellen 2015–2019 in Deutschland, die Coronakrise 2020–2023, um nur einige – sicherlich prominente – Beispiele zu nennen.

Am **oberen Ende des Szenario-Trichters** finden sich **positive (Extrem-)Szenarien** (und das **Best-Case-Scenario**), **am unteren Ende negative (Extrem-)Szenarien** (mit dem schlimmsten Szenario, dem **Worst-Case-Scenario**).

Zwischen den positiven und negativen Extrem-Szenarien stehen vor allem mögliche „typische“ oder relevante Szenarios.

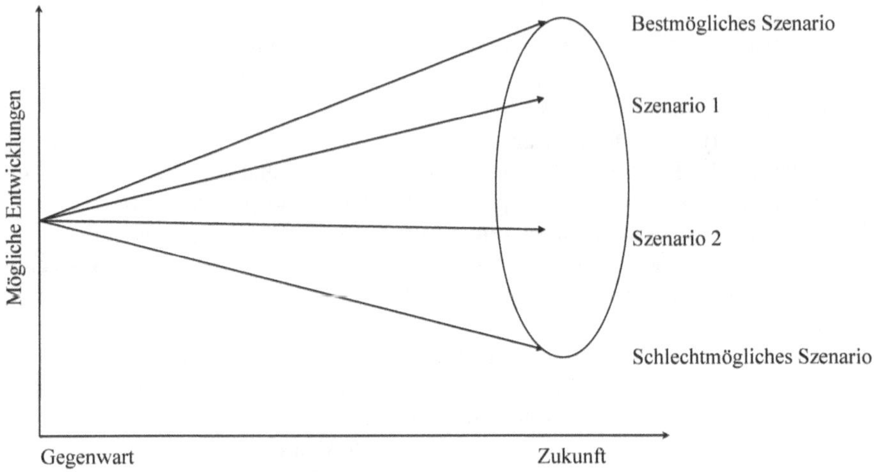

Abb. 28: Szenario-Trichter[31]

31 Stark vereinfachte Abbildung in Anlehnung an: *Graumann, Mathias*: Controlling. Begriff, Elemente, Methoden und Schnittstellen, 6., überarbeitete Aufl., Herne 2022, S. 68, dort Abb. 39.

6. Personalcontrolling

6.1 Einordnung des Personalcontrollings

„Personalcontrolling" wird im Sinne eines systematischen Planens, Kontrollierens, Analysierens und Steuerns aller mitarbeiterbezogenen Gestaltungsmaßnahmen unter Verwendung von Personalinformationssystemen und geeigneter Methoden, also als ein systematisches Management der Ressource „Personal", nicht mehr nur als die bloße (natürlich effiziente) Verwaltung des Personals verstanden.

Das Personalcontrolling soll und kann dafür sorgen, dass die immer wichtiger werdende Nachhaltigkeit operativer und vor allem strategischer personalwirtschaftlicher Maßnahmen verbessert und gesteuert wird. Eine Operationalisierung, Messung und langfristige Steuerung der Wirksamkeit und des Erfolgs personalwirtschaftlicher Maßnahmen zur Unterstützung des *Human-Resources*-Managements muss durch ein passendes Set von Kennzahlen und abgestimmte Prozesse des Personalcontrollings erreicht werden.

Personalcontrolling ist im gesamten öffentlichen Bereich, allen dienstleistungsorientierten Unternehmen und auch im Krankenhauswesen von besonderer Bedeutung, weil der Produktionsfaktor „Arbeit" nach wie vor eine, wenn nicht *die* entscheidende Rolle spielt.

Hauptaufgabe des Personalcontrollings ist die Unterstützung der Führungskräfte bei der Steuerung und Kontrolle von Planungs-, Realisations-, und Kontrollmaßnahmen und -prozessen der Personalwirtschaft, um die jederzeitige Leistungs- und Handlungsfähigkeit der Unternehmensleitung zu gewährleisten und sicherzustellen und damit die Effektivität und Effizienz personalwirtschaftlicher Managemententscheidungen zu fördern und zu sichern.[1]

Im Einzelnen sind als wichtigste Aufgaben des Personalcontrollings zu nennen:
- die Planung personalwirtschaftlicher Prozesse und Einzelmaßnahmen sowie personalwirtschaftlicher Kennzahlen,
- eine ständige Steuerung und Kontrolle durch Soll-Ist-Vergleiche,
- eine personalwirtschaftlich orientierte Analyse der Ursachen bei Soll-Ist-Differenzen,
- die Planung, Koordination und die (Weiter-)Entwicklung von inner- und außerbetrieblichen Verbesserungsvorschlägen zur Verringerung oder Elimination negativer Abweichungen und – wie immer im Controlling –
- die Informationsversorgung der Entscheidungsträger.[2]

1 Vgl. auch *Zimmermann, Ewald*: Kommunales Controlling, 2. Aufl., Wuppertal 2003, S. 113.

2 Vgl. auch *Berthel, Jürgen/Becker, Fred G.*: Personal-Management. Grundzüge für Konzeptionen betrieblicher Personalarbeit, E-Book, 11., vollständig überarbeitete Aufl., Stuttgart 2017, S. 702.

6.2 Ziele und Instrumente des Personalcontrollings

Aus der oben beschriebenen generellen Zielsetzung des Personalcontrollings lässt sich eine Vielzahl von Einzelzielen ableiten. Im Folgenden sollen nur einige wichtige, unverzichtbare **Ziele des Personalcontrollings** aufgeführt werden:

- Verbesserung der Übersicht über Struktur und Entwicklung der Personalkosten (dies ist der **Kern** des **Personalkostencontrollings**),
- Optimierung und Verbesserung der generellen Informationsversorgung über personalwirtschaftliche Tatbestände,
- Unterstützung der mittel- und langfristigen Personalplanung,
- Sicherstellung und Verbesserung der Koordination innerhalb der Personalwirtschaft,
- Aufrechterhaltung der jederzeitigen Produktionsbereitschaft durch Erhöhung der personalwirtschaftlichen Flexibilität des Gesamtbetriebes.

Im Personalcontrolling schöpft man aus dem weitverzweigten Instrumentarium der gesamten klassischen Betriebswirtschaftslehre (BWL) und ihrer Hilfswissenschaften, die *Straub* und *Sperling* in Beispielen zusammengefasst haben (Tabelle 29):

Tabelle 29: Instrumentarium des Personalcontrollings in Beispielen[3]

Analyse- und Entscheidungstechniken • Personalbedarfsanalyse • Personalkosten-Strukturanalyse • Potentialanalyse • Personal-Strukturanalyse • Funktionskostenstrukturanalyse • SWOT-Analyse • Nutzwertanalysen/Scoring-Methoden • Portfolio-Analysen • Personal Audit **Methoden der Systembeschreibung** • Arbeitsablaufdiagramme, Datenflusspläne • Netzplantechnik • Clinical Pathways **Techniken/Methoden der Alternativensuche** • Brainstorming • Szenario-Technik • Delphi-Methode	**Planungs- und Kontrollmethoden** • Kosten- und Leistungsrechnung • Interne Leistungsverrechnung • Budgetierung • Prozesskostenrechnung • Target Costing • Balanced Scorecard **Informationsbeschaffung und Informationsübermittlung** • Berichtswesen/Reporting • Kennzahlen/Kennzahlensysteme • Personalbedarfsermittlung (leistungseinheits-/kennzahlenorientiert) • Data Mining **Leistungsmessungs-/Optimierungsmethoden** • Nutzwertanalyse • Benchmarking • Simulation

3 Darstellung in Anlehnung an *Straub, Silvia/Sperling, Martin*: Controlling und Businessplan. Konkrete Entscheidungshilfen für Krankenhaus und Gesundheitsunternehmen (Health Care Management), 2., aktualisierte und erweiterte Aufl., Berlin 2016, S. 16.

6.3 Strategisches und operatives Personalcontrolling

In Anlehnung an die bereits oben in Kap. 1.2.4 (vgl. Tabelle 1: Unterscheidung Operatives und Strategisches Controlling) vorgenommene Unterscheidung kann man den dort im Überblick dargestellten Vergleich der operativen und der strategischen Ebene des Personalcontrollings (letztere eher mit einem Schwerpunkt auf personalpolitische Ziel- und Programmevaluationen[4]) wie folgt voneinander unterscheiden:

Tabelle 30: Operatives und Strategisches Personalcontrolling im Überblick[5]

Merkmale	**Operatives Personalcontrolling**	**Strategisches Personalcontrolling**
Zeithorizont und zeitliche Perspektive	eher auf kurz- bis mittelfristige Effizienz hin orientiert, „tagesgeschäftsbezogen“, Schwerpunkt auf aktuellen Anforderungen, Optimierung des bereits Erreichten und aktuell gut laufender Prozesse aus einer eher organisationsinternen Perspektive	auf langfristigen, nachhaltigen Erfolg hin ausgerichtet (mehr als vier bis fünf Jahre), also Schwerpunkt auf künftige Anforderungen, Aufbau neuer Erfolgspotentiale aus einer eher organisationsexternen Perspektive und aufgrund einer ständigen Infragestellung des bereits Erreichten
Berichtsadressaten	untere und mittlere Führungsebene	obere, mittlere und oberste Führungsebene, evtl. auch Aufsichtsrat u. Beirat
Aufbau der Information/des Berichtswesens	in der Regel stark formalisiertes, regelmäßiges Berichtswesen mit Maßnahmenvorschlägen zum konkreten Handeln: eher routinemäßig unterbreitete quantitative Faktoren, z. B. Personalbestand, Krankenstand, Fehlzeiten	innovationsorientiertes strategisches Berichtswesen zur Schaffung eines Bewusstseins für „heraufziehende“ Problemlagen: eher bedarfsgerechte qualitative Faktoren
Typische Maßstäbe	Kostenminimierung, Arbeiten mit Budgets, Effizienzsteigerung sowie Leistungs- und Erfolgsoptimierung im Personalwesen	Chancen- und Risikoorientierung, Steigerung der Effektivität und Finden neuer Erfolgspotentiale
Planung/Planungsstufen	tages-, wochen-, dekaden- oder quartalsaktuelle Zahlen zu Krankenständen; Fluktuationszahlen, Bewerberzahlen auf Ausbildungsplätze, Anwärterstellen	Blickpunkt auf strategische Personalentwicklungpotential Umgang mit der negativen demographischen Entwicklung in Deutschland[6]

4 Vgl. *Jung, Hans*: Controlling, 4., aktualisierte Aufl., München 2014, S. 535.

5 Zu Einzelaspekten der Tabelle vgl. auch *Merker, Richard*: Personalcontrolling, in: Fischer, Torsten (Hrsg.): Personalmanagement (ein Band der Schriftenreihe: Moderne Verwaltung in der Lehre, hrsg. von Torsten Fischer, Bernhard Frevel, Rainer Paulic, Wolfgang Pippke & Iris Wiesner), 2., überarbeitete und erweiterte Aufl., Frankfurt am Main 2015, S. 303–334, S. 307.

6 Vgl. hierzu auch *Reichard, Christoph/Röber, Manfred*: Ausbildung, Rekrutierung und Personalentwicklung, in: Veit, Sylvia/Reichard, Christoph/Wewer, Göttrick (Hrsg.): Handbuch zur Verwaltungsreform, 5., vollständig überarbeitete Aufl., Wiesbaden 2019, S. 396–405, S. 403

Merkmale	Operatives Personalcontrolling	Strategisches Personalcontrolling
Typische Instrumente des Personalcontrollings	Personal-Audit-Tabelle[7] etc.	Human-Resource-Portfolio[8], klassische Personalentwicklung etc.

6.4 Organisation und Methoden des Personalcontrollings

In der Praxis des heutigen Personalmanagements bzw. Personalcontrollings finden sich **zentrale oder dezentrale Organisationsformen.** Tatsächlich scheint sich das **Personal-Referentensystem** mit – einer – zentralen Stabsstelle durchzusetzen.

Die organisatorische Aufteilung der Arbeit kann entweder auf eine **universalistische oder partizipative Aufteilung der Arbeit** hinauslaufen, d. h. sie wird zwischen der Personalabteilung bzw. einem Personalcontrolling und den (lokalen) Führungskräften aufgeteilt.

Zur **Durchführung eines Personalcontrollings** bedient man sich folgender Methoden der Theorie und personalorganisatorischen Praxis:

Ergebnisorientierte, quantitative Methoden: Z. B. **Personalkostenstrukturanalyse** mit einer Untergliederung nach fixen und variablen Kosten, Untersuchung vieler Kostenarten aus der Personalkostenrechnung auf ihre Struktur hin – doch Vorsicht: Eine zu starke (bloße Kosten-)Rationalisierung im Personalbereich kann langfristig kontraproduktiv sein (vgl. Lehrer an Schulen oder Professoren an Hochschulen).

Z. B. **Target Costing**, bei dem nicht geprüft werden soll, was ein Produkt kostet, sondern was es kosten „darf", etwa eine vergleichende Überprüfung mit externen Anbietern (wie ein Vergleich einer internen Schulungsakademie mit externen Weiterbildern oder Anbietern von In-House-Seminaren), um mittels Referenzpreisen einen möglichen Kostenreduktionsbedarf zu bestimmen.

Z. B. **Personalkennzahlensysteme**, etwa Personalkennziffern wie Bewerber je Ausbildungsplatz, „Beschaffungskosten" pro Neueinstellung, Anzahl der Weiterbildungstage je Mitarbeiter (= personalentwicklungsrelevante Kennzahl), Anzahl der Kündigungsschutzprozesse oder der Abfindungsaufwand je Mitarbeiter (für die Personalfreisetzung relevante Kennzahl).

---

7 Analyse von Schwächen und Stärken in der Entwicklung des Personals zu Optimierungszwecken, siehe Kap. 6.4.

8 Einordnung des Personals nach Leistungsverhalten und persönlichem Entwicklungspotential, siehe Kap. 6.4.

Prozessorientierte, qualitative Methoden: Z. B. **Früherkennungssysteme** im Sinne eines **„Radar-Systems"**, um Veränderungen der Unternehmensumwelt und interne Veränderungen hinsichtlich ihrer Chancen und Risiken für die Unternehmung frühzeitig anzuzeigen, z. B. **Benchmarking** als kontinuierlicher Vergleich von Ergebnissen und Prozessen über mehrere Unternehmen einer Branche hinweg. Indikatoren für sich ändernde Bedingungen können sein: Lohnniveauänderungen, technologische Innovationssprünge mit der Folgewirkung des Erfordernisses von Qualifikationsverbesserungen der Mitarbeiter, Leistungsbereitschaft der Mitarbeiter, Änderungen der Arbeitslosenquote und Tendenzen in der Sozialpolitik (z. B. Hartz-IV-/Bürgergeld-Gesetze und deren Folgen).

Personal-Audit: **Personal-Audit** als Variante des betriebswirtschaftlichen Auditings – zur systematischen Bewertung einer Leistung und des Prozesses der Leistungserstellung mittels eines **Kriterienkataloges**, der durch den Empfänger der Leistung erarbeitet wird. Hierzu müssen zum Beispiel Führungskräfte und Mitarbeiter die Leistungen des Personalmanagements bewerten.

Immer beliebter in der Praxis werden auch *Personal-Audits* oder *Human-Resource-Audits*, in welchen es um allgemeine Fragen der Personalführung, des Betriebsklimas, der Work-Life-Balance (Ausgleich zwischen Arbeitsleben und Freizeit), die Arbeitsumgebung und Arbeitsergonomie, aber auch um Personalrekrutierung und Stellenbesetzung sowie Aus- und Weiterbildung gehen kann.

Unter **„Auditing"** versteht man eine systematische Leistungs- und Prozessbewertung, z. B. eines Prozesses der Leistungserstellung. Zur Rationalisierung und Erleichterung eines *Personal-Audits* geschieht dies in der Praxis häufig in Form eines Kriterienkataloges, meist also in Form eines **Auditing-Formulars**, welches in der Regel mit den folgenden (siehe Tabelle 31) wichtigen Punkten (**Auditingbereiche** und **Auditingkriterien**) helfen soll, eine systematische Leistungs- und Prozessbewertung aus der Sicht des Personalcontrolling durchzuführen.

Portfolio-Methoden: Z. B. das **Personal-Portfolio (Human-Resource-Portfolio)**, bei welchem nach Maßgabe einer Personalbeurteilung (zur Bewertung der tatsächlich erbrachten Leistung) und der Befähigung der Mitarbeiter (Einschätzung des Leistungspotentials bzw. der künftig möglichen Leistung) einzelne Mitarbeiter oder ganze Gruppen von Mitarbeitern eines Unternehmens abgebildet werden.

Tabelle 31: Vereinfachtes Beispiel für ein Personal-Audit

Auditingbereiche mit Auditingkriterien	**1**	**2**	**3**	**4**	**5**	**6**
ALLGEMEINER BEREICH: Erreichbarkeit der Ansprechpartner (+ oder - oder mittelmäßig oder mit Noten) Zentrale oder dezentrale Problemlösung (Behörden: „Hin- und Her-Senderei", Bürgerbüro!)						
PERSONALEINSATZ: Klare und sichere Schichtpläne? Berücksichtigung persönlicher Interessen der MA?						
PERSONALENTLOHNUNG: Überstunden- und Reisekostenvergütung i. O.? Verständlichkeit des Gehaltsstreifens?						
PERSONALENTWICKLUNG: Gibt es eine geplante Karrierebegleitung der Führungskräfte? Qualität des betrieblichen und externen Weiterbildungsangebotes? Qualität des betrieblichen Vorschlagswesens?						

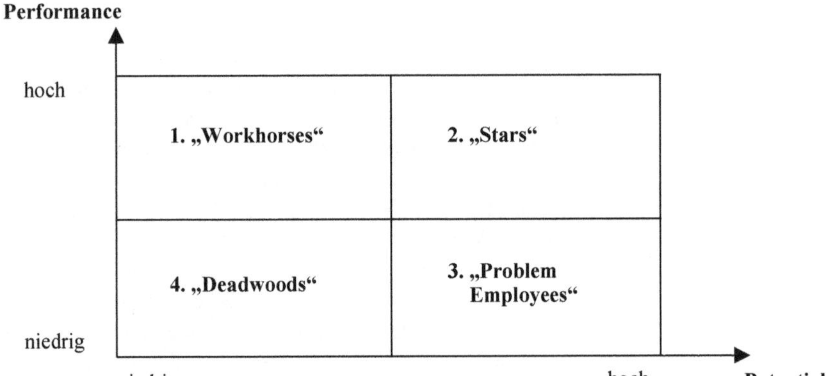

Abb. 29: Human-Resource-Portfolio nach Odiorne[9]

Als eine in der Praxis weit verbreitetes Personal-Portfolio soll das mit einer Vier-Felder-Matrix arbeitende und von der Portfolio-Matrix der *Boston-Consulting Group* abgeleitete **Human-Resource-Portfolio** (vgl. obige Abb. 29) von *George Stanley Ordiorne*[10] vorgestellt werden, auf dessen Ordinate die Leistung („Performance" –

9 Abbildung in Anlehnung Olfert, Klaus: Personalwirtschaft (aus der Reihe: Kompendium der praktischen Betriebswirtschaftslehre, herausgegeben von Professor Klaus Olfert), 17., aktualisierte Auflage, Herne 2019, S. 64.

10 *Odiorne, George Stanley*: Strategic Management of Human Resources. A Portfolio Approach, San Francisco, Washington and London 1984.

mit den Maximalausprägungen „niedrig“ und „hoch“) und auf dessen Abszisse die Entwicklungsfähigkeit („Potential“ – ebenfalls mit den Maximalausprägungen „niedrig“ und „hoch“) abgetragen werden. Hieraus lassen sich folgende personalwirtschaftliche Folgerungen ableiten:[11]

1. **Workhorses** sind sehr unternehmensloyal, arbeiten unermüdlich, doch sie verfügen nur (noch) über wenig Entwicklungspotential. Hierunter könnten z. B. hochgradige Spezialisten in Stabsabteilungen oder generell ältere Mitarbeiter gehören, denen man zum Beispiel durch geeignete Methoden der Personalentwicklung zu mehr Potential verhelfen könnte.
2. **Stars** sind die höchstmotivierten Angestellten, welche durch ihre erwiesene Leistungskraft und ein erkennbares Potential noch lange dem Unternehmen dienen sollen. Wichtig ist hier geeignete Motivation (Gehaltsgestaltung, Boni, Incentives etc.), die sich nach der Unternehmensstrategie (z. B. Wachstumsstrategie) richtet.
3. **Problem Employees** sind z. B. junge Mitarbeiter nach Abschluss ihrer Erstausbildung (z. B. eine kaufmännische oder Verwaltungsausbildung oder ein Hochschulstudium), die möglicherweise nur noch kurze Zeit im Unternehmen bleiben und sich „kein Bein ausreißen“ möchten oder die jetzige Stelle nur als „Karrieresprungbrett“ für den Beginn der eigentlichen Karriere betrachten. Solchen Angestellten sind konkrete Entwicklungsmöglichkeiten aufzuzeigen (Personalentwicklung!), bevor sie plötzlich (aber nicht wirklich unerwartet) das Unternehmen verlassen.
4. **Deadwoods** erkennt man an einer niedrigen Leistung und an einer niedrigen Motivation zur Ausschöpfung oder Verbesserung des Potentials. *Deadwoods* haben an Weiterbildung und Weiterentwicklung im Sinne einer Unternehmenskarriere wenig oder kein Interesse; vielleicht liegt sogar schon eine „innere Kündigung“ vor.

Mit diesem Portfolio soll das Personalcontrolling über die Verteilung der Qualität und die Ausgewogenheit der Mitarbeiterschaft informiert werden, um seine strategische Planungs- und Steuerungsfunktion erfüllen zu können.[12]

Lebensalter und – vermutete – relative Arbeitsleistung

In einem von *Hans Jürgen Etterich* abgeleiteten Personalportfolio wird versucht, den Zusammenhang zwischen dem Lebensalter und der (vermuteten) relativen Leistung als Grundlage von Normstrategien für die Motivationsforschung, aber auch für die Personalentwicklung darzustellen und daraus die Normstrategien „Geld oder Privilegien (Sonderrechte)“, „Fortgang oder Beförderung“, „Entlassung oder Training“ oder auch „Tolerierung und Umschulung“ abzuleiten.

---

11 Vgl. hierzu (auch) *Olfert, Klaus*: Personalwirtschaft (aus der Reihe: Kompendium der praktischen Betriebswirtschaftslehre, herausgegeben von Professor Klaus Olfert), 17., aktualisierte Aufl., Herne 2019, S. 64.

12 Siehe (weitergehend) zu den verschiedenen Human-Resource-Management-Ansätzen *Oechsler, Walter A./Paul, Christopher*: Personal und Arbeit. Einführung in das Personalmanagement, 10., grundlegend überarbeitete Aufl., Berlin 2015, S. 67–72.

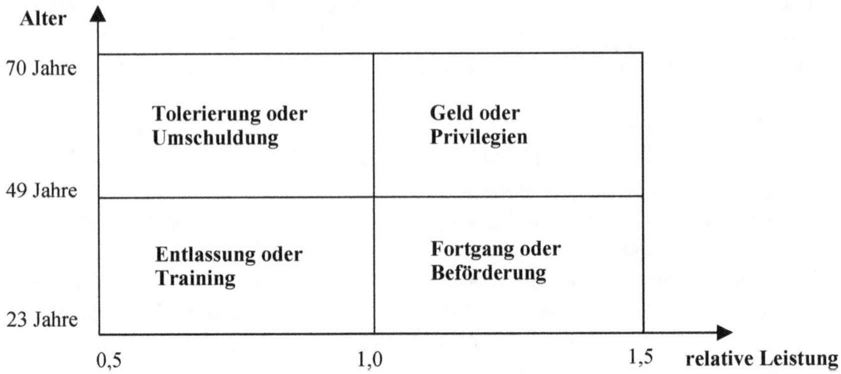

Abb. 30: Human-Resource-Portfolio nach Etterich[13]

6.5 Personalplanung und weitere Instrumente des Personalcontrollings

Personalcontrolling hilft bei der Unterstützung der Personalplanung in allen typischen Teilbereichen, wie z. B.

- Personalstrukturplanung,
- Personalbedarfsplanung und Finanzplanung,
- Personalbeschaffungsplanung,
- Personaleinsatzplanung,
- Personalentwicklungsplanung und
- Personalfreisetzungsplanung.

Eine am Unternehmenserfolg orientierte Entscheidung kann durch den Einsatz des Controllinginstrumentariums erheblich verbessert werden. Die Qualität der einzelnen Planungsstufen bestimmt die Effizienz und Effektivität in der öffentlichen Verwaltung und in den Krankenhäusern der Zukunft.

Wie in vielen anderen Branchen auch, sind Planungsmängel in der Personalwirtschaft häufig die Ursache für Fehlentwicklungen in der Gegenwart und der Zukunft.

Zu **den Instrumenten des Personalcontrollings** gehören alle Methoden, Verfahren und Techniken, die zur Erfüllung der Aufgaben des Personalcontrollings eingesetzt werden können, also etwa:

- Personalkennzahlen und Personalkennzahlensysteme,
- Plan-/Ist-Vergleiche,
- Personal-, Leistungs- und Persönlichkeitsbeurteilungen,

---

13 Abbildung in Anlehnung an *Etterich, Hans Jürgen*: Portfolio-Methode: Wie Unternehmen ihre Führungsstrukturen besser analysieren können, in: WirtschaftsWoche, Heft 25/1984, S. 54–57, S. 56.

- Assessment-Center-Verfahren,
- Erhebungstechniken,
- Gemeinkostenwertanalyse,
- Prozesskostenrechnung sowie
- Mitarbeitergespräche und Mitarbeiterbefragungen.

Weitere, neue Instrumente des Personalcontrollings (auch: *Personell*-Controlling) entstehen oft auch durch die Anwendung und Adaption von Controlling-Instrumenten auf neue Sachverhalte. So kann man auch eine **Führungs-Scorecard** entwerfen, die auf der von **Kaplan** und **Norton** entwickelten **Balanced Scorecard** basiert, sich hinsichtlich der betrachteten Aspekte jedoch an den Besonderheiten des Personalcontrollings orientiert.

Es können in diesem Falle die nachstehend betrachteten vier Maßgrößen oder unternehmerischen Aspektfelder analysiert werden:

1. Markt: **Strategisches Ziel**: Unternehmensführung muss die Anforderungen des Marktes bzw. der Kunden berücksichtigen; **Messgrößen**: Kundenreaktionszeit, Ausgaben für Kundendienst-Schulungen, Anteil der Führungskräfte, welche die Kundenwünsche bzw. Kundenansprüche wirklich kennen.

2. Unternehmensführung: **Strategisches Ziel**: Manager müssen Anforderungen des Top-Managements berücksichtigen bzw. erfüllen; **Messgrößen**: Fluktuationsquote, Quote der Führungskräfte mit schriftlich fixierten Zielvereinbarungen.

3. Verbesserung & Lernfähigkeit: **Strategisches Ziel**: Förderung der Veränderungsbereitschaft und Steigerung der Flexibilität im Unternehmen); **Messgrößen**: Zahl der Fort- und Weiterbildungstage (incl. Schulungen), Entwicklung der Zahl der innerbetrieblichen Verbesserungsvorschläge pro Mitarbeiter im Jahr.

4. Mitarbeiter: **Strategisches Ziel**: „gelebte“ Mitarbeiterorientierung; **Messgrößen**: Zahl der Mitarbeitergespräche, Versetzungsgesuche pro Führungskraft oder pro (Haupt-)Abteilung, Zahl der Mitarbeiter in Gruppenarbeit.

Für die Erstellung einer **Führungs-Scorecard** werden einleitend die Zielsetzungen der vier Perspektiven (Markt, Unternehmensleitung, Verbesserung & Lernfähigkeit und Mitarbeiter) determiniert, um sie dann in **Messgrößen**, mit denen eine effektive Mitarbeiterführung ermöglicht werden soll, umzuwandeln und deren Zielgrößen festzulegen.

Zum Ende werden dann **Maßnahmen und Einzelaktivitäten** festgelegt, welche für eine Erreichung dieser Zielgrößen erforderlich oder sachdienlich sind. Mit der Führungs-*Scorecard* sollen Zielsetzungen transparent dargestellt, kommuniziert und umgesetzt werden, wodurch möglicherweise eine einheitlichere und systematischere Personalführung und deren Messbarkeit ermöglicht werden soll (vgl. folgende Abb. 31).

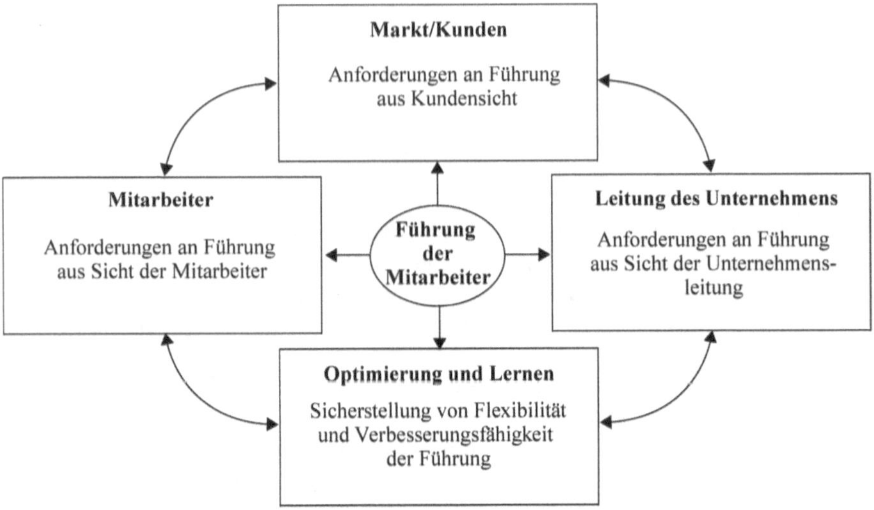

Abb. 31: Führungs-Scorecard nach Bühner (in vereinfachter Darstellung)[14]

Kurze Bewertung der Führungs-Scorecard (HR-Scorecard):
Wie bei allen anderen *Balanced Scorecards* auch, können falsche oder unrealistische Ziele zu erheblichen Fehlentwicklungen im Personalbereich führen. Tatsächlich falsche Kennzahlen und andere Messgrößen könnten die tatsächliche personelle und unternehmerische Situation „verschönern" bzw. in Wirklichkeit verschleiern, so dass Fehlentwicklungen (wie z. B. fehlerhafte oder unzureichende Personalanwerbung im öffentlichen Dienst) nicht erkannt werden.

Zuviel Transparenz über interne Personalangelegenheiten kann auch schaden, denn gerade im – auch datenschutzrechtlich – „empfindlichen" Personalbereich, z. B. Informationen über Zielerreichungen einzelner Mitarbeiter oder Abteilungen, bergen unter Umständen ganz erheblichen sozialen, emotionalen und arbeitsrechtlichen, den Betriebsfrieden, die Arbeitsmotivation und die Personalentwicklung und gesunde Fluktuation gefährdenden „Sprengstoff".

14 Quelle: Vereinfachte Darstellung in Anlehnung an *Bühner, Rolf/Akitürk, Deniz*: Die Mitarbeiter mit einer Scorecard führen, in: Harvard Business Manager (Deutsche Ausgabe), Nr. 22, April 2000, S. 44–53, S. 52 (Zeichnung erstellt in Anlehnung an: *Bühner, Rolf/Akitürk, Deniz*: Qualitätstechniken im Personalmanagement. Verbesserung der Mitarbeiterführung, in: Schiering, Wolfgang (Hrsg.): Newsletter Flexible Unternehmen vom 12.4.2001 (http://www.schiering.org/arhilfen/qualit/personalmanagement.htm)).

Bereits die ursprüngliche *Balanced Scorecard* berücksichtigt mit ihrer Dimension „Lernen & Wachstum" personalbezogene Zielsetzungen und Maßnahmen.[15] Hierdurch ist es möglich, bezogen auf die Entwicklung des Personals strategische Überlegungen zu treffen und eine Schwerpunktsetzung vorzunehmen.[16] Grundsätzlich ist die *Balanced Scorecard* aber auch ein geeignetes Instrument, um personalbezogene Prozesse abzubilden, indem die vier Perspektiven auf den Personalbereich übertragen werden. Eine Führungs-*Scorecard* im Rahmen des Personalcontrollings und des Personalmanagements lässt sich jedoch nur dann anwenden, wenn

- das Personalwesen über eine eigene Strategie verfügt,
- eine vollständige Wertkette (ganzheitlicher Wertschöpfungsprozess) umfasst,[17]
- es möglich ist, für alle vier Perspektiven passende Kennzahlen zu entwickeln,[18]
- diese Ressorts als *Profit*-[19] oder zumindest als *Cost*-Center[20] organisiert sind.

Eine Personalabteilung, die als Personalverwaltung rein ausführend ausgerichtet ist und engen Richtlinien und Vorgaben folgt, erscheint für die Übersetzung der *BSC* nicht geeignet. Auch wenn die wenigsten Personalabteilungen in deutschen Krankenhäusern und erst recht nicht in öffentlichen Verwaltungen zwischenzeitlich als *Profit*- oder *Cost*-Center organisiert sind,[21] so sind viele von ihnen mittlerweile aktiv in die Entwicklung und Umsetzung von strategischen Maßnahmen (Beteiligung an Organisationsentwicklungsprozessen, Beratung von Führungskräften, Etablierung von Führungsinstrumenten usw.) eingebunden und erheben mehr oder weniger systematisch Informationen zur Messung der eigenen Performanz.

Die Ableitung einer *Human-Resources-Scorecard* aus einer übergeordneten *Balanced Scorecard* oder aber die Entwicklung einer eigenen *HR-Scorecard* auf der Basis einer abgestimmten Personalstrategie könnte zur Professionalisierung des Personal-

15 Vgl. ausführlich hierzu: *Welge, Martin K./Al-Laham, Andreas/Eulerich, Marc*: Strategisches Management. Grundlagen – Prozesse – Implementierung, 8., überarbeitete und erweiterte Aufl., Wiesbaden 2024, S. 851 f.

16 Vgl. *Lindner-Lohmann, Doris/Lohmann, Florian/Schirmer, Uwe*: Personalmanagement (aus der Reihe: BA KOMPAKT, hrsg. von Martin Kornmeier), 4. Aufl., Berlin 2023, S. 203.

17 Vgl. *Schulte, Christof*: Personal-Controlling mit Kennzahlen. Aussagefähige Instrumente für eine aktive Steuerung im Personalwesen, 4., vollständig überarbeitete und erweiterte Aufl., E-Book, München 2020, S. 203.

18 Vgl. ebd., S. 205.

19 „*Profit*-Center" bezeichnet eine Organisationsform, bei der die Organisationseinheit quasi als Unternehmen im Unternehmen agiert. Die Organisationseinheit bietet Produkte/Dienstleistungen sowohl intern als auch extern an, verursacht Kosten, realisiert aber auch Erlöse (extern: Preise, intern: Verrechnungspreise/Umlagen), vgl. a. a. O., S. 205.

20 Ein *Cost*-Center finanziert sich über Umlagen und bietet die Produkte/Dienstleistungen nur internen Kunden an. Zentrale Zielsetzung ist die Optimierung der Kosten-Nutzen-Relation, vgl. ebd.

21 Ansätze finden sich seit Einführung des Neuen Kommunalen Finanzmanagements in NRW im Rahmen der internen Leistungsverrechnung, bei der die Personalaufwendungen (nicht unbedingt: Personalkosten!) verwaltungsintern verrechnet werden können bzw. sollen, vgl. nur § 16 KomHVO NRW.

managements und Personalcontrollings beitragen. Der grundsätzliche strukturelle Aufbau für eine *Human-Resources-Scorecard* kann Tabelle 32 entnommen werden.[22]

Tabelle 32: Aufbau einer Human-Resources-Scorecard

Finanzen/Wirtschaftlichkeit	**Mitarbeiter**
• Personalbeschaffungskosten • *HR*-Kosten pro Mitarbeiter oder Umsatz je Mitarbeiter • Anteil übertariflicher Zulagen an den Gesamtpersonalkosten • Einhaltung des Personalbudgets	• Anzahl der Initiativbewerbungen • durchschnittlicher Krankenstand bzw. durchschnittliche Fehltage • Mitarbeiterzufriedenheit • Zufriedenheit der Führungskräfte mit der Beratungsqualität • Fluktuationsquote
Prozesse/Qualität	**Lernen/Innovation**
• Zeitdauer von der Stellenanforderung bis zur Besetzung der Stelle • Fehlbesetzungsquote • Durchlaufzeiten • Art und Anzahl der Beschwerden	• Anzahl umgesetzter innerbetrieblicher Mitarbeiter-Verbesserungsvorschläge • Ausbildungsstandard • Fortbildungsmaßnahmen

6.6 Personalkennzahlen (in Beispielen aus der Praxis)

Die in der Praxis des Personalcontrollings wichtigsten Personalkennzahlen umfassen Kennzahlen zur Struktur der Beschäftigten, Kennzahlen zur Bewertung ihrer Motivation, Kennzahlen zur qualifizierten Beurteilung der Personalkosten, Kennzahlen im Bereich der Personalbeschaffung und auch Kennzahlen zur Beurteilung des betrieblichen Vorschlagswesens.

Wichtige Kennzahlen eines ausgebauten Personalcontrollings sollen in der folgenden Aufstellung in strukturierter Form genannt werden.[23]

1. **Personalkennzahlen zum betrieblichen Vorschlagswesen:**
   – Zahl der Verbesserungsvorschläge und Beteiligungsquote,
   – Realisierungsquote,
   – Einsparquote und Durchschnittsprämie,
   – Umsetzungszeit pro (brauchbarem) Verbesserungsvorschlag.
2. **Personalkennzahlen zur Mitarbeiterstruktur:**
   – Struktur der Qualifikationen und Berufserfahrung,
   – Frauenanteil,

22 Zur Bedeutung der *Balanced Scorecard* im Rahmen des Personalcontrollings siehe auch *Treier, Michael*: Personalcontrolling für den öffentlichen Sektor. Ein Kompass für wertschöpfungsorientierte Personalarbeit, Bd. 9 der Reihe „PöS. Personalmanagement im öffentlichen Sektor“, hrsg. von Andreas Gourmelon, Heidelberg, München, Landsberg, Frechen, Hamburg 2013, S. 148–153 mit einem weiteren Beispiel einer *Human-Resources-Scorecard* auf S. 150/151, Abb. 4.9.

23 Vgl. auch *Zimmermann, Ewald*: Kommunales Controlling, 2. Aufl., Wuppertal 2003, S. 116.

   - Durchschnittsalter der Mitarbeiter (*am besten nach Mitarbeitergruppen strukturiert*),
   - Anteil der Mitarbeiter mit flexiblen Arbeitszeiten,
   - Anzahl der Teilzeitbeschäftigten (*am besten nach Zeitanteilen gegliedert*).
3. **Personalkennzahlen zur Motivation der Mitarbeiter:**
   - durchschnittliche Fluktuationsquoten (im Vergleich),
   - durchschnittlicher Krankenstand und dessen Entwicklung,
   - Fehlzeitquoten,
   - Überstundenquote,
   - Entgeltstruktur,
   - Mitarbeiterzufriedenheit (Mitarbeiterbefragung).
4. **Personalkennzahlen zu Personalkosten:**
   - Quote der Personalkosten an den Gesamtkosten des Betriebes,
   - durchschnittliches Jahresgehalt,
   - Kosten pro Mitarbeiter.
5. **Personalkennzahlen zur Personalbeschaffung:**
   - Bewerbungsquote (Bewerber pro inserierte Stelle),
   - Vorstellungsquote,
   - Einstellungsquote,
   - Personalbeschaffungskosten pro Einstellung,
   - Quote der Frühfluktuationen (vor Ende der Probezeit).
6. **Personalkennzahlen zur Personalentwicklung:**
   - Ausbildungsquote und Übernahmequote der Auszubildenden,
   - Qualifizierungszeit pro Mitarbeiter,
   - jährliche Fort-/Weiterbildungszeit pro Mitarbeiter,
   - Quote der Personalentwicklungskosten an den Personalkosten,
   - Personalentwicklungskosten pro Mitarbeiter.

Nachstehend werden einige Kennzahlen des Personalcontrollings anhand von Formeln zur Ermittlung der jeweiligen Kennzahlen dargestellt. Es sei darauf hingewiesen, dass sich in der Literatur unterschiedliche Formeln finden.

Vor diesem Hintergrund versteht sich die folgende Übersicht nicht als abschließend:[24]

Tabelle 33: Kennzahlen des Personal-Controllings (in ersten Beispielen)

Kennzahlen zu den Bereichen „Personalbedarf und Personalstruktur“	
Durchschnittsalter der Mitarbeiter	$\frac{\textit{Summe der Lebensalter aller Mitarbeiter}}{\textit{Zahl der Mitarbeiter}}$

24 Eine sehr umfängliche Übersicht zu klassischen Personalkennzahlen bietet *Treier, Michael*: Personalcontrolling für den öffentlichen Sektor. Ein Kompass für wertschöpfungsorientierte Personalarbeit, Bd. 9 der Reihe „PöS. Personalmanagement im öffentlichen Sektor“, hrsg. von Andreas Gourmelon, Heidelberg, München, Landsberg, Frechen, Hamburg 2013, S. 124–128.

Anteil weiblicher Mitarbeiter	$\frac{\textit{Beschäftigte Frauen} \times 100}{\textit{Gesamtzahl aller Mitarbeiter}}$
Kennzahlen zum Bereich „Personalbeschaffung“	
Frühfluktuationsquote	$\frac{\textit{Aufgelöste Arbeitsverhältnisse während der Probezeit} \times 100}{\textit{Anzahl der Neueinstellungen}}$
Personalbeschaffungskosten pro Einstellung	$\frac{\textit{Gesamtkosten der Personalbeschaffung} \times 100}{\textit{Anzahl der Einstellungen}}$
Grad der Personaldeckung	$\frac{\textit{(bisherige) Einstellungen} \times 100}{\textit{benötigte Mitarbeiterzahl}}$
Kennzahlen zum Bereich „Personaleinsatz“	
Leitungsspanne (Span of Control)	$\frac{1}{\textit{Anzahl unterstellter Mitarbeiter}}$
Überstundenquote	$\frac{\textit{Überstunden} \times 100}{\textit{Normalarbeitsstunden}}$
Vorgabezeit (in Min.)	Grundzeit + Verteilzeit
Kennzahlen zum Bereich „Personalentwicklung“	
Ausbildungsquote	$\frac{\textit{Gesamtzahl der Auszubildenden} \times 100}{\textit{Anzahl aller Mitarbeiter}}$
Weiterbildungszeit pro Mitarbeiter pro Jahr	$\frac{\textit{Gesamtzahl der Weiterbildungstage} \times 100}{\textit{Gesamtzahl der Mitarbeiter}}$
Kennzahl zum Bereich „Personalentlohnung“	
Aufwand für freiwillige Altersruheeinrichtungen für ehemalige Mitarbeiter und deren Hinterbliebene	$\frac{\textit{Aufwendungen für betriebliche Seniorenheime}}{\textit{Anzahl der Mitarbeiter}}$
Kennzahl zum Bereich „Personalfreisetzung“	
(Langfristige) Fluktuationsrate[25, 26]	$\frac{\textit{freiwillig ausgeschiedene Mitarbeiter} \times 100}{\textit{durchschnittlicher Mitarbeiterbestand}}$

25 Auch zur Berechnung der langfristigen Fluktuationsrate existieren mehrere Formeln, wie z. B. die sogenannte **„Schlüter-Formel“**:

$$\frac{\text{Anzahl der Austritte} \times 100}{\text{Personalanfangsbestand} + \text{Zugänge}} = \textbf{langfristige Fluktuationsrate.}$$

26 Für weitere Beispiele siehe *Reiß, Christian*: Fluktuationsraten berechnen, in: Personaler Online, Oberhausen 2021 (http://www.personaler-online.de/typo3/fluktuation/fluktuationsrate.html).

6.7 Bildungscontrolling

Bildungscontrolling – als Teil des Personalcontrollings – umfasst die systematische und integrierte Planung, Organisation, Kontrolle und Steuerung aller betrieblichen Bildungsprozesse in enger Abstimmung mit den Unternehmenszielen auf der Basis erfassbarer und bewertbarer (operationalisierbarer) Daten. Grundlage jedweder Maßnahmen des Bildungscontrollings sind daher die mit den Bildungsmaßnahmen verfolgten Ziele, die für die Bildungsarbeit richtungsweisend und schwerpunktbildend sind.[27]

Mittels des Bildungscontrollings soll
- die gesamte betriebliche Bildungsarbeit koordiniert,
- die Transparenz erhöht (Informationsfunktion)
- und die Wirtschaftlichkeit eines Unternehmens verbessert und – in enger Verbindung mit der Personalwirtschaft (Motivation und Weiterbildung von Mitarbeitern) – langfristig optimiert

werden.

Mit Bildungsmaßnahmen verbinden sich indes nicht nur betriebliche, sondern auch individuelle Ziele. Beispielsweise wird eine Verwaltung dafür Sorge zu tragen haben, dass die Mitarbeiter am technischen und rechtlichen Fortschritt teilhaben, die Qualifizierung von Nachwuchskräften gelingt und allgemein die Arbeitszufriedenheit gewährleistet, besser noch: gefördert wird.

Der einzelne Mitarbeiter wird sein fachliches Wissen und seine sozialen Kompetenzen erweitern, Aufstiegsperspektiven anstreben oder schlichtweg seinen Arbeitsplatz langfristig sichern helfen wollen.[28]

De facto zerfällt das Bildungscontrolling in zwei Aspekte:[29]

1. Ökonomischer Aspekt: Orientierung an quantitativen Kriterien mittels Kostencontrolling und Rentabilitätscontrolling.[30]
Messbar ist die Zielerreichung z. B. anhand der bereits in Kap. 6.6 dargestellten Kennzahlen.

---

27 Vgl. *Lender, Alexander/Scholer, Stefan*: Wirksam weiterbilden. Praxishilfen für ein Bildungscontrolling im öffentlichen Sektor aus der Reihe „PöS. Personalmanagement im öffentlichen Sektor“, hrsg. von Andreas Gourmelon, Heidelberg, München, Landsberg, Frechen, Hamburg 2012, und *Gourmelon, Andreas* (Hrsg.): Forschung für die Praxis – neue Erkenntnisse für ein professionelles Personalmanagement aus der Reihe „PöS. Personalmanagement im öffentlichen Sektor“, hrsg. von Andreas Gourmelon, Heidelberg, München, Landsberg, Frechen, Hamburg 2013.

28 Vgl. *Ehlers, Ulf-Daniel*: Bildungscontrolling, individuelles Bildungsmanagement und E-Portfolios, in: Ehlers, Ulf-Daniel/Schenkel, Peter (Hrsg.): Bildungscontrolling im E-Learning. Erfolgreiche Strategien und Erfahrungen jenseits des ROI, E-Book, Berlin, Heidelberg, 2005, S. 154–164, S. 157, Abb. 12-1.

29 *Lang, Karl*: Bildungscontrolling. Personalentwicklung effizient planen, steuern und kontrollieren, 2., überarbeitete und erweiterte Aufl., Wien 2006, S. 28–30 unterscheidet vier Ebenen: Effektivitäts-Controlling, Effizienz-Controlling, Kosten-Controlling und Erfolgscontrolling.

30 *Lohaus, Daniela/Habermann, Wolfgang*: Weiterbildung im Mittelstand. Personalentwicklung und Bildungscontrolling in kleinen und mittleren Unternehmen, E-Book, München 2012, S. 141 weist auf die Notwendigkeit hin, personelle Entwicklungsmaßnahmen auf ihre monetäre Wirksamkeit zu untersuchen.

2. Pädagogischer Aspekt:[31] Orientierung an qualitativen Kriterien mittels Durchführungscontrolling und Erfolgscontrolling am Lernfeld und am Arbeitsplatz.
Die Zielerreichung lässt sich bspw. anhand der Zufriedenheit mit einer Maßnahme, einer Optimierung von Arbeitsprozessen oder (erhöhten) Arbeitsmotivation messen.[32]
Hinsichtlich der Messbarkeit stellt es sich als problematisch dar, dass Bildungsmaßnahmen nicht nur aus sich selbst heraus nutzbringend sind, sondern vielmehr dieser Nutzen auch von der Mitwirkung der Mitarbeiter abhängt, die eine solche Maßnahme nutzen.[33]
Weiterhin beeinflusst nicht nur die Bildungsmaßnahme selbst den (Unternehmens-)Erfolg; vielmehr sind auch (z. B. zeitliche oder technologische) Randbedingungen zu beachten.[34, 35]

6.8 Probleme des Personalcontrollings

Gerade der umfangreiche Einsatz von Personal in öffentlichen Betrieben und Krankenhäusern führt dazu, dass die **Struktur** und die **Entwicklung** der **Personalkosten** *jederzeit* bekannt sein sollten.

In diesem Bereich des Controllings – und auch der gesamten betrieblichen Personalwirtschaft – bestehen indes einige spezielle Probleme, auf welche nachstehend kurz eingegangen wird.

- **Datenerhebungsprobleme:** Schwierigkeiten und Unzuverlässigkeiten, besonders bei der Erhebung „weicher“ (qualitativer) Daten, wie z. B. den Gründen für hohen Krankenstand, einer hohen Fluktuationsquote oder niedrige Belastbarkeit der Mitarbeiter.

31 Auch als *„pädagogisch-psychologische Dimension“* bezeichnet, so *Treier, Michael*: Personalcontrolling für den öffentlichen Sektor. Ein Kompass für wertschöpfungsorientierte Personalarbeit, Bd. 9 der Reihe „PöS. Personalmanagement im öffentlichen Sektor“, hrsg. von Andreas Gourmelon, Heidelberg, München, Landsberg, Frechen, Hamburg 2013, S. 165.

32 Vgl. *Vaudt, Susanne*: Bildungscontrolling, in: Griese, Christiane/Marburger, Helga (Hrsg.): Bildungsmanagement. Ein Lehrbuch, E-Book, München 2011, S. 139–156, S. 145, Abb. 8.2.

33 Vgl. ebd., S. 143.

34 Vgl. *Seibt, Dietrich*: Controlling von Kosten und Nutzen betrieblicher Bildungsmaßnahmen, in: Ehlers, Ulf-Daniel/Schenkel, Peter (Hrsg.): Bildungscontrolling im E-Learning. Erfolgreiche Strategien und Erfahrungen jenseits des ROI, E-Book, Berlin, Heidelberg, 2005, S. 35–54, S. 49.

35 Vgl. auch die weitergehenden Hinweise zur Problematik der Effizienzmessung von Maßnahmen des Bildungscontrollings in *Holtbrügge, Dirk*: Personalmanagement, 7., überarbeitete und erweiterte Aufl., E-Book, Berlin 2018, S. 151 f.

Die Kausalität bspw. zwischen den Arbeitsbedingen einerseits und der Anzahl der persönlichen Krankheitstage eines Mitarbeiters andererseits lässt sich im Regelfall nicht eindeutig bestimmen.
Auch die Gründe für einen hohen Personalwechsel können verschiedenartig sein (zu unterscheiden sind mindestens interne und externe Aspekte).

- **Probleme der Erfolgskontrolle:** Negatives oder unfreundliches Verhalten einer Führungskraft wirkt sich sicherlich auch auf die Fluktuationsrate aus, doch ist dies nicht zuverlässig, vollständig und damit auch nicht exakt mess- bzw. bewertbar.
- **Akzeptanzprobleme:** Personalcontrolling wird vom eher rechnungswesenorientierten zentralen Unternehmens-Controlling oft nicht akzeptiert, bisweilen sogar bekämpft und *vice versa*; es besteht mithin die ständige Gefahr eines andauernden „Kompetenzgerangels"!
- **Probleme der aufbauorganisatorischen Einordnung:** Soll die Zuordnung zum Personalbereich oder doch zum Controllingbereich erfolgen? Hieraus resultieren dann jeweils spezifische Vor- und Nachteile. So bleibt ein rechnungswesensnahes Controlling zwar unabhängig vom Personalbereich, dürfte aber bei den Mitarbeitern eine geringere Akzeptanz erfahren.[36]
Weiterhin ist zu klären, ob Personalcontrolling als Teil einer einzelnen Stelle, als eigenständige Abteilung oder als Stabsstelle institutionalisiert wird.[37]

---

36 Vgl. *Holtbrügge, Dirk*: Personalmanagement, 7., überarbeitete und erweiterte Aufl., E-Book, Berlin 2018, S. 286, Tabelle 6.5. Weiterhin sei auf die Übersicht in *Treier, Michael*: Personalcontrolling für den öffentlichen Sektor. Ein Kompass für wertschöpfungsorientierte Personalarbeit, Bd. 9 der Reihe „PöS. Personalmanagement im öffentlichen Sektor", hrsg. von Andreas Gourmelon, Heidelberg, München, Landsberg, Frechen, Hamburg 2013, S. 78, Abb. 3.5 zur (organisatorischen) Positionierung des Personalcontrollings hingewiesen.

37 Vgl. – mit weiteren Nachweisen – *Treier, Michael*: Personalcontrolling für den öffentlichen Sektor. Ein Kompass für wertschöpfungsorientierte Personalarbeit, Bd. 9 der Reihe „PöS. Personalmanagement im öffentlichen Sektor", hrsg. von Andreas Gourmelon, Heidelberg, München, Landsberg, Frechen, Hamburg 2013, S. 77. Hingewiesen sei auf das Beispiel zur organisatorischen Einordnung des Personalcontrollings bei *Becker, Manfred*: Personalentwicklung. Bildung, Förderung und Organisationsentwicklung in Theorie und Praxis, E-Book, 6., überarbeitete und aktualisierte Aufl., Stuttgart 2013, S. 888. Vgl. hierzu auch – ausführlich – *Berthel, Jürgen/Becker, Fred G.*: Personal-Management. Grundzüge für Konzeptionen betrieblicher Personalarbeit, E-Book, 11., vollständig überarbeitete Aufl., Stuttgart 2017, S. 707–709.

7. Kommunales Beteiligungscontrolling

7.1 Steuerung kommunaler Beteiligungen

Wegen der zunehmenden Bedeutung (nicht nur)[1] der wirtschaftlichen Betätigung[2] der Kommunen bedarf es auch eines kommunalen Beteiligungsmanagements und eines Beteiligungscontrollings zur Steuerung kommunaler Beteiligungen, also der Anteile an Personen- oder Kapitalgesellschaften bzw. allgemein an juristischen Personen (zu denken ist etwa auch an Stiftungen, Anstalten öffentlichen Rechts, Zweckverbände) und auch an rechtlich unselbstständigen Organisationsformen (wie Eigenbetriebe und eigenbetriebsähnliche Einrichtungen).

Mit Blick auf die zunehmende Bedeutung des Beteiligungscontrollings erscheint es den Verfassern sinnvoll, wesentliche Aspekte aus diesem Themenfeld zumindest in geraffter Form den Lesern vorzustellen.

Mit der Einrichtung eines Beteiligungscontrollings soll ein übergreifendes Informations- und Steuerungsinstrument entstehen. Dieses wird vorrangig die verbesserte Abstimmung und die Steuerung des Beteiligungsportfolios, des „Katalogs“ oder des „Portfolios“ der Unternehmensbeteiligungen, ermöglichen.

Zu dieser Steuerung der Beteiligungsunternehmen gehört eine betriebswirtschaftliche und steuerliche Positionierung der Beteiligungsunternehmen im „Gesamtkonzern Stadt“, um Gewinne und Verluste ausgleichen zu können, um Synergieeffekte auszuschöpfen und auch, um unnötige Doppelarbeiten und Konkurrenzsituationen möglichst zu vermeiden.

Hierzu müssen die zu steuernden Beteiligungsunternehmen selbstverständlich am öffentlichen Zweck und an den kommunalrechtlichen Vorgaben sowie den Vorgaben der politischen Führung ausgerichtet werden.

Zum kommunalen Beteiligungscontrolling – verstanden als Optimierung der Erfüllung des öffentlichen Zwecks im Sinne der Bürger und Steuerzahler – gehört auch das betriebswirtschaftlich orientierte Controlling der Beteiligungsunternehmen, wobei zwischen Produkt- und Finanzcontrolling zu unterscheiden ist.

---

1 Neben der wirtschaftlichen Betätigung der Kommunen tritt in immer stärkerem Maße ins Bewusstsein, dass auch in den (im kommunalrechtlichen Sinne) nichtwirtschaftlichen Betätigungsfeldern der kommunalen Familie – siehe nur den umfangreichen Katalog dieser Betätigungen in § 107 Abs. 2 Satz 1 GO NRW – Aspekte der Wirtschaftlichkeit zu beachten sind (was auch Eingang ins Gesetz gefunden hat, s. § 107 Abs. 2 Satz 2 GO NRW). In diesem Zusammenhang sei auch auf Kap. 1.1.3 zum Controlling in *Non-Profit-* und ähnlichen Organisationen verwiesen.

2 Zum Begriff der „wirtschaftlichen Betätigung“ im hier verstandenen Sinne sei auf die Legaldefinition der Gemeindeordnung NRW verwiesen: *„Als wirtschaftliche Betätigung ist der Betrieb von Unternehmen zu verstehen, die als Hersteller, Anbieter oder Verteiler von Gütern oder Dienstleistungen am Markt tätig werden, sofern die Leistung ihrer Art nach auch von einem Privaten mit der Absicht der Gewinnerzielung erbracht werden könnte“* (§ 107 Abs. 1 Satz 3 GO NRW).

Das **Produktcontrolling** wird bei den Beteiligungsunternehmen selbst erfolgen, weil hier der nötige Sachverstand vorhanden ist, der eine sinnvolle Kontrolle und Steuerung unternehmensspezifischer Output-Ziele ermöglicht.

Das **Finanzcontrolling** im Sinne einer ständigen Überprüfung und Optimierung des in den Beteiligungen investierten kommunalen Kapitals wird eher aus der Sicht der Führung des „Konzerns Stadt“ erfolgen. Hier wird – auf der Basis betriebswirtschaftlicher Kennzahlen und Kennzahlensysteme sowie mit Unterstützung eines geordneten unterjährigen Berichtswesens – eine Optimierung der Rentabilität des kommunalen Kapitals erfolgen.

7.2 Instrumentarium des Beteiligungscontrollings

Das Beteiligungscontrolling übt eine Dienstleistungsfunktion für die Verwaltung und die Vertretungsorgane (insbesondere zu nennen sind hier die Gemeinde- bzw. Stadträte, die Kreistage und – beim Landschaftsverband Rheinland bzw. Landschaftsverband Westfalen-Lippe – die jeweilige Landesversammlung) der Kommunen aus. Dies kann bis hin zu einer Vermittlerfunktion zwischen Politik und Kommunalwirtschaft reichen, z. B. auch durch eine Mandatsbetreuung für die von der Stadt entsandten Aufsichtsratsmitglieder, aber auch durch die Unterstützung bzw. Interessenwahrnehmung für die Beteiligungsunternehmen gegenüber der Kommunalaufsicht.

Mitarbeiter des Beteiligungscontrollings dürften den Rat und den Verwaltungsvorstand auch durch betriebswirtschaftliche und kommunalrechtliche Stellungnahmen und allgemeine Beratung in ihrer Aufgabenerfüllung unterstützen.

Hierzu kann man unter anderem folgende Instrumente des Beteiligungscontrollings nennen:

- **Erstellung eines jährlichen Gesamtabschlusses bzw. Beteiligungsberichts** zur Darstellung der wirtschaftlichen und der nichtwirtschaftlichen Betätigung einer Kommune gemäß §§ 116, 117 GO NRW.
- **Aufbau und Pflege eines „klassischen“ Controllings sowie Informations- und Berichtswesens einschließlich flexibler Datenbanken zur Analyse von Jahresabschlüssen** (Bilanz, G&V bzw. Ergebnisrechnung, Finanzrechnung, Anhang, Lagebericht) eigener Beteiligungsunternehmen und fremder Unternehmen, z. B. zur Fundierung von Branchenvergleichen, *ROI*-Kennzahlen, Cash-Flow-Analysen und anderen Auswertungsmöglichkeiten.
- **Vorbereitung** (z. B. durch Sitzungsvorlagen, Stellungnahmen und Gutachten) **sowie spätere Aufbereitung und Kommentierung von Gesellschafterversammlungen, Aufsichtsratssitzungen** und Ausschüssen (bspw. Betriebsausschüssen für Eigenbetriebe und eigenbetriebsähnliche Einrichtungen oder Verwaltungsräten der Anstalten öffentlichen Rechts) aus betriebswirtschaftlicher, vertragsrechtlicher und gemeinderechtlicher Sicht.

- **Umsetzungssteuerung und -kontrolle entsprechend den kommunal(verfassungs)-rechtlichen Vorgaben**, z. B. Prüfung der Voraussetzungen einer wirtschaftlichen Betätigung bei Gründung neuer Gesellschaften (z. B. §§ 107 ff. GO NRW), sowie Mithilfe bei Abstimmungsprozessen mit staatlichen Mittelinstanzen, den Bezirksregierungen.
- **Koordination und Betreuung bei echten Privatisierungen** (Verkauf eines kommunalen Unternehmens an einen privatwirtschaftlichen Investor) und **Organisationsprivatisierungen** (bloßer Wechsel städtischer Organisationseinheiten in eine privatrechtliche Gesellschaftsform, also eine Kapitalgesellschaft unter (vollständiger) Beibehaltung des städtischen Einflusses.

7.3 Ausblick – Öffentliche Verwaltung und Controlling

Mit der Einführung des Neuen Steuerungsmodells und der doppelten Buchführung – oder sich zumindest daran orientierender Systeme, wie z. B. dem Neuen Kommunalen Finanzmanagement (NKF) für Städte und Gemeinden des Bundeslandes Nordrhein-Westfalen – sowie der ebenfalls einsetzenden flächendeckenden Einführung von Systemen der Kosten- und Leistungsrechnung werden in den meisten Bundesländern der Bundesrepublik Deutschland Schritt für Schritt die Voraussetzungen für ein modernes und leistungsfähiges Controlling geschaffen. Zeit-, Geld- und Personalgründe, vor allem die bloße Knappheit an Zeit, finanzieller Ausstattung und qualifiziertem Personal, wirken allerdings bremsend.

So haben z. B. einige Kommunen in NRW für das Jahr 2009 „mit großer Freude" Eröffnungsbilanzen veröffentlicht, Schlussbilanzen für die Jahre danach aber nicht mehr bzw. verspätet (mit jahrelanger Verspätung)!

Hieraus lässt sich ersehen, dass in den nächsten Jahren in fast allen Betrieben der deutschen öffentlichen Verwaltung, insbesondere aber in der Kommunalverwaltung, das Controlling ausgebaut wird (und werden muss!) und dafür auch viel gut bzw. hoch qualifiziertes Personal eingestellt oder das vorhandene Personal aufgestockt werden muss.

Mitarbeiter im Controlling werden in Zukunft vor allem bzw. fast nur noch aus Absolventen betriebswirtschaftlicher und verwaltungsbetriebswirtschaftlicher bzw. verwaltungswissenschaftlicher und ähnlicher Studiengänge an Universitäten und (Fach-) Hochschulen bestehen – und zwar deshalb, weil ein betriebswirtschaftliches oder BWL-nahes Erst- oder Zweitstudium, wie z. B. Wirtschaftsingenieurwesen, Verwaltungsbetriebswirtschaftslehre, Verwaltungsinformatik oder Public Management auf Bachelor-[3] oder auf (universitärer) Diplom- bzw. Masterebene, inzwischen schon für die Sachbearbeiterebene als von Bewerbern zu erfüllende **Basis**voraussetzung betrachtet wird.

Selbstverständlich muss dem Controlling bzw. dem qualifizierten Personal auch eine adäquate leistungsfähige Informations-, Datenverarbeitungs- und Kommunikationsapparatur zur Verfügung stehen,[4] denn ohne eine solche wird der Erfassungs- und Auswertungsaufwand derart hoch und zeitintensiv, dass die von einem modernen Controlling erwarteten Unterstützungsinformationen für die Unternehmensleitung nicht hinreichend schnell vorliegen können.

3 In der Unternehmenspraxis privatwirtschaftlich geführter Unternehmen wie auch im öffentlichen Dienst werden Absolventen mit einem Diplomgrad (wegen des „vollständigeren" Examens und des bis zuletzt prüfbaren Gesamtstoffs des Studiums, z. B. auch in den mündlichen Examina oder Staatsprüfungen der Verwaltungshochschulen in Diplom-Studiengängen), nicht ohne Grund als besser und zuverlässiger eingeschätzt als die Bachelorabsolventen, obwohl die Durchschnittsnoten der Diplomgradinhaber schlechter sind, diese aber den Leistungsstand der Absolventen sicherer, differenzierter und zuverlässiger darzustellen scheinen, wie die Verfasser aus der Praxis immer wieder zu hören bekommen, denn nicht alle sind mit der „Bologna-Reform" wirklich zufrieden, zumal nach Einführung des Bachelorgrades – z. B. auch an Verwaltungshochschulen – fast alle Abschlüsse mit Durchschnittsnoten oberhalb der Durchschnittsnote „2,6", also fast alle Abschlüsse mit der Note „gut" oder „sehr gut" erlangt werden und die Differenzierung verlorengegangen ist. Wohl auch daher werden – z. B. an mehreren Verwaltungshochschulen in Bayern, etwa an der Hochschule für den öffentlichen Dienst, *Hochschule Hof*, oder für Inspektoranwärter der Deutschen Rentenversicherung – auch nach der „*Bologna*-Reform" weiterhin „Diplom-Wirtschaftsinformatiker" und „Diplom-Verwaltungsinformatiker" auf die vielfältige Praxis (im Zweifel auch außerhalb des öffentlichen Dienstes, wie z. B. auch bei den Diplom-Finanzwirten, die gerne von Wirtschaftsprüfern und Steuerberatern eingestellt werden) vorbereitet und graduiert, die nach Abschluss ihres Studiums auch im Controlling tätig werden sollen bzw. können. Auch die Studiengänge der Diplom-Finanzwirte (FH) sind in der Regel nicht nur durch einen Bachelorstudiengang mit modularem Studiensystem ersetzt worden, um die Qualität der Absolventen auf hohem und sicheren Niveau zu halten.

4 Vgl. hierzu bzw. zu den technischen und softwaretechnischen Möglichkeiten (einführend) z. B. *Kottbauer, Markus*: Software-Kompendium. Das Nachschlagwerk für Controller. Trends, Anbieter, Produkte und Praxisbeispiele, Vollbeilage im Controller Magazin, Mai 2014, Ausgabe 2014/2015, 5. Aufl., Freiburg 2014 (https://www.haufe.de/download/controller-magazin-software-kompendium-2014-controller-magazin-232- 796.pdf).

Anhang 1: Kennzahlen: Beispiele der Beschaffung und Logistik

Kennzahl	Berechnung	Bewertung
Optimale Bestellmenge	$\left(\frac{2 \times \text{bestellfixe Kosten} \times \text{Bedarfsmenge}}{\text{Lagerkostensatz} \times \text{Zeit}}\right)^{\frac{1}{2}}$	Die Ermittlung der optimalen Bestellmenge ist bei Einzelbestellungen elementar. Sie führt zum Kostenminimum aus Beschaffungs- und Lager(haltungs)kosten.
Beschaffungshäufigkeit *(in Tagen)*	$\frac{\text{optimale Bestellmenge} \times 360}{\text{Bedarfsmenge pro Jahr}}$	Da die optimale Bestellmenge Grundlage für die Beschaffungshäufigkeit ist, gilt das dort Beschriebene auch hier.
Mindestbestellmenge	$\frac{\text{Beschaffungszeit in Tagen}}{\text{Verbrauchsmenge pro Tag}}$	Die Rohdaten sind in SAP bzw. allgemein in den Datenbeständen verfügbar. Für den untersuchten Sachverhalt ist der Aussagewert nicht gut zu verwenden, weil auch die Standorte und die Anzahl der Lieferanten berücksichtigt werden müssten.
Durchschn. Kosten pro Bestellung	$\frac{\text{Kosten Einkaufsbereich}}{\text{Anzahl Bestellungen}}$	Die Daten lassen sich ermitteln. Anstelle der Anzahl Bestellungen ist der Wert der Bestellungen zu bevorzugen. Im Hinblick auf den Untersuchungsgegenstand ist der Aussagewert eher gering, da zu erwarten ist, dass sich die Kosten für den Einkaufsbereich und die Bestellungen (bzw. deren Anzahl) eher proportional entwickeln werden.
Bezugskostenquote	$\frac{\text{Bezugskosten pro Periode} \times 100}{\text{Gesamtwert Einkäufe}}$	Die Daten sind verfügbar, und bei den Bezugskosten ist eine Veränderung durch Standardisierungen zu erwarten. Diese Kennzahl kann somit zur Bewertung von Standardisierungen herangezogen werden.
Preisindex	$\frac{\text{Preis im Berichtszeitpunkt} \times 100}{\text{Preis im Basiszeitpunkt}}$	Preise sind über SAP bzw. die verwendete Software abrufbar. Die Entwicklung der Preise ist zwar auch von nicht beeinflussbaren Faktoren (wie z. B. Rohstoffpreisen) abhängig, jedoch sollte bei Standardisierungen durch höhere Losgrößen ebenfalls ein Effekt zu beobachten sein. Das Problem beim Preisindex ist, dass Veränderungen meist nicht einer konkreten Ursache zugeschrieben werden können.

Kennzahl	Berechnung	Bewertung
Lagernutzungsgrad	$\frac{\text{genutzte Lagerkapazität}}{\text{Gesamt-Lagerkapazität}}$	Die Daten sind lagerspezifisch verfügbar und lassen sich zusammenstellen. Die Kennzahl ist bezogen auf die Gesamt-Ausnutzung sinnvoll – solange sich die Gesamt-Lagerkapazität nicht ändert. Als Kennzahl besser geeignet wäre dann die Umschlagshäufigkeit.
Liefertreue	$\frac{\text{Anzahl verspät. Lieferungen}}{\text{Anzahl Gesamtlieferungen}}$	Die Anzahl verspäteter Lieferungen wird nicht gesondert erfasst, kann aber anhand der Daten ermittelt werden. Fehler bei der Planung sind nur mit hohem Aufwand feststellbar. Insofern kann diese Kennzahl einen Hinweis geben, aber es müsste zunächst überprüft werden, ob eine weitere Analyse möglich und sinnvoll ist.
Durchschnittlicher Lagerbestand	$\frac{\text{(Jahres-AB + 12 Monatsbestände)}}{13}$ oder *(einfacher)*: $\frac{\text{(Jahres-AB + Jahres-EB)}}{2}$	Daten sind aus z. B. SAP verfügbar und werden monatlich in *Supply-Chain-(Lieferketten-)* Berichten veröffentlicht im Rahmen des Lager-Kapazitäts-Managements. Da hohe Lagerbestände Kapital binden, ist diese Kennzahl von hoher Bedeutung. Ein Effekt der Standardisierung darauf wäre von hohem Stellenwert.
Mindestbestand	Durchschnittsverbrauch pro Tag × Beschaffungsdauer in Tagen × Sicherheitszuschlag	Da auch gleichartige Güter von verschiedenen Lieferanten beschafft werden, kann die Beschaffungsdauer stark schwanken, und der Sicherheitszuschlag hängt von individuellen Faktoren bzw. Marktgegebenheiten ab.
Lagerreichweite *(in Tagen)*	$\frac{\text{durchschn. Lagerbestand}}{\text{durchschn. Bedarf pro Tag}}$	Eine sinkende Lagerreichweite bedeutet weniger gebundenes Kapital und ist somit erstrebenswert. Die Kennzahl überschneidet sich aber mit dem durchschnittlichen Lagerbestand, weil dieser Teil dieser Kennzahl ist. Da unproblematisch daraus abzuleiten, erscheint die Erfassung auch sinnvoll.
Umschlagshäufigkeit	$\frac{\text{Verbrauch in der Periode}}{\text{durchschn. Lagerbestand}}$	Die Daten lassen sich aus der Lagerreichweite und dem durchschnittlich vorhandenen Lagerbestand errechnen und liegen somit vor.

Anhang 2: Kennzahlen: Beispiele der Produktion

Kennzahl	Berechnung	Bewertung
Auslastungsgrad	$\frac{\text{genutzte Kapazität}}{\text{geplante Kapazität}}$	Ausfall- und Umrüstzeiten werden ebenfalls im Allgemeinen erfasst. Bei Standardisierungen wären Reduzierungen durch Wegfall von Umrüstzeiten zu erwarten, daher ist der Auslastungsgrad eine geeignete Kennzahl.
Nacharbeitsanteil	$\frac{\text{Nacharbeitungszeit}}{\text{Belegungszeit}}$	Diese Kennzahl bezieht sich auf das „Nacharbeiten" von Produkten.
Reparaturquote	$\frac{\text{Reparaturzeit}}{\text{Belegungszeit}}$	Die Reparaturzeiten werden in den Betrieben vor Ort erfasst und können bei Bedarf recherchiert werden; insofern sind die Rohdaten verfügbar.
Kosten durch Problem- und Fehleranalyse	absoluter Wert	Die Zeiten für Problem- und Fehleranalysen werden in dieser Form nicht erfasst, so dass auch die Kosten nicht evaluierbar sind. Im Hinblick auf Fehlervermeidung durch Reduzierung der Variantenvielfalt wäre hier ein Effekt durch Standardisierung denkbar.

Anhang 3: Kennzahlen: Beispiele aus Technologie und Entwicklung

Kennzahl	Berechnung	Bewertung
Entwicklungs-dauer Koeffizient	$\frac{\text{Entwicklungsdauer}}{\text{Produktlebenszyklus}}$	Daten liegen bezogen auf konkrete Projekte vor bzw. können abgeschätzt werden. Fraglich sind zwei Dinge: einerseits, wie die Kennzahl gewertet werden soll; andererseits ist sie auch von externen Vorgaben, wie z. B. von Gesetzen und Verordnungen, abhängig.
Entwicklungs-kostenanteil	$\frac{\text{Kosten für F\&E} \times 100}{\text{Umsatzerlöse}}$	Daten sind verfügbar, und durch Standardisierung sollte der Anteil von Neuentwicklungen sinken, somit ist die Feststellung dieser Kennzahl sinnvoll.
F&E-Aufwand	$\frac{\text{F\&E-Aufwand der Periode}}{\text{Umsatz der Periode}}$	Wichtig für forschungs- und entwicklungsintensive Unternehmen, z. B. Automobilindustrie, Maschinenbau, Pharmazie.
Anzahl neue Produkte/ verbesserte Produkte	absoluter Wert	Absoluter Wert ist und bleibt dennoch eine „Interpretationssache“.
Anzahl erfolgreicher Entwicklungen	absoluter Wert	Auch dieser Wert bietet keinen Erkenntnisgewinn in Hinblick auf Standardisierungen, zudem ist die Definition „erfolgreich“ schwierig (ist eine Entwicklung erfolgreich, wenn sie einsetzbar ist, aber nicht tatsächlich eingesetzt wird?).
Aufwand für Produktentwicklungsfehler	absoluter Wert	Dieser Absolutwert kann nicht zur Bewertung von Standardisierungen verwendet werden, weil oft der Zusammenhang nicht ersichtlich ist, wie eine Beeinflussung stattfinden könnte und zudem abhängig ist von der Definition von Fehlern.

Anhang 4: Kennzahlen: Beispiele aus Marketing und Kundendienst

Kennzahl	Berechnung	Bewertung
Beanstandungsquote	$\frac{\text{Wert beanstandeter Lieferungen} \times 100}{\text{Wert der ges. Lieferungen}}$	Die Beanstandungsquote wird – getrennt nach Art der Beanstandungen – im Rahmen des Reklamations-Managements erfasst.
Anteil Verpackungskosten	$\frac{\text{Anteil der gesamten Verpackungs-Kosten (Packmittel, Abfüllung und Zusammenpacken) für ein Versandgebinde}}{\text{Abgabepreis}}$	Analog zum Anteil Packmittelkosten lässt sich prinzipiell auch der Anteil der gesamten Verpackungskosten ermitteln und auf den Abgabepreis beziehen. Diese Kennzahl ist wesentlich weiter gefasst und würde Standardisierungseffekte durch geringere Umrüstzeiten etc. mitberücksichtigen. Von daher ist diese Zahl – in Verbindung mit dem reinen Kostenanteil der Packmittel – sehr aussagekräftig.
Kundendienstintensität	Kosten für den eigentlichen Kundendienst: „*After-Sales-Service*“	Wichtig für alle Handels- und Dienstleistungsunternehmen.

Anhang 5: Aufzinsungsfaktoren

Tabelle einiger Aufzinsungsfaktoren für eine Laufzeit bis zu n = 50 Jahren															
	3,00%	**3,50%**	**4,00%**	**4,50%**	**5,00%**	**5,50%**	**6,00%**	**6,50%**	**7,00%**	**7,50%**	**8,00%**	**8,50%**	**9,00%**	**9,50%**	**10,00%**
1	1,0300	1,0350	1,0400	1,0450	1,0500	1,0550	1,0600	1,0650	1,0700	1,0750	1,0800	1,0850	1,0900	1,0950	1,1000
2	1,0609	1,0712	1,0816	1,0920	1,1025	1,1130	1,1236	1,1342	1,1449	1,1556	1,1664	1,1772	1,1881	1,1990	1,2100
3	1,0927	1,1087	1,1249	1,1412	1,1576	1,1742	1,1910	1,2079	1,2250	1,2423	1,2597	1,2773	1,2950	1,3129	1,3310
4	1,1255	1,1475	1,1699	1,1925	1,2155	1,2388	1,2625	1,2865	1,3108	1,3355	1,3605	1,3859	1,4116	1,4377	1,4641
5	1,1593	1,1877	1,2167	1,2462	1,2763	1,3070	1,3382	1,3701	1,4026	1,4356	1,4693	1,5037	1,5386	1,5742	1,6105
6	1,1941	1,2293	1,2653	1,3023	1,3401	1,3788	1,4185	1,4591	1,5007	1,5433	1,5869	1,6315	1,6771	1,7238	1,7716
7	1,2299	1,2723	1,3159	1,3609	1,4071	1,4547	1,5036	1,5540	1,6058	1,6590	1,7138	1,7701	1,8280	1,8876	1,9487
8	1,2668	1,3168	1,3686	1,4221	1,4775	1,5347	1,5938	1,6550	1,7182	1,7835	1,8509	1,9206	1,9926	2,0669	2,1436
9	1,3048	1,3629	1,4233	1,4861	1,5513	1,6191	1,6895	1,7626	1,8385	1,9172	1,9990	2,0839	2,1719	2,2632	2,3579
10	1,3439	1,4106	1,4802	1,5530	1,6289	1,7081	1,7908	1,8771	1,9672	2,0610	2,1589	2,2610	2,3674	2,4782	2,5937
11	1,3842	1,4600	1,5395	1,6229	1,7103	1,8021	1,8983	1,9992	2,1049	2,2156	2,3316	2,4532	2,5804	2,7137	2,8531
12	1,4258	1,5111	1,6010	1,6959	1,7959	1,9012	2,0122	2,1291	2,2522	2,3818	2,5182	2,6617	2,8127	2,9715	3,1384
13	1,4685	1,5640	1,6651	1,7722	1,8856	2,0058	2,1329	2,2675	2,4098	2,5604	2,7196	2,8879	3,0658	3,2537	3,4523
14	1,5126	1,6187	1,7317	1,8519	1,9799	2,1161	2,2609	2,4149	2,5785	2,7524	2,9372	3,1334	3,3417	3,5629	3,7975
15	1,5580	1,6753	1,8009	1,9353	2,0789	2,2325	2,3966	2,5718	2,7590	2,9589	3,1722	3,3997	3,6425	3,9013	4,1772
16	1,6047	1,7340	1,8730	2,0224	2,1829	2,3553	2,5404	2,7390	2,9522	3,1808	3,4259	3,6887	3,9703	4,2719	4,5950
17	1,6528	1,7947	1,9479	2,1134	2,2920	2,4848	2,6928	2,9170	3,1588	3,4194	3,7000	4,0023	4,3276	4,6778	5,0545
18	1,7024	1,8575	2,0258	2,2085	2,4066	2,6215	2,8543	3,1067	3,3799	3,6758	3,9960	4,3425	4,7171	5,1222	5,5599
19	1,7535	1,9225	2,1068	2,3079	2,5270	2,7656	3,0256	3,3086	3,6165	3,9515	4,3157	4,7116	5,1417	5,6088	6,1159
20	1,8061	1,9898	2,1911	2,4117	2,6533	2,9178	3,2071	3,5236	3,8697	4,2479	4,6610	5,1120	5,6044	6,1416	6,7275
21	1,8603	2,0594	2,2788	2,5202	2,7860	3,0782	3,3996	3,7527	4,1406	4,5664	5,0338	5,5466	6,1088	6,7251	7,4002

Tabelle einiger Aufzinsungsfaktoren für eine Laufzeit bis zu n = 50 Jahren															
	3,00%	**3,50%**	**4,00%**	**4,50%**	**5,00%**	**5,50%**	**6,00%**	**6,50%**	**7,00%**	**7,50%**	**8,00%**	**8,50%**	**9,00%**	**9,50%**	**10,00%**
22	1,9161	2,1315	2,3699	2,6337	2,9253	3,2475	3,6035	3,9966	4,4304	4,9089	5,4365	6,0180	6,6586	7,3639	8,1403
23	1,9736	2,2061	2,4647	2,7522	3,0715	3,4262	3,8197	4,2564	4,7405	5,2771	5,8715	6,5296	7,2579	8,0635	8,9543
24	2,0328	2,2833	2,5633	2,8760	3,2251	3,6146	4,0489	4,5331	5,0724	5,6729	6,3412	7,0846	7,9111	8,8296	9,8497
25	2,0938	2,3632	2,6658	3,0054	3,3864	3,8134	4,2919	4,8277	5,4274	6,0983	6,8485	7,6868	8,6231	9,6684	10,8347
26	2,1566	2,4460	2,7725	3,1407	3,5557	4,0231	4,5494	5,1415	5,8074	6,5557	7,3964	8,3401	9,3992	10,5869	11,9182
27	2,2213	2,5316	2,8834	3,2820	3,7335	4,2444	4,8223	5,4757	6,2139	7,0474	7,9881	9,0490	10,2451	11,5926	13,1100
28	2,2879	2,6202	2,9987	3,4297	3,9201	4,4778	5,1117	5,8316	6,6488	7,5759	8,6271	9,8182	11,1671	12,6939	14,4210
29	2,3566	2,7119	3,1187	3,5840	4,1161	4,7241	5,4184	6,2107	7,1143	8,1441	9,3173	10,6528	12,1722	13,8998	15,8631
30	2,4273	2,8068	3,2434	3,7453	4,3219	4,9840	5,7435	6,6144	7,6123	8,7550	10,0627	11,5583	13,2677	15,2203	17,4494
31	2,5001	2,9050	3,3731	3,9139	4,5380	5,2581	6,0881	7,0443	8,1451	9,4116	10,8677	12,5407	14,4618	16,6662	19,1943
32	2,5751	3,0067	3,5081	4,0900	4,7649	5,5473	6,4534	7,5022	8,7153	10,1174	11,7371	13,6067	15,7633	18,2495	21,1138
33	2,6523	3,1119	3,6484	4,2740	5,0032	5,8524	6,8406	7,9898	9,3253	10,8763	12,6760	14,7632	17,1820	19,9832	23,2252
34	2,7319	3,2209	3,7943	4,4664	5,2533	6,1742	7,2510	8,5092	9,9781	11,6920	13,6901	16,0181	18,7284	21,8816	25,5477
35	2,8139	3,3336	3,9461	4,6673	5,5160	6,5138	7,6861	9,0623	10,6766	12,5689	14,7853	17,3796	20,4140	23,9604	28,1024
40	3,2620	3,9593	4,8010	5,8164	7,0400	8,5133	10,2857	12,4161	14,9745	18,0442	21,7245	26,1330	31,4094	37,7194	45,2593
50	4,3839	5,5849	7,1067	9,0326	11,4674	14,5420	18,4202	23,3067	29,4570	37,1897	46,9016	59,0863	74,3575	93,4773	117,391

Anhang 6: Abzinsungsfaktoren

Tabelle einiger Abzinsungsfaktoren für eine Laufzeit bis zu n = 50 Jahren															
	3,00%	3,50%	4,00%	4,50%	5,00%	5,50%	6,00%	6,50%	7,00%	7,50%	8,00%	8,50%	9,00%	9,50%	10,00%
1	0,9709	0,9662	0,9615	0,9569	0,9524	0,9479	0,9434	0,9390	0,9346	0,9302	0,9259	0,9217	0,9174	0,9132	0,9091
2	0,9426	0,9335	0,9246	0,9157	0,9070	0,8985	0,8900	0,8817	0,8734	0,8653	0,8573	0,8495	0,8417	0,8340	0,8264
3	0,9151	0,9019	0,8890	0,8763	0,8638	0,8516	0,8396	0,8278	0,8163	0,8050	0,7938	0,7829	0,7722	0,7617	0,7513
4	0,8885	0,8714	0,8548	0,8386	0,8227	0,8072	0,7921	0,7773	0,7629	0,7488	0,7350	0,7216	0,7084	0,6956	0,6830
5	0,8626	0,8420	0,8219	0,8025	0,7835	0,7651	0,7473	0,7299	0,7130	0,6966	0,6806	0,6650	0,6499	0,6352	0,6209
6	0,8375	0,8135	0,7903	0,7679	0,7462	0,7252	0,7050	0,6853	0,6663	0,6480	0,6302	0,6129	0,5963	0,5801	0,5645
7	0,8131	0,7860	0,7599	0,7348	0,7107	0,6874	0,6651	0,6435	0,6227	0,6028	0,5835	0,5649	0,5470	0,5298	0,5132
8	0,7894	0,7594	0,7307	0,7032	0,6768	0,6516	0,6274	0,6042	0,5820	0,5607	0,5403	0,5207	0,5019	0,4838	0,4665
9	0,7664	0,7337	0,7026	0,6729	0,6446	0,6176	0,5919	0,5674	0,5439	0,5216	0,5002	0,4799	0,4604	0,4418	0,4241
10	0,7441	0,7089	0,6756	0,6439	0,6139	0,5854	0,5584	0,5327	0,5083	0,4852	0,4632	0,4423	0,4224	0,4035	0,3855
11	0,7224	0,6849	0,6496	0,6162	0,5847	0,5549	0,5268	0,5002	0,4751	0,4513	0,4289	0,4076	0,3875	0,3685	0,3505
12	0,7014	0,6618	0,6246	0,5897	0,5568	0,5260	0,4970	0,4697	0,4440	0,4199	0,3971	0,3757	0,3555	0,3365	0,3186
13	0,6810	0,6394	0,6006	0,5643	0,5303	0,4986	0,4688	0,4410	0,4150	0,3906	0,3677	0,3463	0,3262	0,3073	0,2897
14	0,6611	0,6178	0,5775	0,5400	0,5051	0,4726	0,4423	0,4141	0,3878	0,3633	0,3405	0,3191	0,2992	0,2807	0,2633
15	0,6419	0,5969	0,5553	0,5167	0,4810	0,4479	0,4173	0,3888	0,3624	0,3380	0,3152	0,2941	0,2745	0,2563	0,2394
16	0,6232	0,5767	0,5339	0,4945	0,4581	0,4246	0,3936	0,3651	0,3387	0,3144	0,2919	0,2711	0,2519	0,2341	0,2176
17	0,6050	0,5572	0,5134	0,4732	0,4363	0,4024	0,3714	0,3428	0,3166	0,2925	0,2703	0,2499	0,2311	0,2138	0,1978
18	0,5874	0,5384	0,4936	0,4528	0,4155	0,3815	0,3503	0,3219	0,2959	0,2720	0,2502	0,2303	0,2120	0,1952	0,1799
19	0,5703	0,5202	0,4746	0,4333	0,3957	0,3616	0,3305	0,3022	0,2765	0,2531	0,2317	0,2122	0,1945	0,1783	0,1635
20	0,5537	0,5026	0,4564	0,4146	0,3769	0,3427	0,3118	0,2838	0,2584	0,2354	0,2145	0,1956	0,1784	0,1628	0,1486
21	0,5375	0,4856	0,4388	0,3968	0,3589	0,3249	0,2942	0,2665	0,2415	0,2190	0,1987	0,1803	0,1637	0,1487	0,1351

Tabelle einiger Abzinsungsfaktoren für eine Laufzeit bis zu n = 50 Jahren

	3,00%	3,50%	4,00%	4,50%	5,00%	5,50%	6,00%	6,50%	7,00%	7,50%	8,00%	8,50%	9,00%	9,50%	10,00%
22	0,5219	0,4692	0,4220	0,3797	0,3418	0,3079	0,2775	0,2502	0,2257	0,2037	0,1839	0,1662	0,1502	0,1358	0,1228
23	0,5067	0,4533	0,4057	0,3634	0,3256	0,2919	0,2618	0,2349	0,2109	0,1895	0,1703	0,1531	0,1378	0,1240	0,1117
24	0,4919	0,4380	0,3901	0,3477	0,3101	0,2767	0,2470	0,2206	0,1971	0,1763	0,1577	0,1412	0,1264	0,1133	0,1015
25	0,4776	0,4231	0,3751	0,3327	0,2953	0,2622	0,2330	0,2071	0,1842	0,1640	0,1460	0,1301	0,1160	0,1034	0,0923
26	0,4637	0,4088	0,3607	0,3184	0,2812	0,2486	0,2198	0,1945	0,1722	0,1525	0,1352	0,1199	0,1064	0,0945	0,0839
27	0,4502	0,3950	0,3468	0,3047	0,2678	0,2356	0,2074	0,1826	0,1609	0,1419	0,1252	0,1105	0,0976	0,0863	0,0763
28	0,4371	0,3817	0,3335	0,2916	0,2551	0,2233	0,1956	0,1715	0,1504	0,1320	0,1159	0,1019	0,0895	0,0788	0,0693
29	0,4243	0,3687	0,3207	0,2790	0,2429	0,2117	0,1846	0,1610	0,1406	0,1228	0,1073	0,0939	0,0822	0,0719	0,0630
30	0,4120	0,3563	0,3083	0,2670	0,2314	0,2006	0,1741	0,1512	0,1314	0,1142	0,0994	0,0865	0,0754	0,0657	0,0573
31	0,4000	0,3442	0,2965	0,2555	0,2204	0,1902	0,1643	0,1420	0,1228	0,1063	0,0920	0,0797	0,0691	0,0600	0,0521
32	0,3883	0,3326	0,2851	0,2445	0,2099	0,1803	0,1550	0,1333	0,1147	0,0988	0,0852	0,0735	0,0634	0,0548	0,0474
33	0,3770	0,3213	0,2741	0,2340	0,1999	0,1709	0,1462	0,1252	0,1072	0,0919	0,0789	0,0677	0,0582	0,0500	0,0431
34	0,3660	0,3105	0,2636	0,2239	0,1904	0,1620	0,1379	0,1175	0,1002	0,0855	0,0730	0,0624	0,0534	0,0457	0,0391
35	0,3554	0,3000	0,2534	0,2143	0,1813	0,1535	0,1301	0,1103	0,0937	0,0796	0,0676	0,0575	0,0490	0,0417	0,0356
40	0,3066	0,2526	0,2083	0,1719	0,1420	0,1175	0,0972	0,0805	0,0668	0,0554	0,0460	0,0383	0,0318	0,0265	0,0221
50	0,2281	0,1791	0,1407	0,1107	0,0872	0,0688	0,0543	0,0429	0,0339	0,0269	0,0213	0,0169	0,0134	0,0107	0,0085

Anhang 7: Rentenbarwertfaktoren

Tabelle einiger Rentenbarwertfaktoren für eine Laufzeit bis zu n = 50 Jahren															
	3,00%	**3,50%**	**4,00%**	**4,50%**	**5,00%**	**5,50%**	**6,00%**	**6,50%**	**7,00%**	**7,50%**	**8,00%**	**8,50%**	**9,00%**	**9,50%**	**10,00%**
1	0,9709	0,9662	0,9615	0,9569	0,9524	0,9479	0,9434	0,9390	0,9346	0,9302	0,9259	0,9217	0,9174	0,9132	0,9091
2	1,9135	1,8997	1,8861	1,8727	1,8594	1,8463	1,8334	1,8206	1,8080	1,7956	1,7833	1,7711	1,7591	1,7473	1,7355
3	2,8286	2,8016	2,7751	2,7490	2,7232	2,6979	2,6730	2,6485	2,6243	2,6005	2,5771	2,5540	2,5313	2,5089	2,4869
4	3,7171	3,6731	3,6299	3,5875	3,5460	3,5052	3,4651	3,4258	3,3872	3,3493	3,3121	3,2756	3,2397	3,2045	3,1699
5	4,5797	4,5151	4,4518	4,3900	4,3295	4,2703	4,2124	4,1557	4,1002	4,0459	3,9927	3,9406	3,8897	3,8397	3,7908
6	5,4172	5,3286	5,2421	5,1579	5,0757	4,9955	4,9173	4,8410	4,7665	4,6938	4,6229	4,5536	4,4859	4,4198	4,3553
7	6,2303	6,1145	6,0021	5,8927	5,7864	5,6830	5,5824	5,4845	5,3893	5,2966	5,2064	5,1185	5,0330	4,9496	4,8684
8	7,0197	6,8740	6,7327	6,5959	6,4632	6,3346	6,2098	6,0888	5,9713	5,8573	5,7466	5,6392	5,5348	5,4334	5,3349
9	7,7861	7,6077	7,4353	7,2688	7,1078	6,9522	6,8017	6,6561	6,5152	6,3789	6,2469	6,1191	5,9952	5,8753	5,7590
10	8,5302	8,3166	8,1109	7,9127	7,7217	7,5376	7,3601	7,1888	7,0236	6,8641	6,7101	6,5613	6,4177	6,2788	6,1446
11	9,2526	9,0016	8,7605	8,5289	8,3064	8,0925	7,8869	7,6890	7,4987	7,3154	7,1390	6,9690	6,8052	6,6473	6,4951
12	9,9540	9,6633	9,3851	9,1186	8,8633	8,6185	8,3838	8,1587	7,9427	7,7353	7,5361	7,3447	7,1607	6,9838	6,8137
13	10,6350	10,3027	9,9856	9,6829	9,3936	9,1171	8,8527	8,5997	8,3577	8,1258	7,9038	7,6910	7,4869	7,2912	7,1034
14	11,2961	10,9205	10,5631	10,2228	9,8986	9,5896	9,2950	9,0138	8,7455	8,4892	8,2442	8,0101	7,7862	7,5719	7,3667
15	11,9379	11,5174	11,1184	10,7395	10,3797	10,0376	9,7122	9,4027	9,1079	8,8271	8,5595	8,3042	8,0607	7,8282	7,6061
16	12,5611	12,0941	11,6523	11,2340	10,8378	10,4622	10,1059	9,7678	9,4466	9,1415	8,8514	8,5753	8,3126	8,0623	7,8237
17	13,1661	12,6513	12,1657	11,7072	11,2741	10,8646	10,4773	10,1106	9,7632	9,4340	9,1216	8,8252	8,5436	8,2760	8,0216
18	13,7535	13,1897	12,6593	12,1600	11,6896	11,2461	10,8276	10,4325	10,0591	9,7060	9,3719	9,0555	8,7556	8,4713	8,2014
19	14,3238	13,7098	13,1339	12,5933	12,0853	11,6077	11,1581	10,7347	10,3356	9,9591	9,6036	9,2677	8,9501	8,6496	8,3649
20	14,8775	14,2124	13,5903	13,0079	12,4622	11,9504	11,4699	11,0185	10,5940	10,1945	9,8181	9,4633	9,1285	8,8124	8,5136
21	15,4150	14,6980	14,0292	13,4047	12,8212	12,2752	11,7641	11,2850	10,8355	10,4135	10,0168	9,6436	9,2922	8,9611	8,6487

Tabelle einiger Rentenbarwertfaktoren für eine Laufzeit bis zu n = 50 Jahren

	3,00%	3,50%	4,00%	4,50%	5,00%	5,50%	6,00%	6,50%	7,00%	7,50%	8,00%	8,50%	9,00%	9,50%	10,00%
22	15,9369	15,1671	14,4511	13,7844	13,1630	12,5832	12,0416	11,5352	11,0612	10,6172	10,2007	9,8098	9,4424	9,0969	8,7715
23	16,4436	15,6204	14,8568	14,1478	13,4886	12,8750	12,3034	11,7701	11,2722	10,8067	10,3711	9,9629	9,5802	9,2209	8,8832
24	16,9355	16,0584	15,2470	14,4955	13,7986	13,1517	12,5504	11,9907	11,4693	10,9830	10,5288	10,1041	9,7066	9,3341	8,9847
25	17,4131	16,4815	15,6221	14,8282	14,0939	13,4139	12,7834	12,1979	11,6536	11,1469	10,6748	10,2342	9,8226	9,4376	9,0770
26	17,8768	16,8904	15,9828	15,1466	14,3752	13,6625	13,0032	12,3924	11,8258	11,2995	10,8100	10,3541	9,9290	9,5320	9,1609
27	18,3270	17,2854	16,3296	15,4513	14,6430	13,8981	13,2105	12,5750	11,9867	11,4414	10,9352	10,4646	10,0266	9,6183	9,2372
28	18,7641	17,6670	16,6631	15,7429	14,8981	14,1214	13,4062	12,7465	12,1371	11,5734	11,0511	10,5665	10,1161	9,6971	9,3066
29	19,1885	18,0358	16,9837	16,0219	15,1411	14,3331	13,5907	12,9075	12,2777	11,6962	11,1584	10,6603	10,1983	9,7690	9,3696
30	19,6004	18,3920	17,2920	16,2889	15,3725	14,5337	13,7648	13,0587	12,4090	11,8104	11,2578	10,7468	10,2737	9,8347	9,4269
31	20,0004	18,7363	17,5885	16,5444	15,5928	14,7239	13,9291	13,2006	12,5318	11,9166	11,3498	10,8266	10,3428	9,8947	9,4790
32	20,3888	19,0689	17,8736	16,7889	15,8027	14,9042	14,0840	13,3339	12,6466	12,0155	11,4350	10,9001	10,4062	9,9495	9,5264
33	20,7658	19,3902	18,1476	17,0229	16,0025	15,0751	14,2302	13,4591	12,7538	12,1074	11,5139	10,9678	10,4644	9,9996	9,5694
34	21,1318	19,7007	18,4112	17,2468	16,1929	15,2370	14,3681	13,5766	12,8540	12,1929	11,5869	11,0302	10,5178	10,0453	9,6086
35	21,4872	20,0007	18,6646	17,4610	16,3742	15,3906	14,4982	13,6870	12,9477	12,2725	11,6546	11,0878	10,5668	10,0870	9,6442
40	23,1148	21,3551	19,7928	18,4016	17,1591	16,0461	15,0463	14,1455	13,3317	12,5944	11,9246	11,3145	10,7574	10,2472	9,7791
50	25,7298	23,4556	21,4822	19,7620	18,2559	16,9315	15,7619	14,7245	13,8007	12,9748	12,2335	11,5656	10,9617	10,4137	9,9148

Anhang 8: SWOT-Analyse (auch: „Potentialanalyse“) des BMI[1]

Die SWOT-Analyse ist ursprünglich ein Instrument des strategischen Managements und dient dazu, aus den Stärken und Schwächen einer Organisation (interne Sicht) und den Chancen und Risiken der Umwelt (externe Sicht) geeignete strategische Lösungsalternativen für die Erreichung der Ziele der Organisation abzuleiten.

Einsatzbereiche
Die SWOT-Analyse ist ein einfaches Werkzeug zur Untersuchung und zur Standortbestimmung einer gesamten Organisation, aber auch einzelner Prozesse, Produkte, Teams oder anderer Betrachtungsobjekte und zur Entwicklung von Lösungsalternativen. Innerhalb der Organisationsuntersuchung kann sie während der Analysephase und der Konzeptionsphase zum Einsatz kommen, und zwar speziell dann, wenn die strategischen Aspekte der Organisationsentwicklung im Mittelpunkt des Interesses stehen. Die SWOT-Analyse ist ebenfalls ein geeignetes Werkzeug, wenn es um die Evaluierung eines Organisationsprojektes geht.

Verfahrensbeschreibung
Die SWOT-Analyse kann allein oder als Gruppenarbeit durchgeführt werden, wobei die Vorteile gruppendynamischer Prozesse auch hier genutzt werden sollten. Ein geeignetes Hilfsmittel für den SWOT-Analyse-Workshop ist eine **SWOT-Matrix**, welche im Kern Fragen darstellt, die darauf abzielen, ein Bild der gegenwärtigen Organisation mit ihren Entwicklungsmöglichkeiten zu entwerfen:

Stärken	Schwächen
• Auf welche Ursachen sind vergangene Erfolge zurückzuführen? • Welche Synergiepotentiale liegen vor, die mit neuen Strategien besser genutzt werden können?	• Welche Schwachpunkte gilt es künftig zu vermeiden? • Welche Dienstleistung ist oder gilt aus Kundensicht als besonders schwach?
Chancen	**Risiken**
• Welche Möglichkeiten stehen offen? • Welche Trends gilt es zu verfolgen?	• Welche Schwierigkeiten hinsichtlich der gesamtgesellschaftlichen Situation liegen vor? • Was machen eventuell vorhandene Wettbewerber? • Ändern sich die Vorschriften für Arbeit, Produkte oder Dienstleistungen? • Bedroht ein Technologie- oder Politikwechsel die Stellung?

1 Mit kleineren Optimierungen übernommen einer Publikation aus Bundesministerium des Innern (Hrsg.): Organisationshandbuch, Stichwort: Analysetechniken (SWOT-Analyse), Punkt 6.3.4. (https://www.orghandbuch.de/Webs/OHB/DE/OrganisationshandbuchNEU/4_MethodenUndTechniken/Methoden_A_bis_Z/SWOT_Analyse/swot_analyse_node.html).

Jede Betrachtungsdimension sollte als eigenständige Moderationstafel vorbereitet werden. Die teilnehmenden Personen schreiben ihre Gedanken zu den einzelnen Dimensionen auf Moderationskarten. Diese werden im Anschluss eingesammelt und den Dimensionen zugeordnet. Als **Hilfestellung für die Ermittlung der Stärken/Schwächen** beziehungsweise **Chancen/Risiken** können folgende Kriterien dienen:

Stärken/Schwächen **interner Blickwinkel**	**Chancen/Risiken** **externer Blickwinkel**
• Erfolge der Behörde • eventuell Marktanteile • Entwicklung der Kundenzahlen • Entwicklung des Personalbestandes • Dienstleistungsqualität • Durchlaufzeiten • Öffentlichkeitsarbeit • *Online*-Kommunikation • *Corporate Identity/Corporate Design* • Image • Wirtschaftlichkeit, Effizienz der Aufgabenerfüllung • Qualifikation/Erfahrung der Beschäftigten • Motivation (Betriebsklima; Einsatzfreude) • Altersstruktur der Beschäftigten • Führungsstil • Fluktuation • Organisationsstruktur (Organigramme ...) • Führungsstil • Instrumente der Planung • Kontroll- und Steuerungsinstrumente • Stand der Bürokommunikation • Grad der Verknüpfung der Information/ Entwicklungstand Wissensmanagement • Leistungsfähigkeit des Controllings	• Kundenstruktur/Zahl potentieller Kunden • Wettbewerberstruktur, v. a. Marktform und Zahl der potentiellen Wettbewerber • Entwicklung der Haushaltslage • Demographische Entwicklung • Kundenanforderungen/Kundenwünsche • Strategien/Aktivitäten der Wettbewerber • Stabilität der Wettbewerbsstruktur • Änderung rechtlicher Rahmenbedingungen • Wirtschaftslage/Arbeitsmarkt

Die **Auswertung der SWOT-Analyse** erfolgt mittels einer Wiederholung der einzelnen Inhalte durch die moderierende Person und die Diskussion in der Gruppe.

Es sollen dabei Strategien und Lösungswege entwickelt werden, die die Stärken der Organisation nutzen und weiter ausbauen, Schwächen beseitigen und auf diesem Weg die Zukunftschancen nutzen, die sich bieten.

Anhang 9: Produkt-Lebenszyklus[2]

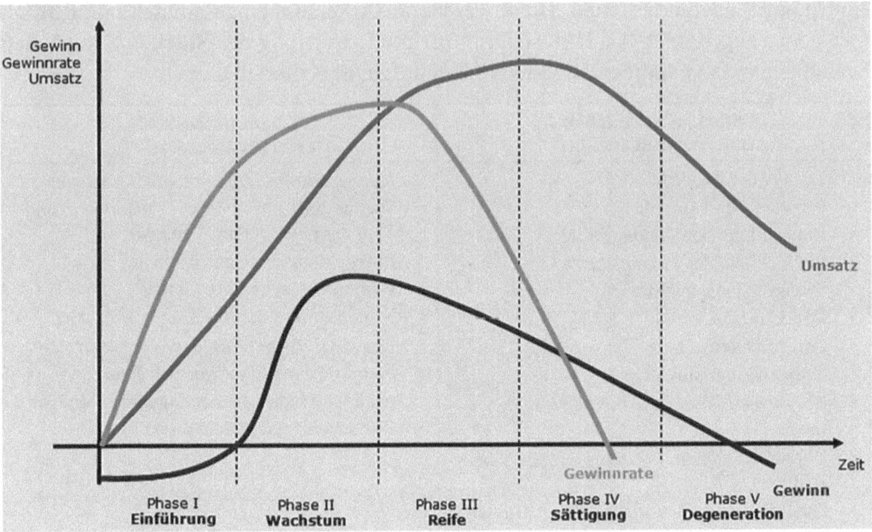

2 Quelle: In enger Anlehnung (Farben geändert) an *Grußleitner, Michael/Hartmann, Robert*: Produktlebenszyklus, in: Betriebswirtschaft-lernen.net, hrsg. von Arne Stamer, Stralsund 2020 (http://www.betriebswirtschaft-lernen.net/erklaerung/produktlebenszyklus/).

Anhang 10: Bilanzgliederungsschema (gemäß § 266 HGB)

Aktiva **Bilanz der XYZ AG zum 31.12.2022** *Passiva*

A. Anlagevermögen (AV):

I. Immaterielle Vermögensgegenstände:

1. Selbst geschaffene gewerbliche Schutz- rechte u. ähnliche Rechte u. Werte;
2. entgeltlich erworbene Konzessionen, gewerbliche Schutzrechte u. ähnl. Rechte u. Werte sowie Lizenzen an solchen Rechten und Werten;
3. Geschäfts- oder Firmenwert;
4. geleistete Anzahlungen;

II. Sachanlagen:

1. Grundstücke, grundstücksgleiche Rechte u. Bauten einschl. Bauten auf fremd. Grundst.;
2. technische Anlagen und Maschinen;
3. andere Anlagen/BuG;
4 geleistete Anzahlungen u. Anlagen im Bau;

III. Finanzanlagen:

1. Anteile an verbundenen Unternehmen;
2. Ausleihungen an verbundene Unternehmen;
3. Beteiligungen;
4. Ausleihungen an Unternehmen, mit denen ein Beteiligungsverhältnis besteht;
5. Wertpapiere des Anlagevermögens;
6. sonstige Ausleihungen.

B. Umlaufvermögen (UV):

I. Vorräte:

1. Roh-, Hilfs- und Betriebsstoffe (RHB);
2. unfertige Erzeugnisse, unfertige Leistungen;
3. fertige Erzeugnisse und Waren;
4. geleistete Anzahlungen;

II. Forderungen u. sonst. Vermögensgegenstände:

1. Forderungen aus Lieferungen u. Leistungen;

A. Eigenkapital (EK):

I. Gezeichnetes Kapital;

II. Kapitalrücklage;

III. Gewinnrücklagen:

1. gesetzliche Rücklage;
2. Rücklage für Anteile an einem herrschenden oder mehrheitlich beteiligten Unternehmen;
3. satzungsmäßige Rücklagen;
4. andere Gewinnrücklagen;

IV. Gewinnvortrag/Verlustvortrag;

V. Jahresüberschuss/Jahresfehlbetrag.

B. Rückstellungen:

1. Pensionsrückstellungen u. ähnl. Verpflicht.;
2. Steuerrückstellungen;
3. sonstige Rückstellungen.

C. Verbindlichkeiten:

1. Anleihen, davon konvertibel;
2. Verbindlichkeiten ggü. Kreditinstituten;
3. erhaltene Anzahlungen auf Bestellungen;
4. Verbindlichkeiten aus LL;
5. Verbindlichkeiten aus der Annahme gezogener Wechsel u. der Ausst. eig. Wechsel;
6. Verbindlichkeiten ggü. verb. Unternehmen;
7. Verbindlichkeiten ggü. Unternehmen, mit denen ein Beteiligungsverhältnis besteht;
8. sonstige Verbindlichkeiten, davon aus Steuern, davon im Rahmen der sozialen Sicherheit.

D. Rechnungsabgrenzungsposten

E. Passive latente Steuern

Aktiva	**Bilanz der XYZ AG zum 31.12.2022**	*Passiva*
2. Forderungen gegen verbundene Unternehmen;		
3. Forderungen gegen Unternehmen, mit denen ein Beteiligungsverhältnis besteht;		
4. sonstige Vermögensgegenstände;		
III. Wertpapiere:		
1. Anteile an verbundenen Unternehmen;		
2. sonstige Wertpapiere;		
IV. Kassenbestand, Bundesbankguthaben, Guthaben bei Kreditinstituten u. Schecks.		
C. Rechnungsabgrenzungsposten		
D. Aktive latente Steuern		
E. Aktiver Unterschiedsbetrag aus der Vermögensverrechnung		
(Bilanz-) Summe der Aktiva		*(Bilanz-) Summe der Passiva*

Anhang 11: NKF-Kennzahlenset NRW (RdErl. IM NRW 2008)

NKF-Kennzahlenset NRW (NKF-Kennzahlen)

Runderlass des Innenministeriums NRW vom 1.10.2008 (34 – 48.04.05/01 - 2323/08)[3]

Auf einen Abdruck wird verzichtet. Der Erlass steht als Download zur Verfügung unter:
https://gpanrw.de/sites/default/files/media/1500626057_1354118591_runderlass_des_im_vom_01_10_20082008.pdf

3 Das dreizehnseitige Dokument des Innenministeriums des Landes Nordrhein-Westfalen kann als *PDF* unter der oben angegebenen *URL* eingesehen und heruntergeladen werden. Das Innenministerium NRW wurde zwischenzeitlich in „Ministerium für Inneres und Kommunales des Landes Nordrhein-Westfalen (MIK)“ umbenannt und heißt seit Ende 2017 „Ministerium des Innern des Landes Nordrhein-Westfalen“ (IM NRW).

Stichwortverzeichnis

F

G

H

I

J

K

R

S

T

U

V

W

X

Y

Z